KB090601

우리 혜성 이야기

우리 혜성 이야기

역사 속의 혜성, 혜성의 과학사

안상현

머리말

서포 김만중은 경상도 남해의 외딴 섬에 유배되어 가족들과 떨어져 있을 때, 아들을 그리워하면서 적적해하실 어머니를 위해 『구운몽』을 지었다. 이 책을 처음 접한 서양 사람들은 이 사실만으로도 감동한다고 들었다. 내가 아는 한 수학사학자가 있다. 그는 베스트셀러 작가이기도 하다. 그에게 좋은 책을 쓰는 비법을 물었더니, 자기는 자기가 사랑하는 사람들을 위해 책을 쓴다고 했다. 책을 쓰는 마음가짐에 대해 크게 일깨우는 말이었다. 그래서 나는 이 책을, 누군가 특정 인물을 위해 써 보려고 했다. 이제 나도 천문학을 공부한 지 20여 년, 박사 학위를 받은 지도 10여 년이 되어 이제 한번은 나를 뒤돌아보고 싶었다. 약간 우습게 들릴지는 몰라도, 이 책은 그동안 분투한 나 자신에게 헌정하려 한다. 그리고 이후에 나올 책들은 내 사랑하는 사람들을 위해 쓸 것이다.

혜성은 동서양을 막론하고 예로부터 재앙의 상징이자 혁신의 상징이었다. 서양에서는 근대 과학을 이끌어 낸 한 계기를 마련하기도 했다. 나는 천문학 중에서도 우주론을 연구해 왔는데 어려서부터 역사와 한문 등에도 관심이 많아 이 둘을 합한 역사 천문학도 흥미를 갖고 연구해 왔다. 그것은 우리 역사를 천문학의 눈으로 들여다보는 작업이기도 했다. 그러한 연구 과정에서 내가 가장 놀라고 기뻐했던 사실은 우리나라 사서들에 천문 관측 자료가 매우 풍부하다는 점이었다.

그중에서 나는 2001년 사자자리 별똥소나기를 계기로 『고려사』에 기록되어 있는 별똥과 별똥소나기 기록을 분석하게 되었고, 이어서 『조선왕조실록』과 『승정원일기』의 기록들도 분석하게 되었다. 이 작업은 매우 재미가 있었다! 별똥과 별똥비는 혜성에서 떨어져 나온 부스러기이므로 나의 관심은 자연스레 역사 속의 혜성으로 옮아 가게 되었다. 무려 1000년 전의 우주를 탐구할 수 있는 관측 자료가 남아 있다니!

나는 우리 조상들이 남긴 천문 관측 기록들의 행방도 추적하게 되었다. 혜성에 관한 옛이야기들과 옛 학자들의 생각도 더듬어보게 되었다. 혜성 덕분에 천문학자가 되었던 케플러의 '행성 운동의 세 가지 법칙들'과 혜성과 해와 달과 행성들을 세밀하게 관찰한 천문학자 헤벨리우스의 기록들, 그 혜성들의 궤도에 담긴 비밀을 알아낸 위대한 과학자 뉴턴의 '만유인력의 법칙'이 어떻게 만들어졌고, 또 어떻게 동아시아에 전파되었는지, 그러한 새로운 생각들에 대해 우리 옛 학자들은 어떻게 생각했는지를 살펴보게 되었다. 이 책은 그동안의 이러한 지적 탐험을 정리한 여행기라고 할 수 있다.

뉴턴과 케플러와 헤벨리우스의 저서들을 직접 열람한 것은 영국 케임브리지의 니덤 연구소를 방문했던 2012년의 일이다. 케임브리지 대학교의 대학 도서관과 휘플 과학사 박물관에 고이 모셔져 있는 무려 400년 가까이 된 고서들을 직접 열람할 수 있었다. 이때 도와준 분들께 깊이 감사드린다.

천체 사진을 잘 찍는 것은 무척 전문적인 작업이며 또한 엄청난 시간 투자가 필요한 작업이다. 혜성 사진들을 흔쾌히 제공해 주신 한국천문연구원의 전영범 박사님, 이상현 박사님, 강용우 박사님, 그리고 아마추어 천문가이자 천체 사진가인 이건호 선생님, 두경택 선생님에게 깊은 감사를 드린다. 처음 원고를 읽고 문체가 보고서 같다고 냉정하게 평가해 준 아내에게 감사한다. 또한 원고를 읽어 준 동료 민병희 선생에게 고마운 마음을 전한다. 또한 이 책을 출간하자는 제안을 흔쾌히 받아들여 주신 (주)사이언스북스에도 감사의 말씀을 전한다.

2013년 12월

꽃바위 아래에서

안상현

차례

혜성이란 무엇인가?

혜성

밤하늘에 긴 꼬리를 끄는 혜성이 나타나면 그 모습에 누구라도 매료될 것이다. 혜성은 밝고 작은 머리 부분과 기다란 두 개의 꼬리가 있다. 혜성의 머리는 코마(coma)라고 부른다. 이는 그리스 어로 '머리카락'을 뜻한다. 코마의 안에는 혜성의 본체인 혜성핵이 존재한다. 혜성의 꼬리는 두 가닥이 있다. 노르스름한 먼지 꼬리와 약간 푸른색을 띠는 이온 꼬리(플라즈마 꼬리라고도 함)가 그것이다. 먼지 꼬리는 대체로 혜성이 움직이는 궤도를 따라 휘어진 모양을 하고 있고, 이온 꼬리는 해에서 혜성 방향으로 방사상으로 기다란 직선을 이루며 뻗어 있다. 이 꼬리들을 관측해서 성분을 알아보면, 먼지 꼬리는 먼지 티끌로 되어 있고 이온 꼬리는 기체 이온들로 되어 있음을 알 수 있다.

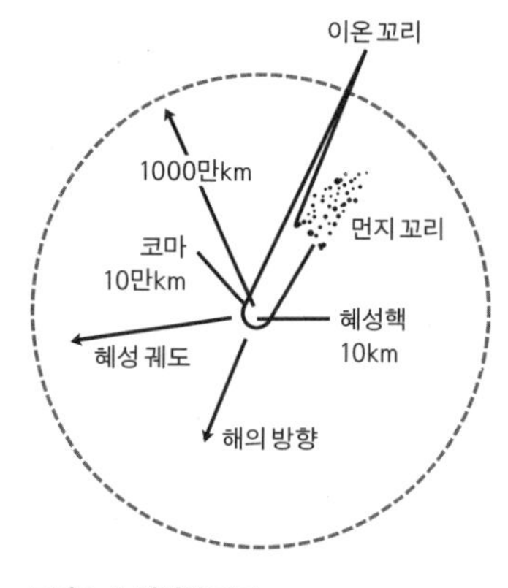

그림 0-1. 혜성의 구조

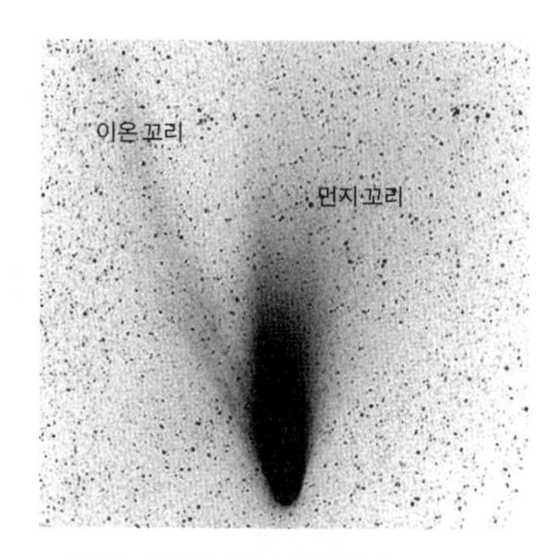

그림 0-2. 헤일-밥 혜성.(이건호 촬영)

혜성의 본체인 혜성핵은 대체로 지름이 약 10킬로미터에 불과하다. 소행성의 크기와 엇비슷하다. 혜성핵에서 승화된 기체들이 약 10만 킬로미터나 되는 코마를 이루고 있다. 지구의 반지름이 약 6400킬로미터이고, 해의 반지름이 약 70만 킬로미터이며, 지구와 달 사이의 거리가 약 38만 킬로미터임을 생각하면 혜성의 코마가 상당히 크다는 것을 알 수 있다. 혜성의 꼬리는 더 커서 이온 꼬리는 대략 1000만 킬로미터에 이른다.

1950년대 초 미국 하버드 대학교 천문대의 프레드 휘플(Fred Whipple, 1906~2004년)은 혜성핵을 '더러운 눈덩이'에 비길 수 있다는 모형을 제안했다. 더러운 눈덩이 모형이란 혜성핵이 물의 고체 상태인 얼음, 이산화탄소의 고체 상태인 드라이아이스, 고체 메탄, 고체 암모니아 등이 눈덩이처럼 뭉쳐 있는 것인데, 여기에 먼지 티끌이 더러운 불순물처럼 섞여 있다는 학설이다. 이 학설은 지금까지 인류가 쌓아 온 혜성에 관한 지식을 종합해 만든 것이다. 그러한 지식의 발전에 관해서는 차차 설명하기로 하고, 현재까지 알려진 지식을 바탕으로 혜성이 어떻게 형성되는지 알아보자.

감자 모양의 혜성핵

혜성의 핵은 어떻게 생겼으며 무엇으로 이루어져 있을까? 이 의문을 해결하기 위해, 미국 항공 우주국은 탐사 위성 '딥 임팩트'를 쏘아 템펠 1(템펠 원)이라는 혜성의 핵에 충돌시키고 그때 떨어져 나온 물질을 스피처 적외선 천문 관측 위성으로 관찰했다. 딥 임팩트 탐사선은 미국 독립 기

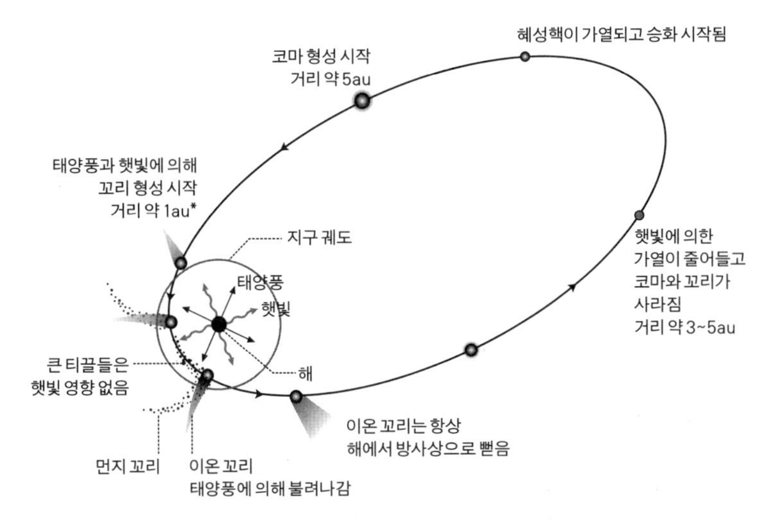

그림 0-3. 혜성의 형성 과정

1) 혜성의 핵이 햇빛을 받아 점점 달궈지면서 표면에서 승화가 일어나기 시작한다.

2) 승화된 기체로 이루어진 코마가 형성되기 시작한다.(5au 정도)

3) 태양풍과 햇빛에 의해 기체와 먼지가 밀려나면서 꼬리가 형성된다.(1au 정도)

4) 크기가 큰 티끌들은 태양풍이나 햇빛의 영향을 거의 받지 않고 혜성 궤도를 따라 움직인다.

5) 코마의 이온 성분은 태양풍에 의해 바깥쪽으로 불려 나가면서 이온 꼬리(플라즈마 꼬리)를 형성한다.

6) 코마의 먼지 티끌 성분은 햇빛에 의해 밀려나가지만 이온 성분보다는 덜 영향을 받으므로 햇빛에 의한 운동과 혜성의 운동이 합쳐진 방향을 따라 깃발처럼 펼쳐진다.

7) 햇빛에 의한 가열이 약해지면서 꼬리와 코마가 점점 사라진다.(3~5au)

* 1천문단위(au, astronomical unit)는 태양과 지구 간 평균 거리인 약 1억 4960만 킬로미터를 가리킨다.

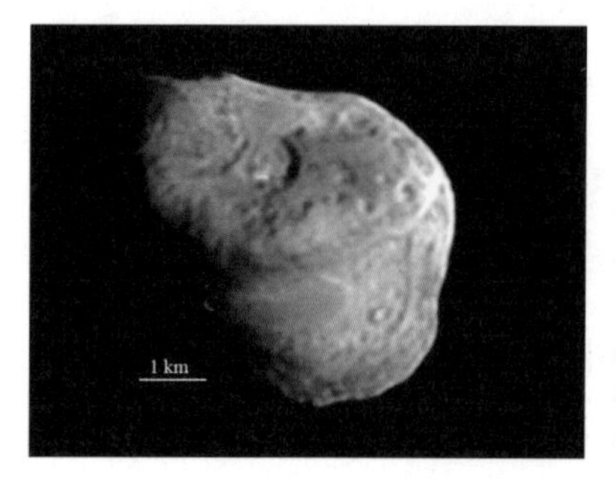

그림 0-4. 템펠1 혜성의 겉모습. 미국의 무인 우주 탐사선 딥 임팩트가 관측한 것이다. 템펠1 혜성은 얼음(물의 고체), 탄화수소 복합 분자, 드라이아이스 등으로 이루어져 있고, 혜성핵의 겉모습은 마치 감자와도 같이 울퉁불퉁하며 표면의 구성 성분도 균질하지 않음이 밝혀졌다.(NASA/JPL-Caltech 제공)

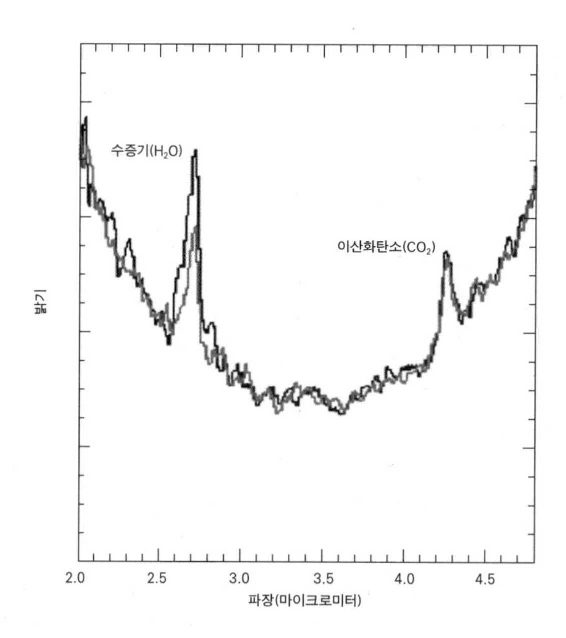

그림 0-5. 템펠1 혜성의 코마를 적외선에서 분광 관측한 스펙트럼. 수증기(H_2O)과 이산화탄소(CO_2)가 많음을 알 수 있다. NASA/University of Maryland/Lori Feaga가 제공하는 그래프를 단순화한 것이다.

념일인 2005년 7월 4일에 템펠1 혜성에 충돌했다. 이때 근접 촬영된 템펠 1 혜성은 감자 모양을 하고 있었고 표면은 울퉁불퉁해 다양한 지형이 존재하는 모습이었다. 충돌 후 떨어져 나온 물질을 스피처 위성으로 관찰해 보니, 얼음, 이산화탄소, 탄화수소 분자 등이 검출되었다.

한편 혜성에서 나온 티끌을 직접 채집해서 지구로 가져오는 우주 탐사 계획도 수행되었다. 미국 항공 우주국은 1999년 2월 7일에 우주 탐사선 스타더스트를 발사했다. 이 우주 탐사선은 기나긴 여정을 마치고 마침내 2004년 1월 2일에 81P/Wild2('빌트 투') 혜성의 꼬리를 통과하면서 혜성의 꼬리를 이루는 티끌을 채집해 2006년 1월 15일에 지구로 귀환했다. 그 과정에서 근접 촬영된 혜성핵에서는 여러 개의 제트가 나오는 것이 관측되었다. 혜성에서 나온 티끌들은 고온에서 형성된 감람석이나 휘석으로 이루어진 티끌도 있었고 저온에서 형성된 티끌들도 있었다. 또한 티끌의 크기도 다양했다. 이러한 사실은 태양계가 형성되던 시기에 이 혜성이 다양한 환경을 겪으면서 형성되었음을 말해 준다.

지구가 형성되던 초기에 수많은 혜성들이 지구에 떨어져 지구에 물을 가져다주었을 뿐만이 아니라 생명의 씨앗이 될 유기 분자들을 가져다주었다고 한다. 스타더스트 탐사선이 가져온 혜성의 부스러기에는 많은 탄화수소가 들어 있었으며, 놀랍게도 글리신이라는 아미노산도 있었다. 아미노산은 생명의 구성 요소인 단백질을 만드는 기본 단위다. 지구에 생명이 어떻게 탄생할 수 있었는지 연구하는 데 중요한 단서가 발견된 것이다.

먼지 꼬리와 이온 꼬리

물질은 압력과 온도에 따라 고체, 액체, 기체의 세 가지 상태를 갖는다. 우리가 매일 마시는 물은 표준 기압(즉 1기압)과 상온(15~20°C)에서 액체 상태이다. 표준 기압을 유지하면서, 고체(얼음)에 열을 가해 온도를 높이면 그 고체가 녹아서 액체(물)가 된다. 이것을 용융이라고 한다. 액체(물)를 식혀서 온도를 낮추면 얼어서 고체(얼음)가 된다. 이것은 고화라고 한다. 액체(물)를 끓이면 기체(수증기)가 되는데 이것을 기화라고 하고, 기체(수증기)를 식히면 액체(물)가 되는데 이것을 액화라고 한다. 그런데 물의 경우, 기압이 0.06기압보다 낮으면 액체가 존재하지 않고 고체가 바로 기체가 되거나 기체가 바로 고체가 된다. 이러한 상태의 변화를 승화라고 한다.

혜성은 자체 중력이 작고 대기가 거의 없으므로 표면 압력이 매우 낮다. 혜성이 해에서 충분히 멀리 있을 때는 표면 온도가 매우 낮으므로 혜성핵이 고체로 존재한다. 혜성이 궤도를 운행하다가 해에 점점 접근하게 되면 혜성핵의 표면이 햇빛을 받아서 온도가 점점 높아진다. 표면 압력이 낮은 상태에서 표면 온도가 높아지면 혜성핵의 표면에서 고체(얼음)가 바로 기체(수증기)가 되는 승화 현상이 일어난다. 이때 생겨난 기체(수증기)는 핵을 둘러싼 코마를 형성하게 된다. 해에서 나오는 태양풍에 의해 코마를 이루는 기체가 해로부터 멀어지는 방향으로 쭉 뻗어 나가게 된다. 이것이 바로 혜성의 이온 꼬리이다.

편의상 물을 가지고 설명했지만, 혜성의 핵에는 얼음뿐만 아니라 이산화탄소, 암모니아, 메탄 등이 고체로 존재하고 있다. 승화가 일어나는 온도는 메탄, 이산화탄소, 암모니아, 물의 순서로 낮다. 혜성이 해로 다가오면서 온도가 높아짐에 따라 메탄이 먼저 승화하고, 그 다음에 이산화탄소,

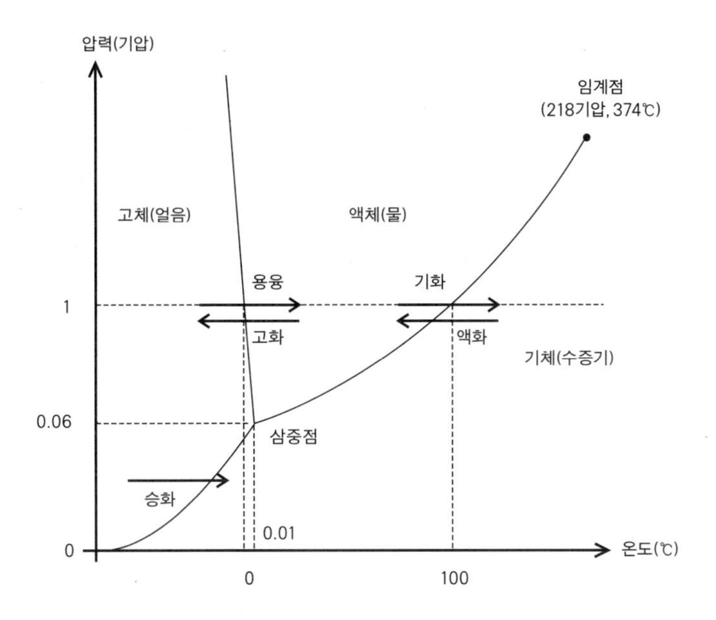

그림 0-6. 물의 상태도. 가로축은 온도이고 세로축은 압력이다. 물질이 고체, 액체, 기체 등으로 존재하는 것을 상태라고 한다. 온도와 압력에 따른 물질의 상태를 나타내는 그림을 물질의 상태도라고 한다. 삼중점에서는 고체, 액체, 기체가 모두 평형을 이루어 공존한다. 임계점은 기체와 액체가 구분이 없어지기 시작하는 상태이다. 물의 경우 산 위에서는 기압이 낮으므로 끓는점이 평지에서보다 낮다. 그래서 낮은 온도에서 물이 끓으므로 밥이 설익는다. 반대로 압력솥 안에서는 압력이 높으므로 끓는점이 높고, 높은 온도에서 물이 끓으므로 밥이 잘 익는다.

암모니아, 그리고 물의 순서대로 승화가 일어난다.

먼지 꼬리는 말 그대로 먼지로 되어 있다. 먼지 꼬리가 존재하기 때문에 휘플의 더러운 눈덩이 모형에서 혜성핵은 기체를 만들어 내는 얼음(물, 이산화탄소, 암모니아, 메탄)과 먼지 티끌이 섞여 있다고 본 것이다. 얼음이 승화해 혜성 표면에서 가스로 분출할 때 먼지 티끌과 알갱이들도 함께 튕겨져 나간다. 이것들은 무거워서 태양풍의 영향을 적게 받으므로 대체로 원래 혜성의 궤도를 따라 운동을 하게 된다. 그래서 먼지 꼬리는 이온 꼬리와 분리되고 대체로 혜성핵의 공전 궤도를 따라 깃발처럼 펼쳐져 보이게 된다.

혜성의 궤도

혜성이 우주 공간에서 움직이는 길을 혜성의 궤도라고 한다. 혜성은 해의 중력에 붙들려서 궤도를 운행한다고 볼 수 있다. 맨 처음 궤도가 알려진 혜성은 핼리 혜성이다. 영국의 천문학자인 에드먼드 핼리(Edmond Halley, 1656~1742년)가 이 혜성의 궤도가 해를 한 초점에 둔 타원임을 알아냈다. 사실 그 전에 요한네스 케플러(Johannes Kepler, 1571~1630년)가 행성들의 궤도가 타원임을 발견했으므로, 혜성도 태양계의 다른 행성들과 마찬가지로 해의 중력에 매여 있는 천체임이 알려진 것이다. 아이작 뉴턴이 만유인력의 법칙을 창안해 태양계 천체들, 특히 혜성의 궤도를 계산해 보니, 혜성들은 타원 궤도 이외에도 포물선 궤도와 쌍곡선 궤도도 가질 수 있음을 알게 되었다.

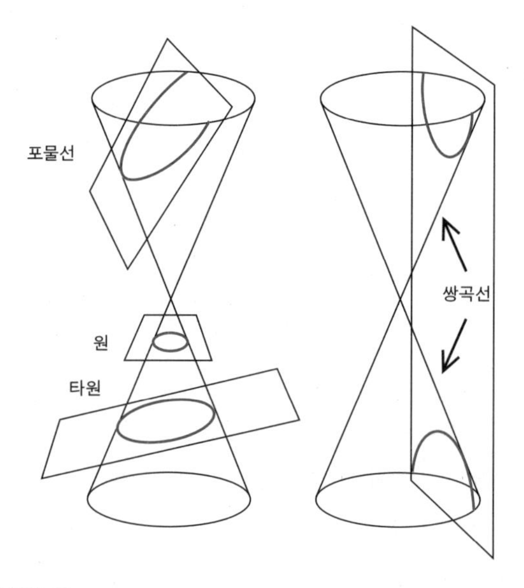

그림 0-7. 원뿔 곡선의 모양

기하학에서 원, 타원, 포물선, 쌍곡선 등을 원뿔 곡선이라고 부른다. 고대 그리스에 '페르가의 아폴로니우스(Apollonius, 기원전 262?~기원전 190년?)'라고 불리던 위대한 수학자가 있었다. 그는 『원뿔 곡선』이라는 책을 지었다. 원뿔을 어떻게 절단하느냐에 따라 단면이 원, 타원, 포물선, 쌍곡선 등의 모양으로 나오게 되므로 이 곡선들을 원뿔 곡선이라 한다. 이 책은 원뿔 곡선과 관련된 수학적 정리들을 기하학적인 방법으로 증명했다.(2200년 전에 말이다!) 천체들의 궤도가 원뿔 곡선이기 때문에, 그것을 수학적으로 이해하기 위해 핼리는 스스로 아랍 어와 고대 그리스 어를 배워서 아폴로니우스의 책을 영어로 번역하기도 했다.

원뿔 곡선에 대해서 간단히 살펴보자. 직각삼각형의 직각을 이루는 한 변을 축으로 그 직각삼각형을 회전시키면 직원뿔이 만들어진다. 이 직원뿔의 축과 모선이 이루는 각의 크기를 A라고 하고, 원뿔을 자르는 평면과 그 회전축이 이루는 각의 크기를 C라고 하자. 그러면 A와 C의 상대적인 크기에 따라 단면의 곡선 모양이 달라진다.

$C=90^\circ$일 때는 원
$C>A$일 때는 타원
$C=A$일 때는 포물선
$C<A$일 때는 쌍곡선

직관적인 방식으로 설명하자면, 원뿔을 자르는 평면의 기울기가 모선의 기울기보다 작으면 단면은 타원이 되고, 두 기울기가 같으면 포물선이 되며, 더 크면 쌍곡선이 된다. 자르는 평면이 원뿔의 축과 수직을 이루면 단면은 원이 된다.

뉴턴은 1684~1685년에 자신의 만유인력의 법칙에 따라 천체의 궤도를 계산해 보았다. 그는 어떤 천체가 가진 전체 에너지(운동 에너지와 중력에 의한 위치 에너지의 합)에 따라 궤도의 모양이 다양한 원뿔 곡선을 가질 수 있음을 증명했다. 쉽게 설명하자면, 혜성이 해로부터 무한히 멀리 있을 때에도 여전히 움직이고 있다면 그 혜성은 쌍곡선 궤도를 가지며, 혜성이 해로부터 무한히 멀리 있을 때 정지해 있는 경우는 궤도가 포물선이 된다. 혜성이 해의 중력에 붙들려서 무한히 멀리 가지 못하고 중간에 다시 되돌아올 수밖에 없는 경우, 혜성의 궤도는 타원이 된다. 쌍곡선 궤도와 포물선 궤도를 갖는 혜성은 태양계 안쪽으로 한 번 왔다가 되돌아가면 다시는 못 보는 혜성이다. 타원 궤도를 갖는 혜성들은 일정한 주기가 지나면 다시 돌아오기를 되풀이한다. 이런 혜성들을 주기 혜성이라고 한다.

주기 혜성의 궤도를 묘사하는 데 다음과 같이 궤도 요소를 정의한다.

- 장반경(a): 타원의 장축 길이의 절반. 단반경은 타원의 단축 길이의 절반.
- 이심률(e): 타원의 찌그러진 정도. 타원의 한 초점에서 그 타원의 중심까지의 거리를 장반경으로 나눈 값. $e=0$이면 원이고, $e=1$이면 직선이 된다.
- 궤도 경사각(i): 황도면에 대해 혜성의 궤도면이 기울어진 각도
- 승교점 경도(Ω): 승교점이란 혜성이 황도면의 아래에 있다가 위로 올라가는 지점이다. 승교점 경도란 그 점이 황도면 안에서 춘분점으로부터 몇 도나 돌아가 있는지를 나타낸다.
- 근일점 경도(ω): 혜성의 공전 궤도면 안에서 승교점과 근일점 사이의 각도
- T_0: 특정 시각의 혜성의 위치. 대개 근일점 시각으로 정한다.

혜성의 궤도를 이야기할 때, 흔히 이심률 대신에 근일점 거리(q)를 사

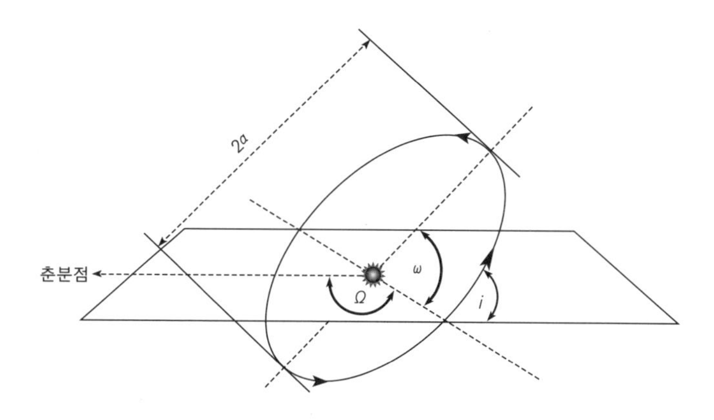

그림 0-8. 궤도 요소

용한다. $q=a(1-e)$의 관계가 있다. 또한 원일점 거리는 Q라고 표시하고 $Q=a(1+e)$의 관계가 있다. 혜성 궤도의 장반경, 이심율, 궤도 경사각의 값들에 따라 분류해 보고, 그 분류를 바탕으로 혜성의 기원을 추론한다.

주기 혜성의 종류

혜성을 분류하는 방식에는 여러 가지가 있으나, 그중에서 주기 혜성들은 공전 궤도의 특성에 따라 분류한다. 공전 주기를 P라고 표시하고 황도면에 대한 궤도 경사각을 i라고 표시할 때, 다음과 같이 분류한다. 주기와 궤도 경사각에 따라 그 혜성이 어디에서 기원했는지 추정하게 된다.

- 장주기 혜성: 공전 주기가 200년 이상인 것. 혜성의 궤도 진화가 주요 행성들에 의해 긴밀히 영향을 받지 않는 혜성.

(예) 헤일-밥 혜성: 주기 2500년

이케야-세키 혜성: 주기 약 900년

- 단주기 혜성: 공전 주기가 200년 이하인 것

- 핼리형 혜성(또는 중간 주기 혜성)

주기: 20년 $<$ P $<$ 200년

궤도 경사각: 다양함.

오르트 구름에서 기원해 해에게 붙들리게 되어 주기 혜성이 된 것으로 추론됨.

(예) 핼리 혜성 : 주기 76년

- 목성족 혜성

주기: P $<$ 20년

궤도 경사각: $i < 30°$

공전 방향은 태양계 행성들의 공전 방향과 같음.

콰이퍼 띠에서 온 것으로 추론됨.

해왕성 넘나들이 천체와 혜성 저수지

목성족 혜성들은 주기가 짧아서 해에 자주 접근하므로 비교적 수명이 짧다. 그럼에도 불구하고 여전히 많은 목성족 혜성이 존재하므로 목성 너머 먼 곳에서 태양계 안쪽으로 새로운 혜성들이 계속 공급되어야 한다. 이 문제를 해결하기 위해, 네덜란드 태생의 미국 천문학자인 헤라르드 콰이퍼(Gerad Kuiper, 1905~1973년)는 1951년에 해왕성 궤도 바깥에 행성이 되지 못한 미소 행성체들이 모여 있는 일종의 혜성 저수지가 있을 것으로 예측

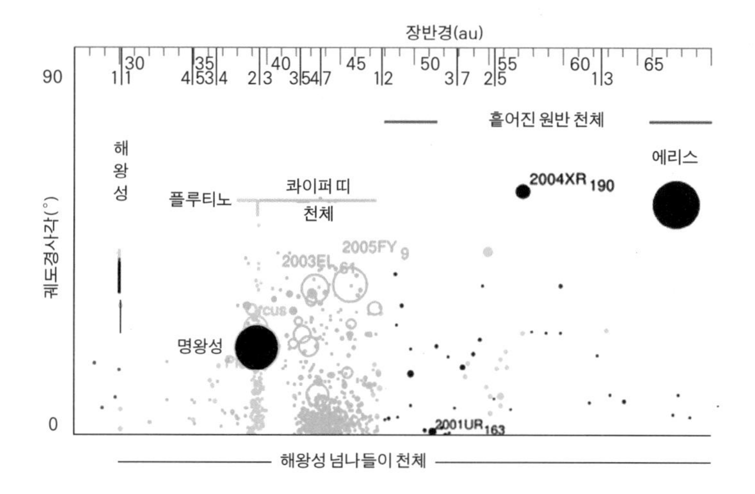

그림 0-9. 해왕성 넘나들이 천체의 궤도 분포. 그래프에서 맨 위의 두 번째 숫자는 해왕성과 공명을 일으키는 비율을 뜻한다. 즉 4:5공명, 3:4공명, 2:3공명 등을 표시했다. 특히 2:3공명을 일으키는 천체들은 플루티노라고 부른다.

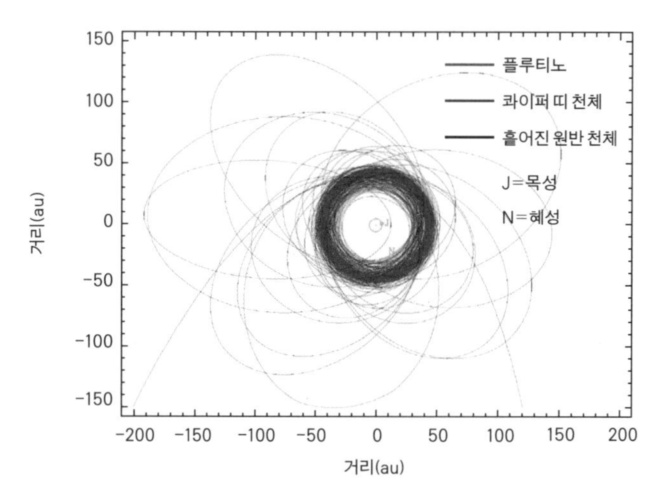

그림 0-10. 플루티노와 콰이퍼 띠 천체들은 원 궤도를 돌지만, 흩어진 원반 천체들은 상당히 길쭉한 타원 궤도를 돌기 때문에 이들 중 일부가 해왕성의 섭동을 받아 태양계 안쪽을 도는 혜성으로 탈바꿈하게 된다.

했다. 이것을 그의 이름을 따서 '콰이퍼 띠(Kuiper Belt)'라고 불렀다. 1992년에 천문학자 데이비드 즈윗(David Jewitt, 1958년~)과 제인 루(Jane Luu, 1963년~)가 1992 QB1이라는 최초의 콰이퍼 띠 천체(혜성)를 발견한 후 지금까지 해왕성 너머에서 많은 콰이퍼 띠 천체들이 발견되었다. 그런데 그것들은 다시 궤도 특징에 따라 몇 가지로 나누어진다. 지금은 이것들 전체를 '해왕성 넘나들이 천체'라고 부른다. 말 그대로 해왕성 궤도를 넘나드는 천체들이라는 뜻이며 그중에는 '고전적' 콰이퍼 띠 천체, 플루티노, 흩어진 원반 천체 등이 있다.

지름이 100킬로미터보다 큰 콰이퍼 띠 천체들은 적어도 7만 개가 있고 해에서 30~50au 떨어진 궤도를 태양계 행성들과 같은 방향으로 공전한다고 생각되었다. 지금까지 발견된 콰이퍼 띠 천체들의 크기는 지름이 10~500킬로미터 정도이고, 가장 큰 것은 2004 DW라는 천체로 그 지름이 1400~1600킬로미터에 이른다. 지름이 2200킬로미터인 명왕성도 이러한 천체들 가운데 하나로 밝혀졌다. 그래서 국제 천문 연맹에서는 명왕성을 행성에서 제외하고 이를 왜행성으로 분류하게 되었다. 작은 것들은 훨씬 더 많아서 지름이 1킬로미터보다 큰 것들이 수십 억 개나 있을 것으로 추정되었다.

해왕성 너머에는 해왕성과 2:3 공명을 일으키는 천체들이 있다. 이대삼(2:3) 공명이란 그 천체가 2회 공전하는 동안 해왕성이 3회 공전한다는 뜻이다. 이런 상황에서는 해왕성이 이 천체들에게 주기적으로 중력을 작용해 도망가지 못하도록 붙잡아 두는 노릇을 하게 된다. 이러한 천체들 중에서 가장 대표적인 것이 명왕성이다. 명왕성은 플루토라고 부르기 때문에, 이것들을 '플루티노'라고 부른다. 이 혜성들은 궤도 경사 40° 이내에서 제한된 영역을 공전하고 있고, 명왕성처럼 해왕성 궤도의 안팎을 넘나드는 것들도 흔하다.

코이퍼가 처음 '목성족 혜성의 저장소' 또는 '원시 태양계의 잔해'로 생각한 천체들은 현대에는 '고전적인 코이퍼 띠 천체'라고 부르는 것들이다. 대표적인 것이 1992 QB1이라는 천체다. 이 천체들은 그 궤도가 비교적 좁은 영역 안에 모여서 해를 공전하고 있다. 단주기 혜성으로 공급될 혜성들은 '흩어진 원반 천체'라고 부르는 것들이다. 이 혜성들은 장반경이 50au보다 크고 궤도 이심율이 크다. 다시 말해서 굉장히 길쭉한 궤도를 갖고 있으므로 해왕성에 접근하는 일이 자주 생기고, 그에 따라 해왕성의 중력적 영향을 받아서 단주기 혜성으로 진화하는 것들이 생긴다.

오르트 구름에서 태어나다

피에르 라플라스(Pierre Laplace, 1749~1827년)는 혜성들이 별들 사이의 공간에 있다가 태양의 중력에 의해 붙들린 것이라고 생각했다. 만일 그렇다면 많은 혜성들이 쌍곡선 궤도를 가져야 할 텐데, 1914년에 덴마크의 천문학자인 엘리스 스트룀그렌(Elis Strömgren, 1870~1947년)이 혜성들을 관찰해 궤도를 구해 보니 오히려 쌍곡선 궤도를 갖는 혜성은 드물었다. 한편 에스토니아 출신의 천문학자인 에른스트 외픽(Ernst Öpik, 1893~1985년)은 1932년에 매우 길쭉한 타원 궤도를 갖는 혜성이라도 원일점이 10만 au를 넘지 않으면 이웃한 별들의 중력보다 해의 중력이 강해서 그 혜성이 해에 속박되어 있을 수 있다는 사실을 알아냈다. 즉 해로부터 10만 au 떨어진 곳까지가 해의 중력에 구속되는 세력권이라고 볼 수 있다는 것이다. 이러한 생각들을 바탕으로 1950년에 네덜란드의 천문학자인 얀 헨드리크 오르트(Jan Hendrik

Oort, 1900~1992년)는 새로운 혜성을 계속 공급해 주는 혜성의 저장고가 이러한 태양계의 끝자락에 있다고 제안했다.

오르트는 그 당시에 새로 발견된 혜성들의 원일점, 즉 해에서 가장 멀리 떨어질 때의 거리가 6천 au과 9만 au 사이, 대략 5만 au에 있음을 깨달았다. 이것은 해와 가장 가까운 별들 사이의 거리에 비하면 그 3분의 1 정도에 해당하는 것이다. 즉 태양계의 끝자락은 5만 au 정도라고 볼 수 있다. 이것이 바로 혜성 저장고의 위치다. 또한, 포물선이나 쌍곡선 궤도를 갖는 혜성들은 경사각이 황도면에 무관하게 임의의 각도를 갖고 있으므로, 오르트는 이 혜성들의 고향이 구형으로 생겼다고 보았다. 이러한 혜성의 고향을 '오르트 구름(Oort Cloud)'이라고 부른다. 오르트의 추론을 뒷받침하는 관측적 증거는 2003년에야 처음으로 발견되었다. 세드나(Sedna)라

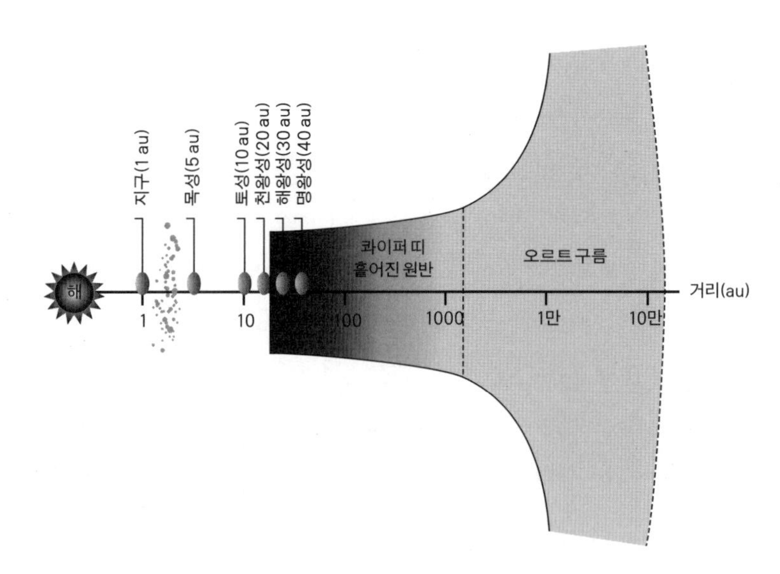

그림 0-11. 오르트 구름

고 부르며, 정식 명칭은 2003 VB12인 혜성이 발견된 것이다. 세드나 혜성은 2003년 11월 14일에 팔로마 천문대의 슈미트 카메라로 발견되었다. 그런데 이전 관측 자료를 검색해 보니, NEAT라는 혜성 관측 팀도 2001년, 2002년, 2003년 8월에 이 혜성을 관측한 적이 있었다. 이 자료들을 가지고 이 혜성의 궤도를 계산해 보니, 발견 당시 약 90au 거리에 있었으며, 궤도 장반경은 약 500au였다. 이렇게 멀리까지 갔다가 돌아오는 혜성은 전에는 발견된 적이 없었다. 세드나는 20~50일에 걸쳐 자전을 하고 있었으며, 지름은 1200~1600킬로미터 정도로 크기가 명왕성의 절반쯤 되는 천체였다. 그러나 이러한 혜성체들은 너무나도 멀리 있고 크기가 작아서 몹시 어둡기 때문에 발달한 현대 천문학의 기술로도 그것을 탐지해 내기가 쉽지 않다.

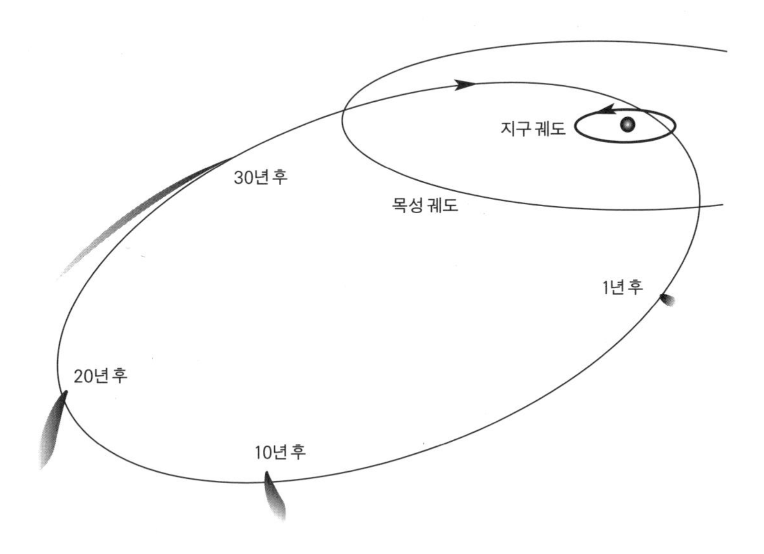

그림 0-12. 혜성 먼지 꼬리의 진화. 공전 주기가 33년인 템펠-터틀 혜성의 먼지 꼬리가 어떻게 진화하는지를 프랑스의 천문학자인 제레미 부바용이 계산한 것. 근일점 부근에서 혜성으로부터 방출된 티끌이 시간이 지나면서 길쭉하게 퍼져서 마침내 혜성 궤도를 따라 긴 띠를 이루게 된다.

혜성과 별똥

혜성의 먼지 꼬리를 이루는 티끌들은 혜성핵에서 방출될 때 속도가 제각각이다. 이러한 속도 차이로 말미암아 티끌들은 혜성의 궤도를 따라 한 바퀴 도는 동안 기다란 띠를 형성하게 된다. 이렇게 형성된 티끌의 띠는, 궤도를 따라 운동을 하는 도중에 해와 행성들이 미치는 중력과 햇빛에 의한 효과 때문에 궤도가 약간씩 교란을 받는다. 그래서 점차 뚜렷한 띠의 모습을 잃으면서 넓은 띠가 되었다가, 충분히 여러 번 공전하면 마침내 태양계 공간으로 흩어져 버린다. 이러한 티끌들이 초속 수십 킬로미터의 어마어마한 속도로 지구 대기 속으로 돌입하게 되면 별똥이 생긴다.

지구 대기 속으로 돌입하기 전의 티끌들을 '별찌'라고 한다. 별찌는 혜성에서 나온 티끌 알갱이들이다. 한 혜성에서 나온 별찌들의 띠를 '별찌흐름'이라고 부르며, 그 별찌흐름의 원천이 된 혜성을 '어미 혜성'이라고 부른다. 별똥비는 지구가 공전하다가 이러한 별찌흐름 속을 뚫고 지나갈 때 생기게 된다. 어떤 별찌흐름에 속한 별찌들이 만들어 낸 별똥을 '별똥비 별똥'이라고 하고, 완전히 흩어져 버려서 별찌흐름에 속하지 않게 된 별찌들이 만들어 내는 별똥을 '간헐 별똥'이라고 부른다.

한 별찌흐름에 속한 별찌들은 거의 같은 방향으로 흐르고 있다. 이 별찌들이 지구 대기로 돌입해 별똥들이 비처럼 떨어지게 되는데, 이것이 바로 별똥비이다. 지구의 관측자가 보면 별똥들이 마치 한 점에서 나오는 것처럼 보이게 된다. 이것은 마치 비오는 하늘을 우러러 쳐다보면 빗방울들은 서로 나란하게 떨어지지만, 올려다보는 사람이 보면 비가 마치 한 점에서 떨어져 내리는 것으로 보이는 것과 마찬가지다. 우리는 그 점을 복사점이라고 부르며, 복사점이 자리한 별자리로 그 별똥비의 이름을 붙인다. 사

표 0-1. 해마다 나타나는 주요 별똥비

이름	극대기	기간	개수	어미 혜성
사분의자리 별똥비	1월 4일	12월 28일~1월 12일	120개	소행성 2003 EH1
사자자리 델타 별똥비	2월 26일	2월 5일~3월 19일	20개	
3월 쌍둥이자리 별똥비	3월 22일		40개	
처녀자리 별똥비	4월 10일		20개	
거문고자리 별똥비	4월 22일	4월 16~25일	18개	대처 혜성
고물자리 별똥비	4월 23일			26P/그리그-스켈러럽 혜성
물병자리 에타 별똥비	5월 5일	4월 19일~5월 28일	65개	1P/핼리 혜성
양자리 별똥비	6월 7일	5월 22일~7월 2일	54개	96P/맥홀츠 혜성
6월 거문고자리 별똥비	6월 16일		15개	
땅꾼자리 별똥비	6월 20일	25일 동안	8~20개	소리별똥 나타남
6월 목동자리 별똥비	6월 27일	6월 22일~7월 2일	10~100개	7P/폰즈-비네케 혜성
물병자리 델타 별똥비	7월 30일	40일 동안	25개	96P/맥홀츠 혜성
염소자리 알파 별똥비	7월 29일	7월 3일~8월 5일	5개	169P/니트 혜성
페르세우스자리 별똥비	8월 10~13일	7월 17일~8월 24일	100개	109P/스위프트-터틀 혜성
백조자리 카파 별똥비	8월 17일	8월 3~25일	12개	소행성 2008 ED69
마차부자리 별똥비	9월			C/1911 N1(키스 혜성)
용자리 별똥비	10월 8일	10월 6~10일		21P/자코비니-지너 혜성
오리온자리 별똥비	10월 21일	10월 2일~11월 7일	30개	1P/핼리(불꽃별똥 나타남)
황소자리 별똥비	11월 5일	45일 동안		2P/엔케 혜성
안드로메다자리 별똥비	11월 9일	9월 25일~12월 6일	3개	3D/비엘라 혜성
사자자리 별똥비	11월 17일	11월 6~30일	20개	55P/터틀 혜성
봉황자리 별똥비	12월 5~6일	11월 28일~12월 9일		D/1819 W1(블랑팡 혜성)
쌍둥이자리 별똥비	12월 13~14일	12월 7~17일	120개	소행성 3200 파에톤
작은곰자리 별똥비	12월 23일	12월 17-26일	10개	8P/터틀 혜성

자자리 별똥비는 별똥비의 복사점이 사자자리에 있는 것이다. 또한 그 별똥비를 일으키는 별찌흐름도 복사점이 들어 있는 별자리로 붙인다. 사자자리 별똥비를 일으키는 별찌흐름은 '사자자리 별찌흐름'이라고 부른다. 또한 사자자리 별찌흐름의 어미 혜성은 공전 주기가 약 33년인 템펠-터틀이라는 주기 혜성이다.

지구의 공전 궤도와 만나는 별찌흐름은 대략 1개월에 2~3개씩 있고, 지구가 매년 비슷한 날짜에 그 별찌흐름들을 통과하므로 그때마다 별똥비가 쏟아진다. 이런 무렵이 별똥을 관찰하기 좋은 때이다. 일상적인 별똥비는 대략 한 시간에 별똥을 10~100개 정도 볼 수 있다. 그런데 혜성에서 떨어져 나온 뒤에 서너 주기 미만을 공전한 별찌흐름은 별찌들이 원래의 신선한 띠를 유지하고 있다. 이러한 신선한 띠 속을 지구가 통과하게 되면 한 시간에 수천 개 또는 1만 개가 넘는 별똥들이 쏟아지는 멋진 우주쇼를 볼 수도 있다. 이것을 '별똥만발' 또는 '별똥소나기'라고 부른다.

혜성 작명법

혜성의 이름은 역사상 여러 가지 방식으로 붙여져 왔다. 흔히 최초 발견자의 이름을 따서 짓는다고 알려져 있으나, 1994년 국제 천문 연맹은 혜성의 작명 방식을 새로 제정했다. 새로운 작명법에 따르면, 1P/1682 Q1, C/2012 S1, D/1993 F2와 같은 식으로 혜성의 이름을 붙인다. 여기서 맨 앞에 나오는 P, C, D와 같은 부호들은 혜성의 궤도 특성을 나타내는데, 다시 자세히 설명하겠다. 1682, 2012, 1993과 같은 숫자는 발견된 해를 나타낸다. 마지막에 나오는 Q1, S1, F2와 같은 부호는 혜성을 발견한

표 0-2. 혜성의 공칭 명칭에 사용되는 발견 시점을 나타내는 부호

발견월	상반기	하반기
1월	A	B
2월	C	D
3월	E	F
4월	G	H
5월	J	K
6월	L	M
7월	N	O
8월	P	Q
9월	R	S
10월	T	U
11월	V	W
12월	X	Y

달을 표시하는 것이다. 1월 상반기(1월 1~15일)는 A, 1월 하반기(1월 16~31일)는 B, 2월 상반기는 C, 2월 하반기는 D, 3월 상반기는 E 등으로 1년을 월별로 상반기와 하반기로 나누어 알파벳 순서로 발견 시점을 표시한다. 단 I와 Z는 숫자와 혼동하기 쉬우므로 제외한다. 알파벳 다음에 나오는 숫자는 그 기간 동안에 몇 번째로 발견된 혜성인지를 나타내는 것이다.

- P: 핼리 혜성과 같이 그 궤도가 알려져 있고 그것이 타원 궤도를 돌면서 주기적으로 근일점을 통과하는 혜성들을 주기 혜성이라고 하고 이름에 P라는 글자를 붙인다. 주기적이라는 뜻의 'Periodic'의 머리글자이다. 혜성의 공전 주기가 200년 이하이고, 한 번 이상의 근일점 통과가 관측된 주기 혜성에 대해 이러한 이름을 붙인다. 주기 혜성은 발견 순서를 맨 앞에 명기해

주기도 한다. 최초로 발견된 주기 혜성인 핼리 혜성은 1P/1682 Q1이라고 표시하거나 단순히 1P/Halley라고 표기한다.

- C: 주기 혜성이 아닌 혜성들에 붙이는 부호이다. 혜성의 궤도가 포물선 궤도나 쌍곡선 궤도여서 한번 근일점을 통과한 이후 다시 돌아오지 않거나, 혜성의 궤도를 알 수 없는 경우, 관측된 연도 앞에 그냥 C를 붙인다. 영어의 혜성이라는 뜻의 'Comet'의 약자다. 헤일-밥 혜성은 C/1995 O1으로 표기되는데, 1995년 7월 하반기에 관측된 비주기 혜성이라는 뜻이다.
- D: 어떤 혜성은 궤도를 돌다가 조석력 때문에 쪼개지거나 해에 잡혀먹혀서 사라지기도 한다. 이런 경우에는 사라졌다는 뜻의 영어 단어 'Disappeared'의 머리글자를 따서 D를 붙인다. 예를 들어 1994년 목성에 충돌해 사라진 슈메이커-레비9 혜성은 D/1993 F2라고 표시한다.
- X: 혜성의 궤도가 관측으로 정해지지 않은 혜성들. 흔히 역사서에 기록된 혜성들이 이러한 범주에 드는 경우가 많다.
- A: 소행성을 혜성으로 잘못 분류한 경우

혜성 관찰법

혜성을 관찰하기 위해서는 맨눈으로도 가능하나 쌍안경을 준비하는 것이 좋다. 혜성은 별과 같이 빛이 한 점에서 나오는 천체가 아니라 넓게 퍼진 흐릿한 천체이므로 밤하늘이 밝으면 잘 보이지 않는다. 그러므로 인공의 불빛이 없어서 밤하늘이 어둡고 물안개가 잘 끼지 않는 곳을 골라 관측해야 한다. 또한 달이 어두운 밤을 택하는 것이 좋고, 달이 혜성에서 멀리 떨어져 있는 날을 선택해야 혜성을 잘 볼 수 있다.

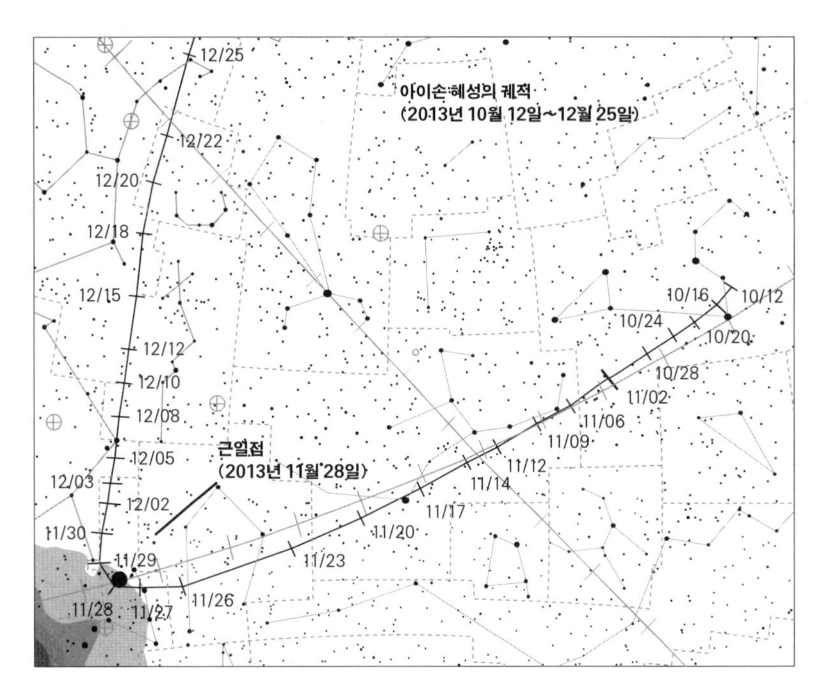

그림 0-13. 파인딩 차트의 예. 2013년 말의 아이손 혜성의 경우(각각의 숫자는 날짜)

혜성이 어두울 때는 그 혜성이 어디에 있는지 찾기 위해 혜성의 위치를 미리 잘 숙지하고 있어야 한다. 물론 별자리를 잘 알고 있어야 혜성을 하늘에서 찾기 편리하다. 천문학자들은 파인딩 차트(finding chart)라고 부르는 적당한 축척의 성도 위에 찾고자 하는 천체의 위치를 표시해 놓은 그림을 만들어서 가지고 다닌다. 다수의 인터넷 사이트에서 이러한 파인딩 차트를 구할 수 있다.

맨눈을 어두운 하늘에 적응시킨 다음, 혜성이 있는 위치를 집중적으로 수색한다. 점상으로 보이는 별과 퍼진 상으로 보이는 혜성은 보면 느낌이 다르기 때문에 생각보다 쉽게 구분해 낼 수 있다. 물론 혜성의 꼬리가 발달한 뒤에는 혜성의 머리(코마)도 쉽게 찾을 수 있으니 별 걱정이 없다. 그러나 불행하게도 맨눈이나 쌍안경으로 관찰할 수 있는 혜성은 드물게 나타난다. 그래서 사진 촬영을 통해 혜성을 관찰할 것을 추천한다.

책이나 인터넷에서 볼 수 있는 멋진 혜성 사진을 찍으려면 장기 노출이 가능한 카메라와 별들의 일주 운동을 따라잡을 때 사용하는 적도의가 있어야 한다. 이러한 장비는 상당히 값이 비싸다는 것이 문제다. 그러나 대부분의 일반적인 천문 애호가들은 다음에 소개하는 고정 촬영법으로도 충분히 혜성을 사진에 담을 수 있을 것이다. 준비물은 소위 똑딱이 카메라라고 부르는 소형 디지털 카메라와 카메라를 고정시킬 삼각대가 전부다.

① 수동 모드, 즉 M-모드로 맞춘다.

② 플래시는 끈다.

③ 원경(▲▲) 모드로 맞춘다.

④ 셔터를 누를 때 진동이 생기지 않도록 지연 셔터 기능을 사용한다.

⑤ 노출은 12~15초 정도 준다.

⑥ 삼각대가 있으면 편리하지만, 삼각대가 없더라도 돌이나 바위를 활용해 혜성이 있는 방향으로 카메라를 향하도록 할 수 있다.

⑦ 감도 ISO는 가장 큰 숫자로 맞추고, 몇 장을 찍으면서 더 낮은 ISO 감도로도 촬영한다.

1장

한국사의 혜성 이야기

우리나라의 역사에 가장 먼저 등장하는 혜성 기록은 위만 조선이 망할 때인 한나라 무제 때의 혜성이다. 사마천의 『사기』에는 이때 남하(南河, 작은개자리 프로사이온)와 북하(北河, 쌍둥이자리 카스토르와 폴룩스) 사이에 혜성이 나타났고, 이것을 중국 사람들은 위만 조선이 멸망할 조짐이라고 해석했다고 적혀 있다.

조선을 공격할 때 패성(혜성의 일종)이 하수(河戍)에 나타났다. 『색은(索隱)』에 이른다. 「천문지」를 상고해 보면, "한무제 원봉 연간에 패성이 하수에 나타났는데, 그 점괘가 '남수(南戍, 남하)는 월문[越門]이고, 북수(北戍, 북하)는 호문[胡門]이다.'라고 했다. 그 후에 한나라 군대가 조선을 공격해 점령하고, 그 땅을 낙랑군과 현도군으로 삼았다. 조선은 바다 건너 있으니 넘는[越] 형세이고, 북방에 있으니 호(胡)의 지역이었던 것이다."라고 했다. — 『사기』, 「천관서」

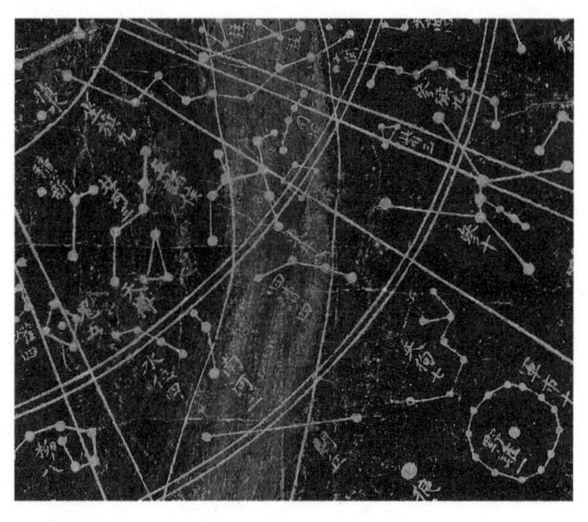

그림 1-1. 남하와 북하.「천상열차분야지도」의 일부분. 세로로 흐르는 푸르스름한 띠는 은하수를 나타낸다.

당시 한나라 사람들은 남하와 북하 사이를 하늘 나라의 북쪽 국경이라고 보았기 때문에 국경 지방에 병란이 일어난다고 해석한 것이다. 여기서 언급한 조선은 당시 우거왕이 다스리고 있던 위만 조선이었다. 『사기』「조선열전」에 따르면 이때 한나라는 수군과 육군을 동원했는데 수군은 오늘날의 산동 반도인 제나라에서 출발해 발해로 떴고, 육군은 오늘날의 북경 지역에서 죄수 군사들을 모아 요동으로 출격했다. 평생 고조선의 역사를 연구한 윤내현 교수에 따르면 모든 사료를 종합적이고 합리적으로 검토한 결과 위만 조선은 오늘날의 발해만 북안의 난하 지역에 있었다고 한다. 한나라가 점령한 위만 조선의 영역에는 낙랑군, 진번군, 임둔군, 현도군이 설치되었다. 이를 한사군(漢四郡)이라 한다. 그러나 기자 조선과 위만 조선과 한사군의 동쪽에는 단군이 다스리던 조선이 줄곧 존재하고 있었다는 것이 윤내현 교수의 결론이다.

1997년 나는 서쪽 지평선 가까이에 떠 있는 헤일-밥 혜성을 보았다. 지평선에 걸린 혜성은 참으로 크다는 느낌을 받았다. 평소의 밤하늘에서는 볼 수 없는 천체라서 나는 약간의 두려움이 느껴질 정도였다. 아마 옛날 사람들의 두려움은 훨씬 더하지 않았을까? 이러한 두려움 때문에 옛사람들은 혜성을 난데없이 나타나 우주의 질서를 어지럽히는 존재라고 생각하게 되었을 것이다. 혜성은 반란, 전쟁, 죽음, 질병의 이미지를 갖고 있다. 그래서 혜성은 역사의 굵직한 사건들과 연결되어 있는 경우가 많다. 우리 역사에서 그런 경우를 한 번 찾아보자.

오행과 사원소설

혜성은 예로부터 재앙의 상징으로 여겨졌는데, 혜성이 내는 독특한 색깔에 따라 재앙의 종류가 결정된다고 믿었다. 여기에는 오행(五行) 사상이 바탕이 되었다. 오행이란 우주를 구성하는 근원적인 기운들인 나무의 기운, 쇠붙이의 기운, 불의 기운, 물의 기운, 그리고 흙의 기운 등을 말한다. 맨눈으로 보이는 하늘의 다섯 행성들에도 오행을 연결지어 물의 기운은

표 1-1. 오행

	물(水) 북쪽 겨울, 죽음, 검은색	
쇠붙이(金) 서쪽 가을, 늙음, 흰색	**흙(土)** 중앙 초여름, 포용, 노란색	**나무(木)** 동쪽 봄, 태어남, 파란색
	불(火) 남쪽 여름, 왕성함, 붉은색	

수성, 쇠붙이의 기운은 금성, 불의 기운은 화성, 나무의 기운은 목성, 흙의 기운은 토성에 대응시키고 이를 오행성(五行星)이라 했다. 옛사람들은 우주가 생겨날 때 오행의 정기가 하늘로 올라가 종류별로 뭉쳐져서 순수한 정기로 이루어진 다섯 천체가 되었다고 여겼다

오행들은 각기 독특한 색깔을 지니고 있다. 즉 나무 잎사귀는 파란색으로 생기를 나타낸다. 칼날을 생각하면 금속은 하얀색이며 칼을 맞으면 죽으니 죽음을 나타낼 것이다. 또한 불은 붉게 타오르니 붉은색이 상징하는 재앙은 가뭄이 연상되며, 깊은 물은 거무스름한 빛을 띠고 물로 인한 재앙은 바로 홍수이다. 또한 흙은 누런색이고 만물을 어루만져서 생장시키는 덕을 지녔다.

옛사람들은 오행을 계절과 방위에도 일대일로 대응시켰다. '나무'는 해가 돋아 올라 만물이 자라기 시작한다는 이미지에서 봄과 동쪽에 대응시켰고, '불'은 불볕 더위의 여름과 남쪽에 안성맞춤이고, '쇠붙이'는 만물이 생육을 멈추고 이울어 가는 이미지를 주므로 해가 지는 가을과 서쪽에 배정했으며, '물'은 만물이 땅속에 스며드는 차가운 겨울과 북쪽에 알맞다. 중앙에 해당하는 '흙'은 계절에 배당할 것이 없기 때문에 여름과 봄 사이에 어중간하게 들어가 있거나 매 계절마다 조금씩 할애해 놓았지만, 그것을 제외한다면 오행설은 그럴듯하게 보인다.

중국 전국 시대의 제자백가 중 한 명인 추연(鄒衍)에 의해 오행설이 정립된 것으로 알려져 있지만, 이미 그 전부터 여러 가지 이야기들은 회자되고 있었을 것이다. 오행설과 같은 간단한 분류법은 고대 그리스에도 있었다. 탈레스에서 논의가 비롯되어 엠페도클레스가 사원소설을 주장했다. 그는 우주가 흙, 물, 불, 바람(공기) 등의 네 가지 원소로 되어 있다고 주장했다. 플라톤은 거기에 제5원소인 에테르가 존재한다고 했고, 아리스토텔

레스는 우주의 물질들은 무거운가 가벼운가, 축축한가 말라 있는가라는 기준에 따라 네 가지 원소로 나눌 수 있다고 정리했다. 아리스토텔레스의 분류법에 따라 이들 네 가지 원소를 정리해 본 표 1-2의 빈칸에 어떤 원소들이 들어갈지 한번 생각해 보자.(42쪽 표 1-4 참조)

표 1-2. 아리스토텔레스의 분류법

구분	마른	축축한
가벼운		
무거운		

이러한 간단한 범주 나누기에 의한 분류법은 우리나라 19세기 말에 이제마가 정리한 사상의학과도 닮은 면이 있다. 그는 사람의 체질을 나눌 때, 영양분(음식)을 소화하는 능력에 따라 태(太)와 소(小)로 나누고, 영양분을 얼마나 잘 저장하느냐 또는 활발하게 소비하느냐로 음(陰)과 양(陽)을 나누었다. 탈레스의 원소 분류법과 마찬가지로 표 1-3과 같이 사람의 체질이 분류된다.

표 1-3. 사상의학의 분류

구분	활발하지 않다(陰)	활발하다(陽)
많이 먹는다(太)	태음인	태양인
조금 먹는다(小)	소음인	소양인

태음인은 많이 먹는데 영양분을 덜 소비하고 몸에 저장한다. 소음인은 조금 먹고 활동성이 적어서 조용한 편이다. 소양인은 양분 섭취를 잘 못하는데 양분 소비는 활발하므로 마른 체형일 것이다. 마지막으로 태양인은 많이 먹고 많이 소비하므로 마른 체형이다. 서양의 사원소설에도 이와 비슷한 체질과 병증에 대한 분류가 있다. 여기서 이러한 이야기를 하는 까닭은, 이렇게 범주를 나누어 현상을 분류를 하는 것이 인간이 지성과 통찰력을 가졌다는 증거이며, 이러한 행위가 철학과 과학으로 발전했다는 점을 말하고 싶기 때문이다.

표 1-4. 아리스토텔레스의 분류법에 따른 사원소의 분류

구분	마른	축축한
가벼운	불	공기
무거운	흙	물

점성술과 분야도

옛날 사람들은 혜성으로 어떻게 별점을 쳤는지 조금 알아보자. 먼저 분야설을 간단히 설명해 두어야겠다. 옛날 중국 사람들은 하늘의 별들이 지상의 일정한 지역이나 나라들과 긴밀하게 연관되어 있다고 생각했다. 그래서 하늘의 어느 별자리에서 천문 현상이 일어나면 그 별자리와 연관되어 있는 지상의 나라나 지역에서 그 별점이 실현된다고 믿었다. 이것이 '분야설'이다. 물론 중국에는 중국의 분야설이 있으며, 우리나라에도 모

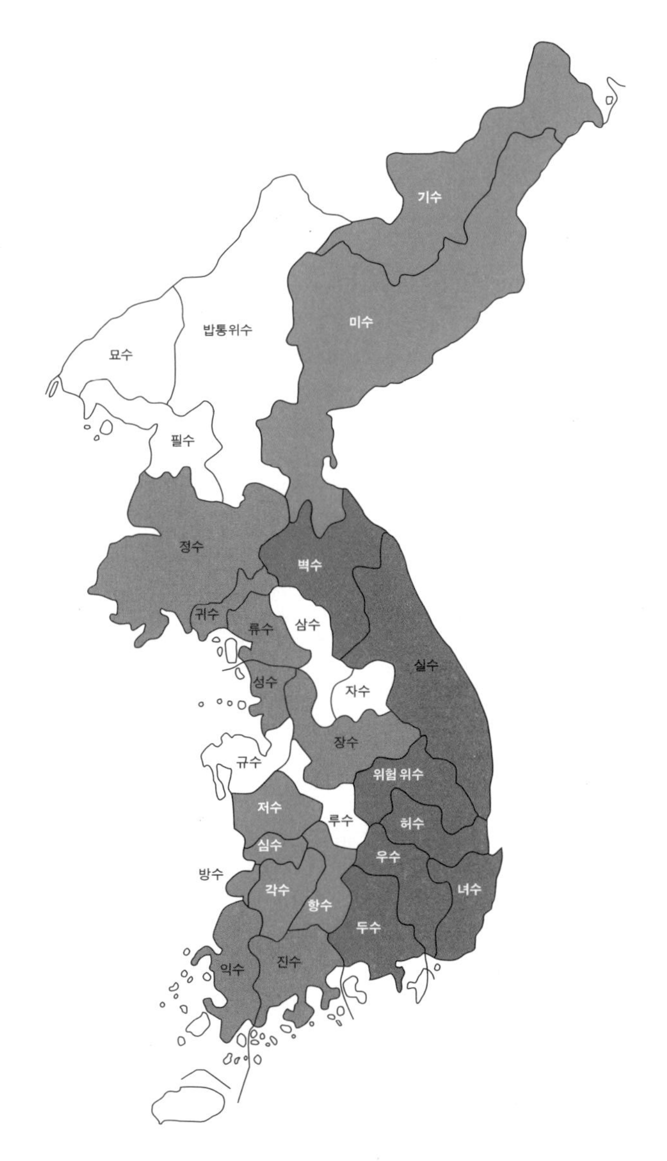

그림 1-2. 조선의 분야도. 우리나라 지도에 하늘의 구역들을 대응시킨 것이다. 동방 청룡에 해당하는 별자리들은 파란색, 북방 현무는 검은색(그림 1-2에서는 회색), 서방 백호는 흰색, 남방 주작은 붉은색으로 나타냈다.

든 지역을 별자리에 대응시킨 화담 서경덕 선생의 분야설이 있고[1], 일본에도 시부카와 하루미[2]가 나름대로 정의한 분야설이 있다.

혜성에 대한 별점은 다음과 같이 결정된다. 먼저 혜성의 모양, 혜성 머리가 자리한 별자리와 꼬리가 향하는 방향에 있는 별자리, 혜성이 나타난 때, 혜성의 색깔, 그리고 혜성이 얼마나 빠르게 변하는가 등을 관찰한다. 그것을 바탕으로 오행설과 분야설에 따라 해석하고 점성술 책을 참고해 별점을 얻어 낸다. 임진왜란을 예고했다는 1577년 혜성을 예를 들자면, 혜성이 서쪽에 나타났고 그 빛이 흰색이었으므로 오행설에 따라 죽음과 전쟁 등이 연상된다. 또한 혜성이 나타난 별자리가 미수(전갈자리의 꼬리 부분)와 기수(궁수자리의 일부 별) 사이였다고 하는데, 이 영역은 중국의 분야설에 따르면 연(燕)나라에 해당한다. 중국의 분야설에서는 우리나라에 해당하는 별점도 연나라의 별점과 깊이 연관되어 있다. 이를 종합하면 이 혜성은 우리나라에 전쟁이 일어날 조짐이라고 생각하게 된다.

> 선조 10년 10월에 요망한 별이 서쪽에 나타나 꼬리가 수십 발이나 되었는데, 혜성 같기도 했으나 혜성도 아니었다. ○ 치우기(蚩尤旗)가 미수(尾宿)·기수(箕宿) 사이에 나왔는데, 그 광선의 길이가 하늘을 다하고 서남으로부터 동쪽으로 향했는데 여러 달 동안 사라지지 않았다. 기수와 미수는 본래 연나라의 분야인데 우리나라도 여기 해당하며 치우기는 병란을 상징하는 것이다. 이해에 일본의 도요토미 히데요시가 비로소 조선을 침범할 뜻을 두었다 한다. ―『지봉유설』

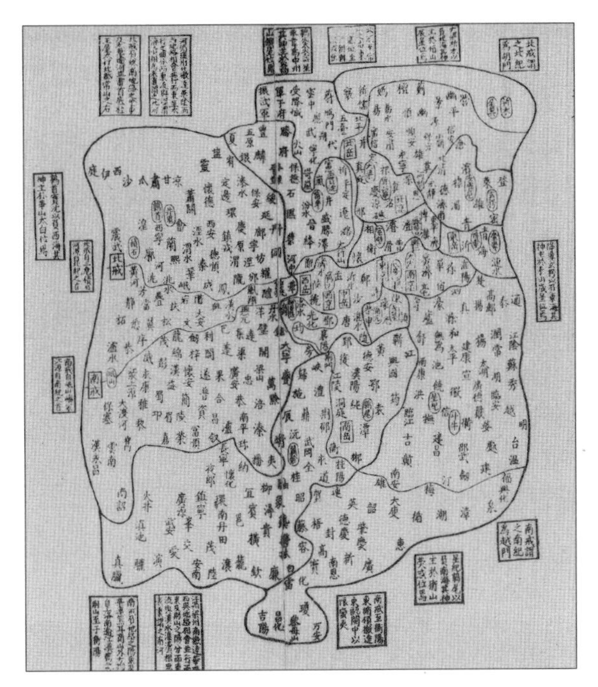

그림 1-3. 일행의 『산하분야도(山河分野圖)』. 당의 승려인 일행(一行, 683~727년)이 정한 분야설을 바탕으로 송나라의 학자들이 한나라에서 당나라에 걸친 시기의 영토에 대해 그에 해당하는 하늘의 십이차 및 이십팔수와 어떻게 연결되는지 그린 지도. 현재 가장 오래된 판본은 1201년 판각본으로 중국 국가도서관에 소장되어 있다.

길을 쓰는 별

신라 진평왕(579~631년) 때였다. 거열랑, 실처랑, 보동랑 등 세 화랑들이 무리를 이끌고 풍악산(금강산)에 놀러 가려고 하는데, 마침 혜성이 심대성(心大星)을 범했다. 심대성은 현대 천문학에서는 전갈자리의 안타레스라는 별을 말한다. 낭도들은 이를 불길한 징조로 생각하고 여행을 중지하려고 했다. 동양에서는 동방청룡의 심장을 나타내며, 동쪽을 다스리는 천왕의 별로 알려져 있다. 이렇게 중요한 별에 혜성이 침범했으니 이것은 신라에 전쟁이 일어날 조짐으로 해석되었다. 때마침 왜군이 침략해 와서 별점이 실현되니 나라 안은 뒤숭숭하기만 했다. 이때 혜성처럼 나타난 융천사라는 술사가 혜성가를 지어 부르니 혜성은 사라지고 왜군도 물러갔다는 이야기가 『삼국유사』에 전한다. 융천사가 지어 부른 노래는 다음과 같다. 지질학자이자 언어학자인 최범영 박사가 해석한 것이다.

옛날 동쪽 물가에
간달바가 놀딘 싱을 노리고
왜군이 왔다.
횃불 타오르는 곳 같더라.
세 화랑이 산을 오르신다는 소리를 듣고
달까지 모조리 헤아릴 바엔
길을 쓰는 별을 바라보고
혜성이며 백반이며 사람이 있다.
산 아래로 떠갔더냐?
여기 물건은 무슨 빗자루인고?

세 화랑이 산으로 놀러 가는데 달도 비치고 혜성도 나타났다는 이야기이다. 융천사는 불교의 스님이라고 생각하기 쉬운데, 불경 대신 향가를 읊고 마치 무당처럼 액막이를 하는 스님이라니? 뭔가 좀 이상하다. 경덕왕 19년(790년) 음력 4월 1일에 해가 둘이나 나타났다. 그래서 월명사가 액막이를 하게 되었는데, 월명사는 자기 입으로 자기는 "화랑의 무리에 속해 있어서 불경은 모르고 향가나 좀 읊을 줄 안다."라고 고백하고 있다. 그래서 이 '사(師)'들은 분명 불교의 스님들이 아닌 것 같고, 아마도 도교의 승려인 도사가 아닌가 추측된다.

장보고의 혜성

칼 세이건이 그의 저서 『혜성』에서 인용한 우리나라의 혜성 이야기가 있다. 바로 청해진의 장보고 장군과 관련한 혜성 이야기다. 이 이야기는 『삼국사기』의 「열전」과 「본기」, 그리고 『삼국유사』에 짤막하게 나와 있다. 이 사료들을 종합해 장보고의 일대기를 되살려 보면 다음과 같다.

바닷가 출신인 장보고는 어려서부터 용맹했다. 청년이 되자 당나라로 건너가 장수가 되어 공을 세우고 벼슬살이를 했다. 뒤에 고국 신라로 돌아온 장보고는 왕에게 말하기를 "중국을 돌아다녀 보건대 우리나라 사람들이 노비 노릇을 하고 있습니다. 바라옵건대 저에게 청해를 지키는 일을 맡겨 주시면, 해적들이 우리 백성을 잡아다 당나라에 노예로 팔지 못하게 하겠습니다."라고 했다. 청해는 서남해 바다의 요충지로 오늘날의 완도인데, 흥덕왕 3년(828년)에 장보고는 군사 1만 명을 얻어 이곳에 해군 기지를 설치하고 해적을 소탕했다.

이때 신라 왕실에 왕권 쟁탈전이 벌어졌다. 836년에 흥덕왕이 후계자가 없이 죽자, 왕의 사촌 동생인 균정과 당질인 제륭 간에 왕위 쟁탈전이 벌어졌다. 이 싸움에서 아버지 균정을 잃은 김우징은 837년 8월에 패잔병을 수습해 청해진에 있던 장보고를 찾아가 손을 잡게 된다. 이듬해인 838년 3월에 병졸들을 이끌고 먼저 무주(전라도 광주 일대)에 이르니 사람들이 모두 항복했다. 내쳐 남원으로 진군해 신라군과 맞서 싸워 이겼으나, 장보고와 김우징은 군사들을 정비하고자 다시 청해진으로 돌아왔다.

838년 겨울에 혜성이 서쪽에 나타나 그 꼬리가 동쪽으로 뻗쳤다. 여러 사람들이 서로 축하하며 말하기를 "이는 낡은 것을 없애고 새 것을 펼 좋은 징조이니 원수를 갚고 치욕을 씻게 될 것이다."라고 했다. 그해 12월에 김우징과 장보고의 군대는 다시 출병했다. 김양순(金亮詢)이 무주(武州)의 군사들을 데려와 합치고, 날래고 용맹한 염장(閻長), 장변(張弁), 정년(鄭年), 낙금(駱金), 장건영(張建榮), 이순행(李順行) 등 여섯 장수를 보내 병사들을 통솔하게 하니 군대의 위용이 대단히 성했다. 북을 치며 행진해 무주 철야현에서 신라의 김민주가 이끄는 군대를 격파했다. 839년 정월에 대구에서 민애왕이 보낸 군대를 격파했다. 마침내 서라벌이 함락되고 민애왕은 군사들의 손에 잡혀 죽었다. 839년 4월에 장보고는 김우징을 옹립해 신무왕으로 등극시켰다. 장보고 자신은 신라의 서울로 초빙되어 감의군사(感義軍使)를 제수 받아 재상의 대우를 받게 되었고, 청해진은 정년에게 맡기었다.

정권을 장악한 장보고는 840년에 일본에 무역 사절단을 파견하고, 842년에 당나라에 상품 구매단을 파견해 신라를 중심으로 일본과 당을 잇는 삼각무역을 독점하기 시작했다. 그러나 845년에 신무왕이 등창이 나서 죽고, 태자인 문성왕이 즉위했다. 문성왕이 장보고의 딸을 둘째 왕비로 삼으려고 했으나, 신하들이 장보고가 미천한 섬사람이라며 반대해 왕이 그 말을 따랐다.

그때 마침 장보고는 청해진을 순시하러 내려가 있었는데, 조정의 처결에 분만을 품고 있다가 846년에 반란을 일으켰다. 신라 조정은 장차 그를 토벌하려고 했으나 예측하지 못한 환란이 있을까 두려워서 이러지도 저러지도 못하고 있었다. 그때 무주 출신의 장사이자 장보고의 휘하에 있었던 염장이란 장수가 와서 장보고를 처치하겠다고 고하니 문성왕이 이 의견을 따랐다. 염장은 빈손으로 장보고에게 가서 거짓으로 투항했다. 장보고는 의심하지 않고 염장을 맞아 상객으로 맞아 더불어 술을 마셨다. 장보고가 취하자 염장이 검으로 장보고의 목을 베고 장보고의 부하들을 불러다가 설득하자 모두 엎드려 감히 움직이지 못했다.

장보고와 염장의 이야기는 당나라의 시인 두목(杜牧, 803~852년)의 『번천문집(樊川文集)』 권6의 「장보고·정년전(張保皐·鄭年傳)」에도 실려 있다. 이 글은 김부식의 『삼국사기』 「장보고·정년전」으로 인용되어 있다. 이 글의 내용은 출신은 보잘 것 없었으나 재주가 뛰어났던 두 영웅의 출세담이다.

신라 사람 장보고와 정년은 그 나라에서 당나라의 서주(徐州)로 와서 군중소장이 되었다. 장보고는 나이가 서른이고 정년은 열 살이 어렸으므로 장보고더러 형이라 불렀다. 둘은 전투를 잘해서 말 타고 창을 휘둘렀는데 그 본국과 서주에서 대적할 사람이 없었다. 정년은 게다가 잠수를 잘해서 숨도 쉬지 않고 50리를 잠행했다. 용맹과 건장함을 겨루면 장보고가 정년에 조금 못 미쳤다. 장보고는 나이로 정년은 무술로 항상 맞수가 되어 서로 지려고 하지 않았다.

뒤에 장보고는 신라로 돌아가 왕을 알현하고 말하기를 "중국을 두루 다녀보니 신라 사람들을 노비로 삼고 있는데 원컨대 청해진을 설치해 도적들이 우리나라 사람들을 붙잡아가지 못하게 하기를 원합니다."했다. 그 왕이 1만 명을 주어 그의 청대로 해 주었다. 태화(太和, 827~835년) 이후로 바다에는 신라 사람들이 잡혀가는 일이 없었다.

장보고는 이미 그 나라에서 귀하게 되었는데 정년은 일자리를 찾지 못하고 사수(泗水)의 연수현(漣水縣)에서 주리고 추위에 떨고 있었다. 하루는 연수현을 수비하는 장수인 풍원규(馮元規)에게 말하기를 "나도 동쪽으로 돌아가서 장보고에게 밥을 빌어 볼까?"라고 했다. 풍원규가 말하기를 "너는 장보고와 더불어 부대낀 일이 있는데, 어찌 그에게 가서 그의 손에 죽으려 하는가?"라고 하니, 정년이 말하기를 "굶주리고 추위에 죽는 것이 전쟁터에서 죽는 것만 못한데, 하물며 고향에서 죽을 수 있는 데야 ……. "라고 했다.

정년이 마침내 떠나 장보고를 만나 보니 장보고가 그에게 술을 먹이며 극진히 환대했다. 술이 아직 끝나지도 않았는데 그 나라의 사신이 이르러 "대신이 그 주군을 죽이고 나라가 혼란해 나라에 주인이 없다."라고 했다. 장보고는 마침내 병력을 5000으로 쪼개어 정년을 주면서 정년을 붙들고 울며 말하기를 "네가 아니면 이 환란을 평정할 이가 없다."라고 했다. 정년이 그 나라에 이르러 반역자들을 주살하고 왕을 세워 보답했다. 왕이 마침내 장보고를 불러다 재상으로 삼고 정년으로 하여금 장보고를 대신하게 했다. —『번천문집』 권6「장보고·정년전」

혜성과 남이 장군

남이(南怡, 1441~1468년) 장군은 조선 태종의 딸인 정선 공주의 손자이므로 태종의 외증손이다. 어린 단종을 쫓아내고 왕위에 오른 세조 때였다. 남이는 세조 3년(1457년)에 무과에 장원으로 합격하고, 세조 13년(1467년)에 이시애가 난을 일으키자 선봉장으로 출정해 전공을 세웠다. 그 덕분에 난이 진압된 뒤에 1등 공신이 되고 의산군에 봉해졌다. 벼슬도 부호군과 호군으로 차례로 승진했다. 곧이어 같은 해에 건주위 여진족을 정벌할 때도 선봉으로 파저강(오늘날의 혼강) 일대를 평정하고 여진족의 추장을 참살하는 전공을 세운다. 세조는 남이를 보고 "태종 대왕이 환생한 것 같다."라며 극찬을 하며 총애를 했다. 여진족을 토벌할 때 그가 지은 시가 훗날 문제가 되는데, 다음과 같다.

> 백두산의 돌은 칼을 가느라 다 닳았고
> 두만강의 물은 말에게 먹여서 사라졌도다.
> 남아 스무 살에 나라를 평화롭게 하지 못하면
> 후세에 그 누가 대장부라 일컬어 주리오?

당시 그와 무예로 으뜸을 다투던 사람이 있었다. 세종대왕의 넷째 아들인 임영대군의 둘째 아들이었던 이준(李浚, 1441~1479년)이다. 그는 스물다섯 살이던 1465년에 과거에 급제하고, 1467년 5월에 이시애가 난을 일으키자 오위도총관이 되어 정벌군 총사령관으로서 난을 진압하고, 세조의 총애를 받았다. 그런데 아마도 이때 세조는 자신의 병이 깊어지고 세자는 열여덟 살에 불과한 데다가 몸이 약하므로 뒷날을 염려해 친인척 중에서 젊은 인재들을 등용해 일단 군사 지휘권을 단단히 하려고 한 것 같다. 1468년 음력 7월 17일에 겨우 스물여덟이었던 이준을 영의정으로 삼고, 이준과 동갑내기로서 이미 공조판서에 올라 있던 남이를 오위도총부 도총관으로 삼는다. 그리고 이틀 후, 세조의 병세는 앞날을 예측하기 어려운 상태가 된다. 이때 세자는 영의정 이준과 의논해 여러 가지 정무를 처리한다. 1468년 음력 8월 23일에는 남이를 병조판서로 삼았다. 음력 9월 8일에 세조가 승하했다.

이러한 새파랗게 젊은 친위세력에 대해 신숙주, 한명회, 유자광과 같은 구세력이 좋아할 리가 없었다. 마찬가지로 예종도 비슷한 나이의 남이에게 경계심이 있어서 우호적이지 않았다. 예종이 즉위하자 남이는 병조판서에 임명되었으나, 강희맹의 반대로 결국 겸사복장으로 임명되고 말았다. 그때 마침 혜성이 나타났다. 남이는 대궐에서 숙직하다가 다른 사람에게 '혜성은 묵은 것이 없어지고 새 것이 나타날 징조'라는 말을 했다. 불행하게도 그 옆방에는 남이에게 항상 질투를 느끼던 유자광이라는 자가 있었다. 서얼 출신인 유자광은 이시애의 난에서 자신이 세운 공이 남이에 못지 않은데 자신이 홀대를 받았다고 생각하고 있었던 것이다. 유자광은 예종에게 달려가 남이가 역모를 꾀했다고 고변했다.

오늘 저녁에 남이가 신(유자광)의 집에 달려와서 말하기를,

"혜성이 이제까지 없어지지 아니하는데, 너도 보았느냐?" 하기에, 신이 보지 못했다고 하니, 남이가 말하기를,

"이제 은하수 가운데에 있는데 빛살이 모두 희기 때문에 쉽게 볼 수 없다." 하기에 신이 『강목(綱目)』을 가져와서 혜성이 나타난 곳을 헤쳐 보이니, 그 주석에 이르기를, "혜성의 빛살이 희면 장군이 반역하고 두 해 안에 큰 병란이 일어날 것이다." 라고 했는데, 남이가 탄식하기를,

"이것 역시 반드시 응함이 있을 것이다."라고 했습니다. — 『조선왕조실록』 예종 즉위년(1468년) 음력 10월 24일

남이는 역모 혐의를 뒤집어쓰게 되었다. 야사에 따르면, 그가 여진족을 정벌할 때 지었던 한시의 구절마저도 역모의 증거로 인정되었다. 원래 "나라를 평화롭게 하지 못하면(未平國)"이었는데, 사악한 자들이 한 글자만 고쳐서 이것을 "나라를 얻지 못하면(未得國)"이었다고 모함한 것이었다. 심문과정에서 심한 고문이 가해졌고, 이를 견디지 못한 남이는 당시 영의정이었던 강순과 함께 역모를 뒤집어쓰고 거열형에 처해진다.

역사서에서 남이 장군을 죽게 한 바로 그 혜성의 기록을 찾아보면 우

리나라는 물론이고 중국과 일본에도 기록이 남아 있다. 일본에는 『가비요록(家秘要錄)』 제1책에 다음과 같은 기록이 있다.

오닌(應仁) 2년(1468년) 9월 6일 (양력 9월 22일) 축시(새벽 2시경)에 혜성이 동북쪽에서 나왔는데, 북두칠성의 녹존성(γ UMa) 근처였다. 그 간격은 두 자(2~3°)였다. (꼬리의) 빛살이 탐랑성(α UMa)을 쏘았고, 서남쪽을 가리켰다. 인시(새벽 4시경)에 이르러 (혜성이) 축성(軸星, 즉 북극성)을 중심으로 돌아 동쪽으로 옮아가니, 꼬리의 빛살이 서쪽을 가리켰다. 그 (꼬리) 빛깔은 희었고 길이는 한 길(약 15°)이 되었다. **같은 달 11일(양력 9월 27일)**에도 그 자리에 머물렀다.

1468년은 명나라 성화(成化) 4년이니, 이해의 『명실록(明實錄)』에는 이것보다 자세한 기록이 있는데, 혜성의 위치와 모양과 이동 경로가 자세하게 묘사되어 있다.

9월 기미일(양력 9월 18일) 밤에 객성이 성수(星宿) 5도에 나타났다가 동북쪽으로 갔다.

9월 계해일(양력 9월 22일) 밤에 객성이 색은 창백색이었고 꼬리는 길이가 세 길(약 40°) 남짓이 되었는데 꼬리가 서남쪽을 가리키다가 갑자기 혜성이 되었다.

9월 무진일(양력 9월 27일)에 혜성이 새벽에 동북쪽에 보였다.

9월 기사일(양력 9월 28일)에 혜성이 저녁에 서남쪽에 보였다.

9월 경오일(양력 9월 29일) 혼각(昏刻)에 혜성이 삼공성(三公星)을 침범했다.

9월 신미일(양력 9월 30일) 혼각에 혜성이 북두(北斗)의 요광성(搖光星, η UMa)을 침범했다.

9월 정축일(양력 10월 6일) 혼각에 혜성이 칠공(七公)의 서쪽 네 번째 별을 침범했다.

9월 임오일(양력 10월 11일) 혼각에 혜성이 천시원(天市垣)으로 들어갔다.

10월 을사일(양력 11월 3일)에 혜성이 천시원을 나왔는데, 몸체가 점점 작아졌다.

갑인일(양력 11월 12일)에 혜성이 천병(天屛)의 서쪽 첫 번째 별을 침범했다.

11월 경신일(양력 11월 18일) 밤에 혜성이 소멸했다.

『조선왕조실록』 세조 14년(1468년) 기록에 음력 9월 3일과 9월 30일 사이에 혜성을 관측한 결과가 나온다. 그러나 혜성의 모습과 위치 변화가 자세히 묘사되어 있지는 않다. 혜성이 나타나자마자 천문학자들에게 관측을 명하고, 또한 날마다 기록이 남아 있는 것으로 보아 조선 후기와 마찬가지로 관상감(觀象監) 천문학자들이 특별히 조를 짜서 혜성을 관측하고 날마다 「성변측후단자」라는 관측 보고서를 작성했을 것으로 생각된다. 만일 세조 때의 『승정원일기』가 남아 있다면, 『실록』보다 훨씬 더 자세한 관측 결과가 기록되어 있었을 것이다. 이때의 「성변측후단자」나 『승정원일기』의 기록이 지금은 남아 있지 않다.

세조 14년(1468년)

9월 2일(무오, 양력 9월 17일) 혜성이 나타났다.

9월 3일(기미, 양력 9월 18일) 혜성이 나타나니, 임금이 덕원군(德源君) 이서(李曙)와 관상감정 안효례(安孝禮)에게 명해 혜성을 관찰하게 했다.

9월 4일(경신, 양력 9월 19일) 혜성이 나타났으므로 도승지 권감(權瑊)과 안효례에게 명해 이를 살피게 했다. 권감 등이 간의대(簡儀臺)에 올라가 바라보니 밤 3고(三鼓)에 서남쪽에 홀연히 검은 기운이 있었고, 또 만 마리의 말이 떼를 지어 달리는 것과 같은 소리가 있었으며, 조금 있다가 우레와 번개가 치고 비가 오다가 그쳤다. 그러나 권감 등이 다시 올라가 보니, 혜성의 빛살[光芒]은 전과 같

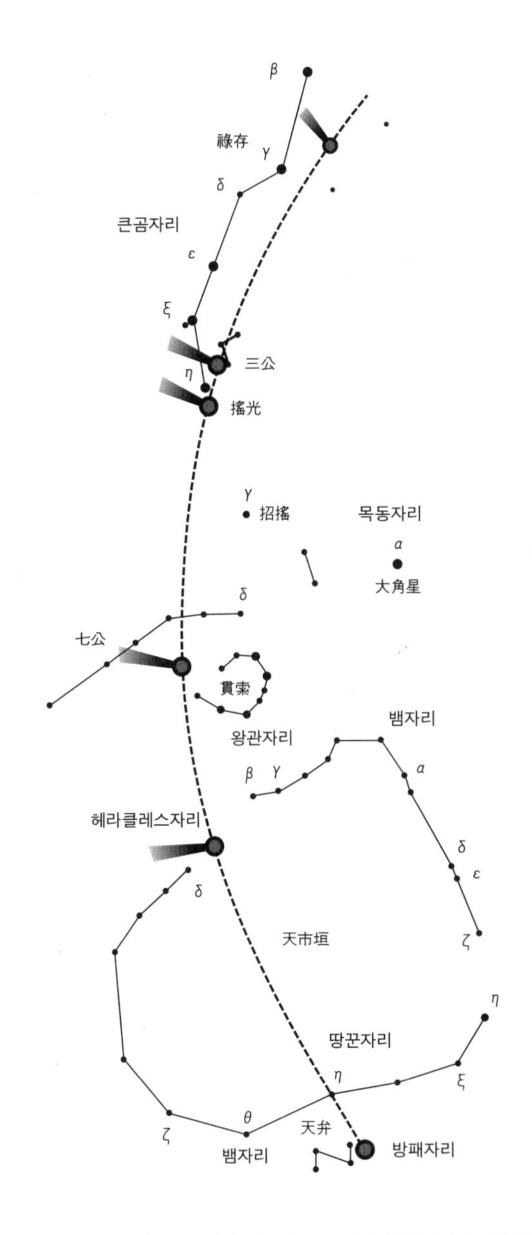

그림 1-4. 1468년 남이장군 혜성(C/1468 S1)의 이동 경로. 한자는 중국 별자리, 한글은 현대 별자리이다. 하세가와 이치로와 나카노 슈이치가 한중일 세 나라의 역사서에 남아 있는 혜성 관측 기록을 분석해 계산한 것이다.

왔다.

9월 6일(임술, 양력 9월 21일) 혜성이 나타났다.

예종 즉위년(1468년)

9월 7일(계해, 양력 9월 22일) 혜성이 나타났다.

9월 8일(갑자, 양력 9월 23일) 혜성이 나타났다.

9월 10일(병인, 양력 9월 22일) 혜성이 나타났다.

9월 12일(무진, 양력 9월 22일) 혜성이 나타났다.

9월 13일(기사, 양력 9월 22일) 혜성이 나타났다.

9월 14일(경오, 양력 9월 22일) 혜성이 나타났다.

9월 15일(신미, 양력 9월 30일) 혜성이 나타났다.

9월 16일(임신, 양력 10월 1일) 혜성이 나타났다.

9월 17일(계유, 양력 10월 2일) 혜성이 나타났다.

9월 18일(갑술, 양력 10월 3일) 혜성이 나타났다.

9월 19일(을해, 양력 10월 4일) 혜성이 나타났다.

9월 21일(정축, 양력 10월 6일) 혜성이 나타났다.

9월 22일(무인, 양력 10월 7일) 혜성이 나타났다.

9월 23일(기묘, 양력 10월 8일) 혜성이 나타났다.

9월 24일(경진, 양력 10월 9일) 혜성이 나타났다.

9월 25일(신사, 양력 10월 10일) 혜성이 나타났다.

9월 26일(임오, 양력 10월 11일) 혜성이 나타났다.

9월 27일(계미, 양력 10월 12일) 혜성이 나타났다. 혜성이 천시원 북동쪽 담의 첫째 별의 서남쪽 3자(尺)에 들어갔는데, 빛살이 30자(약 40°)가량 되었다. 도승지 권감의 건의에 따라 한계희(韓繼禧)와 상의해 이 재앙을 물리치기 위해 소격전(昭格殿)에서 제사를 지내고 내불당(內佛堂)에서 도량(道場)을 열어 재앙을 물리치도록 기도하게 했다.

9월 28일(갑신, 양력 10월 13일) 혜성이 나타났다.

9월 29일(을유, 양력 10월 14일) 혜성이 나타났다.

9월 30일(병술, 양력 10월 15일) 혜성이 나타났다.

일본의 천문학자 하세가와 이치로(長谷川一郎)는 이 혜성이 1337년에 나타난 C/1337 M1 혜성과 궤도가 비슷함을 알아챘다. 1337년 혜성은 우리나라의 『고려사』에도 기록이 남아 있다.

충숙왕 후 6년 5월 병인일(양력 6월 25일) 혜성이 나타났다. 길이가 한 길 남짓이었다. 혜성은 천선(天船)[3] 으로부터 북쪽으로 왕량(王良)과 각도(閣道)[4]까지 뻗었다.

6월 초하루 경오일(양력 6월 29일) 혜성이 간방(艮方, 동북쪽)에 나타났다.

6월 계유일(양력 7월 2일) 혜성이 자미원(紫微垣)의 서번(西蕃), 화개(華盖), 구진(勾陳), 북극(北極) 별자리들에 나타났다.

6월 계사일(양력 7월 22일) 혜성이 자미원의 동번(東番)에 나타났다.

6월 정유일(양력 7월 26일) 혜성이 또 관삭(貫索)을 범하였다.

7월 경자일(양력 7월 29일) 혜성이 천시원에 나타났다. 이후로 약 40일 만에 사라졌다.

『원사』「천문지」에는 좀 더 자세하게 기록되어 있다. 1337년은 몽골 제국에 속한 원(元)나라의 제11대 칸인 보르지긴 토곤 티무르[5]가 다스리던 때이며 중국식 연호로는 지원(至元) 3년이다.

5월 정묘(양력 6월26일) 혜성이 동북쪽에 나타났는데, 천선(天船, 페르세우스자리)의

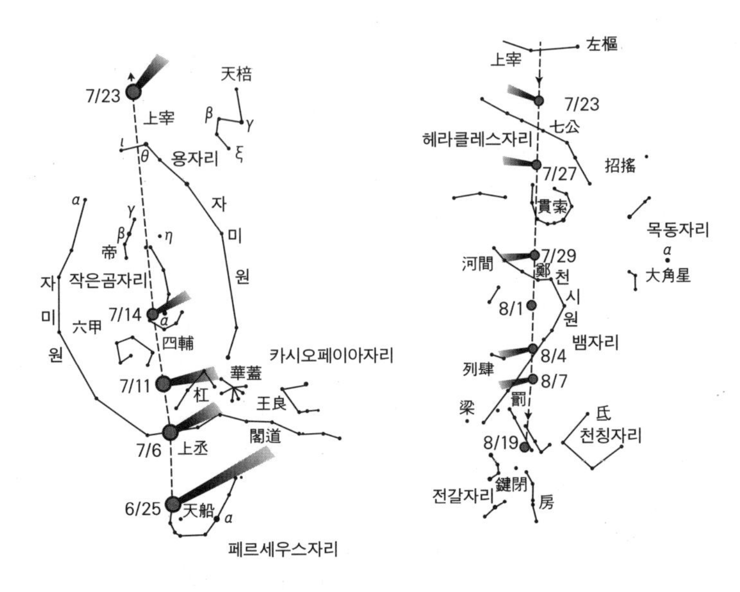

그림 1-5. 1337년 충숙왕 혜성(C/1337 M1). 하세가와 이치로와 나카노 슈이치가 계산한 궤도이다.

별과 크기가 비슷했으며 색깔은 흰색이었고, 꼬리의 길이는 1~2도 정도였다. 그 혜성은 서남쪽을 가리키고 있었는데 위치는 묘성(昴星, 플레이아데스)에서 입수도가 5도였다.

5월 무진(양력 6월27일) 서남쪽으로 움직여 갔는데, 날마다 속도가 빨라졌다.

6월 2일 신미(양력 6월30일) 그 꼬리가 2도 남짓을 넘었다.

6월 정축(양력 7월 6일) 상승(上丞) 별을 지나갔다.

6월 기묘(양력 7월 8일) 그 꼬리가 더욱 심해져서 3도 남짓이 되었으며, 환위(圜衛)로 들어갔다.

6월 임오(양력 7월11일) 화개(華蓋)와 강성(杠星)을 쓸고 지나갔다.

6월 을유(양력 7월14일) 구진대성(句陳大星, 북극성)과 천황대제(天皇大帝)를 쓸고 지나갔다.

6월 병술(양력 7월15일) 사보(四輔)를 꿰뚫고 지나가서 추심(樞心)을 지나쳤다.

6월 갑오(양력 7월23일) 환위(環圍)를 나갔다.

6월 정유(양력 7월26일) 자미원을 나갔다.

6월 무술(양력 7월27일) 관삭(貫索, 왕관자리)에 접근했고, 천기(天紀)를 쓸고 지나갔다.

7월 2일 경자(양력 7월29일) (천시원의) 하간성(河間星)을 쓸고 지나갔다.

7월 계묘(양력 8월 1일) (천시원의) 정(鄭)과 진(晋)을 지나서 천시원 안으로 들어갔다.

7월 병오(양력 8월 4일) (천시원 안의) 열사(列肆)를 쓸었다.

7월 11일 기유(양력 8월 7일) 달이 밝아서 혜성을 간신히 볼 수 있었다. 혜성은 천시원에서 나와서 량성(梁星)을 쓸었다.

7월 신유(양력 8월 19일) 꼬리가 작아졌고, 방수(房宿)의 건폐(鍵閉)의 위, 벌성(罰星)의 가운데 별의 정서쪽에 위치했다. 관측하기 어려웠고, 날마다 점차 남쪽으로 이동했다. 혜성은 이날까지 무릇 63일 동안 나타났고, 묘수로부터 방수에 이르기까지 15개의 수(宿)를 지나서 소멸했다.

하세가와 이치로는 혜성 궤도 계산 전문가 나카노 슈이치(中野主一)와 함께 한국, 중국, 일본 등 세 나라의 역사서에 나오는 1337년과 1468년 혜성 기록들을 모두 설명하는 혜성의 궤도를 계산했다[6]. 이 혜성은 주기 132년 정도인 주기 혜성으로 밝혀졌으며 기원전 104년, 서기 26년, 157년, 291년, 424년, 555년, 683년, 811년, 940년, 1071년, 1204년, 1597년, 1724년, 1853년, 1984년에 나타났을 것으로 계산되었다. 그리고 물론 이 혜성이 나타난 해마다 밤하늘에서 이동하는 궤적도 계산되었다. 그들은 역사서에 기록된 혜성들 중에서 계산 결과와 일치하는 혜성들을 찾아보았다. 그 결과, 기원전 104년에 나타난 혜성과 서기 1853년에 나타난 혜성의 기록이 이 계산과 들어 맞는 것을 확인했다. 중국의 역사서인 『한서』의 「천문지」에 "태초(太初) 연간에 패성(孛星)이 초요성(招搖星)에 나타났다."라는 기록이 나온다. 여기서 태초라는 연호는 기원전 104년에서 기원전 101년을 뜻하고, 초요성은 목동자리 감마별(γ Boötis)을 뜻한다. 이 혜성은 그것이 나타난 정확한 날짜는 기록되어 있지 않지만, C/1337 M1 (또는 C/1468 S1) 혜성을 역추적했을 때 그것이 기원전 104년에 이 나타난 위치와 연대가 일치하므로, C/1337 혜성이 과거에 회귀한 기록으로 생각된다.

또한 중국의 역사책에는 1853년에 혜성이 나타났다는 기록이 있다. "함풍 3년(1853년) 음력 7월 25일에 혜성이 북쪽에 나타났다."라는 기록이다. 남이장군 혜성(C/1468 S1 또는 C/1337 M1)이 1853년에 회귀했을 때와 일치

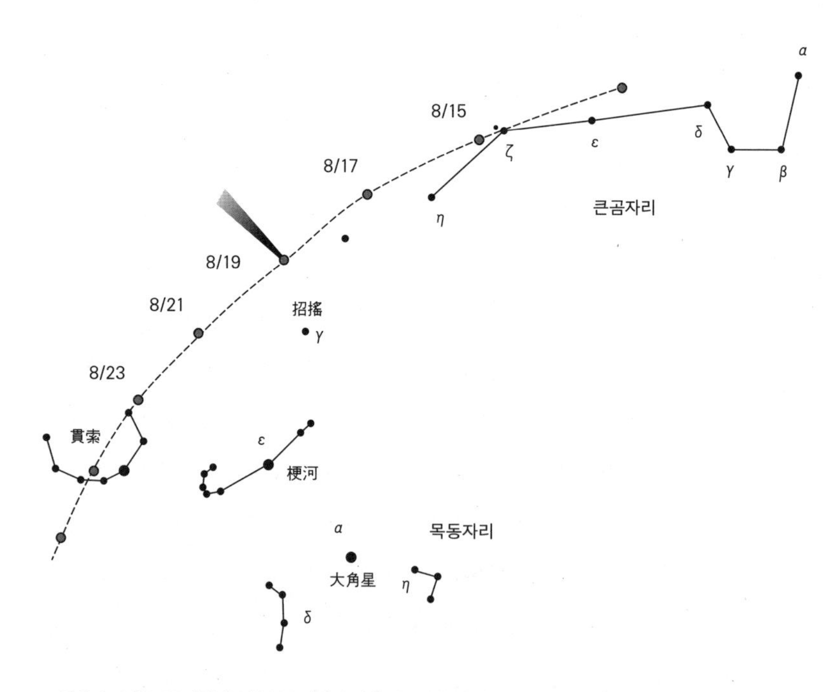

그림 1-6. C/1337 혜성과 C/1468 혜성의 관측 자료로부터 계산된 이 혜성의 기원전 104년도 위치. 하세가와 이치로와 나카노 슈이치가 계산한 궤도이다.

한다. 중국 기록의 음력 7월 25일은 양력으로 환산하면 8월 29일인데, 계산에 따르면 이때 혜성은 서쪽 하늘에 아주 높은 고도에서 보였다. 그런데 역사 기록에 따르면 1853년 8월에는 또 다른 혜성 하나가 더 나타난 것으로 기록되어 있다. 그러나 이 혜성은 궤도를 계산해 보면, 8월 29일에는 서쪽 하늘의 지평선 근처나 그 아래에 있었기 때문에 이 혜성은 관찰될 수가 없다. 따라서 위의 중국 기록이 서술한 혜성은 C/1468 S1(즉 C/1337 M1) 혜성이었음이 분명하다.

홍경래 농민 전쟁을 부추긴 혜성

1811년 신미년이었다. 이때는 총명한 군주였던 정조의 뒤를 이어 어린 순조가 왕이 된 지 11년, 외척의 세도로 정치는 문란해졌고 이때를 틈탄 지방관의 수탈로 백성들은 매우 고생했다. 그해 음력 12월 18일에 마침내 평안도에서 반란이 일어났으니 주동자는 홍경래였다. 홍경래 일파는 10년간 치밀하게 준비해 마침내 격문을 돌리고 군사를 일으켰다.

> 관서대원수는 급히 격문을 돌리나니, 우리 관서 지방의 부로(父老)와 자제(子弟)와 공사의 천민들은 모두 이 격문을 들으시오. 대개 관서 지방은 단군의 옛 터전이어서, 의관이 높고 문물이 빛났습니다. 임진왜란 때에는 스스로 나라를 재건한 공로가 있고, 또한 정묘호란 때에는 목숨을 바쳐 충성을 이루었습니다. 둔암(遯庵) 선우협(鮮于浹, 1588~1653년)과 같은 분의 학문이나 월포(月浦) 홍경우(洪景佑)의 재주도 또한 서쪽 땅에서 태어났으나, 조정의 벼슬아치들은 서쪽 땅 버리기를 똥을 땅에 버리듯 해 왔습니다. 심지어 권세 있는 가문의 노비

들도 평안도 사람을 보면 반드시 '평안도 놈'이라고 부르니, 평안도 사람들이 어찌 원한을 억누를 수 있겠습니까? 나라에 급한 일이 있으면 반드시 서쪽 땅의 힘에 의지하고, 또한 과거에서도 서쪽의 문장을 빌렸는데, 400년 동안 평안도 사람들이 조정에 무엇을 등졌단 말입니까?

지금 어린 임금이 위에 있고 척족 세력이 기승을 부려서 김조순, 박종경같은 무리가 나라의 권세를 쥐고 흔들어서 하늘이 재앙을 내려 겨울에 우레와 지진이 일고 혜성이 나타나고 폭풍과 우박이 해마다 일어나지 않는 해가 없습니다. 이로 말미암아 큰 흉년이 들지 않았는데도 주려 죽는 자가 길에 널려 있고 늙은이와 어린이의 시체가 산골짜기를 메웠습니다. 실아남은 백성들이 모두 쇠잔해 이리저리 떠돌고 있습니다. —『관서신미록』, 「홍경래의격문」

『진중일기』라는 책은 당시 정부군 측에서 기록한 상황을 보여 준다.

반란군은 신미년(1811년) 음력 12월 15일에 야음을 틈타 평양성에 잠입해 화약으로 방화를 하고 관군이 불을 끄는 데 신경을 쏟는 틈에 평양을 손에 넣으려 했으나, 눈 녹은 물에 도화선이 젖어서 실패했다. 그래서 일단 후퇴했다가 12월 18일에 군사를 일으킨 것이다. 홍경래는 자칭 관서대원수라 일컫고, 우군칙은 자칭 선생으로 일컬었으며 제갈공명이 입었다는 학포의를 입고 깃털 부채를 손에 들고 다니면서, 마산(馬山)에 올라 천문을 관찰하고는 말하기를 "하늘이 우리를 돕는다."라고 선동했다.

이해에 평안도에는 흉년이 들었는데, 청천강 이북에서 더욱 심했고, 전염병까지 돌아서 백성들은 유리걸식하고 있었다. 때마침 혜성이 재앙을 보이니, 임금님의 마음이 몹시 언짢으실 것이다. 아, 저 흉악한 도적들이 이러한 때를 업고 반란을 일으키니 어찌 통분함을 이길 수 있단 말인가?

『진중일기』에 따르면, 이때 나타난 혜성은 1811년 7월 보름쯤부터 보이기 시작해 12월 말에 사라졌다고 되어 있다. 홍경래는 이 혜성이 혁명의 전조라고 사람들을 선동했고, 혜성의 색깔이 흰색이므로 서울을 서쪽에서 불로 공격할 것이라는 소문을 퍼뜨려 서울의 권세 있는 양반들이 피난을 가는 소동을 빚기도 했다.

그러나 홍경래는 전술상 몇 가지 치명적인 잘못을 저질렀다. 군대를 남군과 북군으로 나누어 전력을 분산시켰고, 관군을 지나치게 얕보았으며, 청나라 여진족이 도우러 온다고 선동해 명분을 잃었고, 남쪽 사람들을 전부 그냥 두지 않겠다고 선전해 큰 반감을 샀다. 결국 홍경래의 군대는 평안도 정주성에서 농성을 하다가 진압되어 무참히 살육되었다.

순조 12년 음력 4월 21일자 『조선왕조실록』에는 반란을 진압하기 위해 파견한 순무영(巡撫營)의 보고서가 적혀 있다.

『조선왕조실록』 순조 11년 음력 4월 21일(계해)

(순무영의 중군(中軍) 유효원(柳孝源)이 말을 달려 보고했다.)

이달 3일부터 시작해 동쪽 성벽에 거인[7]을 놓고 북쪽 성벽에서는 흙을 파기 시작해서 18일에 끝을 냈습니다. 그래서 우선 각 장령들을 단속하고 모래 성 밖에 사방에다 진을 치게 했습니다. 당일 4경에 화약 수천 근을 땅굴에 넣고, 곁의 구멍을 통해 불을 붙이자, 조금 있다가 화약이 폭발했는데, 형세는 신속하고 소리는 우레 같아 성 10여 칸이 받침돌, 총쏘는 망루와 함께 조각조각 부서져 무너져 내렸습니다. 북쪽 성벽에 매복하고 있던 적들은 모두 깔려 죽었고, 성가퀴에 늘어서서 지키던 졸개들 또한 모두 달아나 흩어졌습니다. 성 북쪽에 있던 관군들이 일시에 몰려들어 가더니, 성안의 적들이 새가 놀라듯 짐승이 달아나듯 모두 서남쪽 모퉁이에 몰려들었습니다.

이때 동이 터 오려고 해 드디어 깃발을 세우고 독전하자, 동쪽 서쪽 남쪽의 여러 진에서 성에 사다리를 걸치고 올라갔는데, 앞을 다투지 않음이 없었습니다. 사방에서 포위해 색출하니 한 사람도 빠져나간 자가 없었는데, 함부로 죽이지 말라는 경계를 거듭 엄하게 약속하지 않은 것은 아니지만, 오랫동안 쌓인 분이 격발되어 군사들이 모두 손에 칼을 들고 살육해 저절로 아주 많은 사람을 죽인 결과에 이르렀습니다.

『조선왕조실록』의 이 기사를 쓴 역사가는 객관적인 시각으로 '홍경래의 평안도 농민 반란'을 요약 정리해 두었다.

이에 앞서 임금이 오랫동안 제구실을 못해 조야(朝野)가 몹시 두려워하고 있던 차에 때마침 혜성이 나타났는데, 꼬리의 길이는 몇 길[丈]이나 되었고, 그 빛은 땅을 비추었다. 혜성은 혹 치우기(蚩尤旗)라 일컫기도 하는데 전쟁의 조짐이라고도 하므로, 민심이 소란스러워 도성 안의 사대부들 중에는 왕왕 가족을 데리고 시골로 내려가는 자가 있기도 했고, 관서 지방에는 기근이 들어 떠도는 사람이 매우 많았다. 이에 불령한 무리들이 기회를 타서 갑자기 날뛰어 관리들을 죽이고 창고를 열어 무리를 불러 모으자, 청천강 이북의 예닐곱 고을이 모두 적의 손아귀에 떨어졌고, 부신(符信)을 나누어 갖고 관인(官印)을 찬 관리들은 겁을 집어먹고 지키지 못해 혹은 도망하고 혹은 항복을 애걸하기도 했던 것이다.

향리들과 백성들은 천대받아 버려진 것에 대해 원한을 쌓아 왔고, 가렴주구에 오랫동안 시달려 왔던 터라 한 번 소리치매 메아리처럼 응하지 않음이 없었으니, 외로운 성에 겨우 숨만 쉬고 있게 된 이후에도 오히려 또 완강하게 버티며 미혹하게 변할 줄을 알지 못했던 것이다. 그리하여 임금이 친히 군대를 오랫동안 파견해서 겨우 평정할 수 있었으니, 아! 개탄스러운 일이다.

홍경래의 반란을 부추긴 혜성은 매우 큰 혜성이었다. 서양의 관측 기록을 살펴보면 이 혜성은 1811년 양력 3월에 남반구에 있는 현재의 남아프리카공화국 케이프타운에서 처음 관측되었다. 당시 유럽의 유명한 천문학자들이 다투어 이 혜성을 관측했다. 그 가운데 윌리엄 허셸(William Herschel, 1738~1822년)이 있다. 그는 글래스고에서 반사 망원경으로 이 혜성을 관측했다. 그가 처음으로 이 혜성을 관측한 1811년 9월 2일은 보름이

표 1-5. 허셸이 1811년 대혜성을 관측해 얻은 결과

날짜(양력)	혜성 꼬리의 크기
9월 8일	9~10°
9월 18일	11~12°
10월 2일	보름이라 관측 어려움.
10월 6일	25°
10월 12일	17°
10월 14일	17°.5
10월 25일	23°.5
10월 16일	지구에 가장 가까이 접근함.
11월 5일	12°.5
11월 9일	10° 혜성 꼬리가 은하수에 가까워서 두 모습이 완전히 똑같았다.
11월 11일	9°
11월 16일	7°.5
11월 19일	6°10′
12월 2일	5°
12월 14일	혜성의 꼬리는 2°정도지만 그 끝은 매우 흐리다.

었는데 꼬리는 볼 수 없었다. 이 혜성을 관측하는 동안 허셸의 주된 관심사는 혜성의 핵과 코마 등이 얼마나 크며, 어떻게 변하는가, 그리고 그 정체는 무엇인가 하는 것이었다.

허셸이 관찰한 바에 따르면, 이 혜성의 꼬리가 두 갈래로 갈라져 있는데 그중 하나는 심하게 구부러져 있었다. 이렇게 생긴 혜성은 동양에서는 치우기로 분류된다. 이 혜성은 맨눈으로 볼 때 꼬리의 크기가 약 25°나 되었던 엄청나게 큰 혜성이었다. 그래서 사람들은 이 혜성을 대혜성이라고 부른다. 하늘에 이렇게 거대한 혜성이 나타났었으니 당시 흉흉한 민심을 더욱 흉흉하게 만들었을 것이다.

그림 1-7. 허셸이 만든 천체 망원경. 허셸은 천왕성을 발견해 대중적인 인기를 얻었다. 처음 천왕성을 발견했을 때, 그는 영국 국왕 조지 3세의 이름을 그 천체에 헌정했다. 이를 흡족하게 여긴 조지 3세는 허셸에게 천체 망원경 몇 개를 주문했다. 허셸은 그 요청에 응해 반사 망원경 5개를 만들었는데 이것은 그중 하나다. 허셸이 설계하고 왕실 소목장이 마호가니로 경통과 거치대를 만들었다.(케임브리지 휘플 과학사 박물관 소장) 작은 사진은 영국 케임브리지의 니덤 연구소의 앞에 나 있는 허셸의 이름이 헌정된 길이다. (안상현 촬영)

관상감의 천문학자들이 이 혜성을 관찰하고 작성한 관측 일지가 『천변초출』로 남아 있었다. 와다 유지(和田雄治, 1859~1918년)가 보관하고 있던 것은 확인되지만 지금 어디에 있는지는 모른다. 또한 같은 때 전라도 신안의 섬에 유배를 가 있던 손암(巽庵) 정약전(丁若銓, 1758~1816년)은 혜성의 움직임을 관찰하고 혜성의 정체에 대해 궁리했으며, 전라도 강진에서 유배 중이던 그의 아우 다산(茶山) 정약용(丁若鏞, 1762~1836년)에게 그의 관찰 결과와 해석에 대한 의견을 구하는 편지를 보냈다. 정약용은 혜성의 빛깔로 보아 혜성이란 얼음으로 되어 있는 것이라는 답장을 보냈는데, 자세한 내용은 5장에 소개하겠다.

남이 장군과 유자광이 『통감』에서 확인해 보았던 혜성의 점괘에 대한 기록은 사실은 중국의 후한서(後漢書) 천문지(天文志)에 나오는 이야기이다. 그에 따르면, "송균(宋均)이 주석을 단, 구명결(鉤命決)에 의하면, 혜성에는 다섯 가지가 있다. 파란색 혜성이 나타나면, 왕과 제후들이 패배하고 천자가 병란 때문에 고통을 받는다. 붉은색 혜성이 나타나면, 도적이 일어나며 강한 나라가 제멋대로 한다. 누런 혜성이 나타나면, 왕비가 미모를 잃어 권력을 후비에게 빼앗긴다. 흰색 혜성이 나타나면, 장군이 반역하며 두 해 동안 병란이 크게 일어난다. 검은 혜성이 나타나면, 물의 정기가 잘못되어 강물이 끊어지고 곳곳에서 도적이 일어난다."라고 기록하고 있다.

허셸의 발견

독일 태생으로 영국의 천문학자인 허셸은 1781년에 천왕성을 발견했다. 1782년(쌍성 269개)과 1784년(쌍성 434개), 1821년(쌍성 145개)에는 『쌍성 목록』을 작성했다. 허셸은 1783년에 은하계가 납작한 원반 모양을 하고 있으며 태양이 은하계 안에서 일정한 방향으로 운동하고 있음을 알아냈다. 1802년에는 쌍성도 케플러 운동을 하는 것을 밝혔다. 이것은 뉴턴의 만유인력 법칙이 다른 항성늘 사이에서도 성립한다는 사실을 증명한 것이다.

혜성행

서계(西溪) 박세당(朴世堂, 1629~1703년) 선생이 1682년에 나타난 혜성을 보고 한시를 지었다. 영국의 핼리도 이 혜성을 관찰하고 연구를 계속해 이 혜성이 타원 궤도를 가지고 있으며 과거 1531년과 1607년에도 나타났었음을 알아냈고, 이 혜성이 궤도를 돌아서 1758~1759년경 다시 나타날 것을 예측했다. 이것은 역사상 최초로 알려진 주기혜성이며, 발견자 핼리의 이름을 헌정해 1P/Halley라고 표기한다. 바로 '핼리 혜성'이다.

혜성행

서계 박세당

혜성아 혜성아
너는 어찌해 순임금 시절에 나타나지 않고
성명하신 우리 주상의 시대에 나타났느냐?
주상께서 등극하신 지 일고여덟 해
순임금의 마음을 지니셨으되
다만 정사가 시행되지 못함이 근심이로다.
닭이 울면 일어나 쉬지도 못하고 정치에 힘쓰시어
머지않아 나라가 다스려지는 것을 보게 되었더니
하늘은 어찌해 공업과 덕화가 더딤을 싫어하여
재이로써 경고해 짐짓 두려움을 알게 하시는가?
서쪽으로 나와 동쪽으로 뻗고 동쪽으로 나와 서쪽으로 뻗으니
임술년(1682년)인 올해와 경신년(1680년)인 재작년의 일이었네.
대소 신료들이 근심에 싸인 채 까닭을 알지 못하여
고개를 숙이고 종종걸음 치면서 안절부절
듣건대 재이가 없으면 나라가 망한다고 하니
이는 하늘이 우리 임금을 사랑하여
지성을 다해 나라를 태평하게 하려 함일세.
우리 임금님 마음이 하늘과 통했으니
하늘의 권면을 감히 가벼이 여기리오?
옛날 (은나라의) 고종과 중종의 시대에
재이를 도리어 상서로움으로 만들어

조정에 상곡이 자라나고 꿩이 솥 귀에서 울었다네.

임금께서 덕 닦음이 은나라 종실에 비견되니

혜성이 다시 경사스러운 별[景星]로 변하여

순임금 조정에서 신하들이 화답해 노래하는 것을 보게 되리.

—『서계집(西溪集)』 권3 「석천록(石泉錄)」

2장

혜성에 사로잡히다

튀코 브라헤와 요한네스 케플러의 혜성

"내 나이 여섯 살 때, 나는 어머니를 따라 언덕으로 올라가서 밤하늘에 떠 있는 거대한 혜성을 보았다." 이 멋진 천체에 매료되어, 그는 한 평생 천문학을 사랑하게 되었다. "내 나이 아홉 살 때, 밖에서 누군가가 나를 불러 나가 보니 달이 매우 붉게 변해 있었다." 월식은 그의 우주에 대한 호기심을 더욱 북돋아 주었다. 그러나 그는 천연두의 후유증으로 시력이 나빠졌고 손도 잘 못쓰게 되었다. 이러한 치명적인 신체적 약점에도 불구하고, 이 사람은 훗날 위대한 천문학자가 되었다. 1571년 12월 27일에 현재 독일의 슈투트가르트 근처의 한 도시에서 태어난 그는 행성들이 타원 궤도를 그리며 해의 둘레를 공전한다는 사실을 알아냈다. 그는 바로 요한네스 케플러이다. 케플러를 천문학자의 길로 인도한 혜성은 C/1577 V1이라는

TABULÆ
RUDOLPHI
ASTRONO-
MICÆ
COPER-
NICUS.
TYCHO
BRAHE.
HIPP-
ARCH-
VS.
PTOLE-
MÆVS.
INSVLA HVENNA DANIÆ.

이름이 붙은 혜성이다. 그 이름 C/1577은 1577년에 관측된 혜성이라는 뜻이고, V1은 11월 상반기에 첫 번째로 발견된 혜성이라는 뜻이다.

이 대혜성에 매료된 또 한 사람이 있었다. 덴마크의 귀족이며, 망원경이 나타나기 이전의 최고의 관측 천문학자 중 하나로 알려진 그는 오늘날 덴마크와 스웨덴 사이의 바다 한가운데에 있는 벤(Hven) 섬에 우라니보르크(Uraniborg)라는 천문 도시를 만들어 놓고 천체를 관찰하고 있었다. 그는 1577년 11월 13일 해질 무렵 낚시를 즐기다가 돌아오고 있었다. 그런데 해지기 전 서쪽 하늘에서 아주 희미한 혜성을 발견했다. 그는 이 혜성을 아주 정밀하게 관찰했다. 그는 자신이 관측한 혜성의 위치와 프라하에서 관측한 혜성의 위치를 비교해 혜성이 달보다 3~4배 이상 멀리 있음을 알아냈다. 이 발견은 큰 파장을 몰고 왔다.

그 전까지 유럽 사람들은 아리스토텔레스의 주장을 계승 발전시킨 프톨레마이오스(Klaudios Ptolemaios, 90?~168년)의 수정구 우주 모형을 믿어 왔다. 이 모형에 따르면, 해와 달과 행성들은 모두 지구를 중심으로 공전하고 있으며, 달이 지구에서 가장 가까운 천체인데, 그 궤도보다 안쪽을 월

그림 2-1. 『루돌프 성표』에 들어 있는 삽화 「하늘의 전당」. 손가락으로 천정을 가리키고 있는 사람이 튀코 브라헤이다. 그의 손가락이 가리키는 방향을 따라 그려진 점선을 따라 눈길을 옮겨 보면, 건물의 천장에 그가 제안한 태양계 모형이 그려져 있음을 볼 수 있다. 의자에 앉아서 튀코 브라헤와 대화를 나누고 있는 사람은 태양 중심설을 주장한 코페르니쿠스이다. 가장 왼쪽에 책과 열쇠 꾸러미를 들고 있는 사람은 고대 그리스의 천문학자인 히파르쿠스이다. 터번을 쓴 채 오른쪽에 앉아서 글을 쓰고 있는 사람은 프톨레마이오스이다. 터번은 그가 살던 알렉산드리아가 이집트에 있음을 나타낸다. 그의 지구 중심설은 무려 약 1400년 동안 표준 우주 모형으로 인식되었다. 기둥에 매달려 있는 것들은 모두 천체를 관측할 때 사용되던 관측 기구들이다.

하늘의 전당 기초 부분의 장면들은 그 책의 유래를 설명해 준다. 왼쪽은 화성의 궤도를 연구하고 있는 케플러이다. 케플러는 눈에 잘 띄지 않는 구석에 자신을 그려넣고 책의 유래를 냉정하게 묘사했다. 조용하고 겸손한 그의 성품이 잘 드러나는 대목이다. 가운데는 튀코 브라헤가 우주를 관측하기 위해 우라니보르크를 건설한 벤 섬의 지도이고 오른쪽은 그 책을 인쇄한 인쇄 공방의 모습이다.(케임브리지 대학교 도서관 귀중본실 소장)

하권(月下圈)이라고 하며 그 바깥을 월상권(月上圈)이라고 했다. 월하권은 불완전한 세계라서 모든 사물이 변화를 일으키지만, 월상권은 완벽한 세상이므로 변화가 없다고 생각했다. 혜성은 분명히 밝기와 위치가 변하는 천체이므로 월하권에서 일어나는 현상이라고 여겼었다. 그런데 혜성이 달보다 훨씬 멀리, 즉 월상권에 있다는 발견은 기존의 아리스토텔레스 우주관(또는 프톨레마이오스 우주관)이 옳지 않음을 뜻했다. 천문학자들 사이에는 엄청난 논쟁이 일었다. 이 사실을 발견한 사람은 나중에 케플러의 스승이 되었으며, 케플러가 행성 운동에 관한 법칙들을 발견하는 데 기초가 되는 행성의 위치 관측 자료를 제공했다. 그는 바로 튀코 브라헤(Tycho Brahe, 1546~1601년)이다.

케플러의 행성 운동에 관한 세 가지 법칙

① 행성들은 해를 한 초점에 둔 타원 궤도를 따라 공전한다.(타원 궤도의 법칙)

② 행성과 해를 잇는 선이 같은 시간에 휩쓸고 지나간 면적은 일정하다.(면적 속도 일정의 법칙)

③ 행성의 공전 궤도 장반경의 세제곱은 그 공전 주기의 제곱에 비례한다.(조화의 법칙)

케플러는 몸이 불편해 천체를 관측을 하는 데 어려움이 있었지만, 다행스럽게도 그에게는 당시 최고의 관측 천문학자인 튀코 브라헤가 있었다. 튀코 브라헤는 행성들의 위치를 정밀하게 측정하기 위해 먼저 붙박이별들 1000개 정도의 위치를 정밀하게 측정했다. 관측 결과를 분석해 보

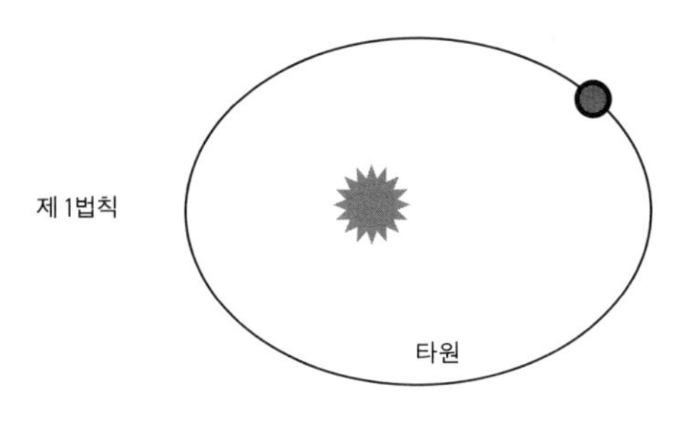

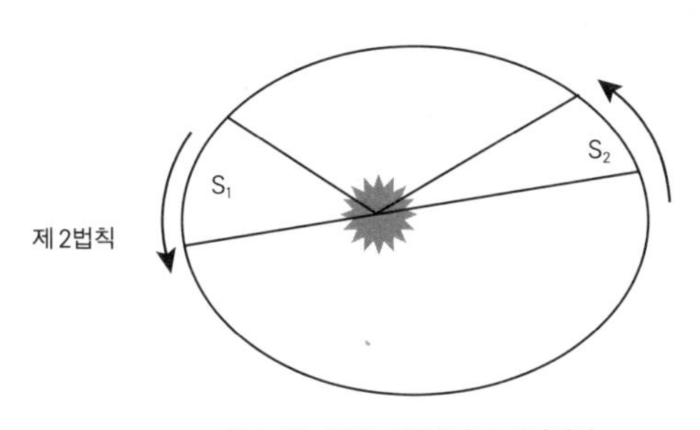

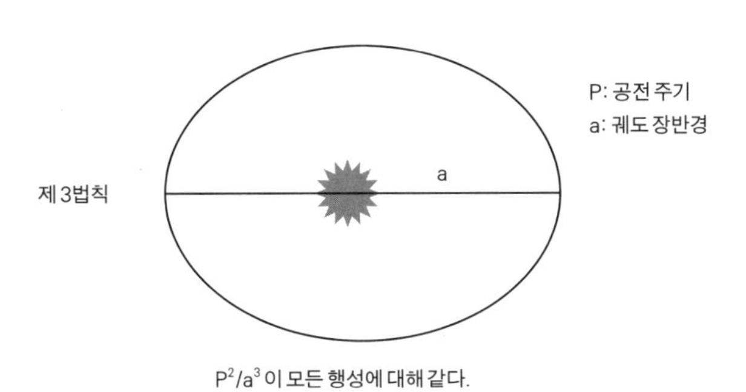

그림 2-2. 행성 운동에 관한 케플러의 법칙

면, 그가 관측한 항성들의 위치는 약 2′의 관측 오차를 갖는다. 그러나 그가 남긴 관측 일지를 분석해 보면, 기기에 의한 측정 오차는 약 0′.5에 불과함을 알 수 있다. 인간의 시력으로 분간할 수 있는 각도는 1′ 정도이다. 튀코 브라헤가 초인적인 시력을 갖고 있었다는 말일까? 그게 아니라, 그가 천체의 위치를 관측할 때, 몇 가지 혁신적인 방법을 도입하고 또한 하나의 천체를 여러 번 관측하는 방식을 도입했기 때문이었다.

튀코 브라헤는 사분의나 육분의로 천체의 위치를 측정했다. 그는 가로 눈금 하나를 세로로 균등하게 조각으로 나눈 다음 거기에 대각선을 그렸다. 그렇게 하여 눈금 바늘이 대각선과 만나는 곳이 몇 번째 칸인지를 읽으면 훨씬 더 정확하게 눈금을 읽어 낼 수 있었던 것이다. 대각선 눈금은 그 300년 전 사마르칸드의 천문학자인 울루그 벡(Ululgh Beg, 1394~1449년)도 사용했고, 레비 벤 게르숀(1288~1344년)의 책에도 나온다.

또한 천체를 조준할 때 접안부와 대물부에 각각 못과 못을 사용하거나 구멍과 구멍을 사용하기보다는 못과 구멍을 사용하는 것이 정확하게 조준할 수 있음을 알아냈다. 이것은 현대에도 소총의 가늠쇠와 가늠자에 쓰이는 원리이다. 더군다나 튀코 브라헤는 하나의 대상에 대해 여러 번 관측을 시행해 평균값을 얻으면 좀 더 정밀한 측정을 할 수 있음을 알았던 것으로 여겨진다. 통계학이 발달하기 이전이라서 정확한 수학적 배경은 없었지만, 그는 경험을 통해 그런 것을 알고 있었던 듯하다.

튀코 브라헤가 평생에 걸쳐 관측한 행성의 위치 측정 자료들은 케플러에게 전해졌다. 케플러는 이 자료를 분석해 행성 운동에 관한 세 가지 법칙을 발견했다. 또한 그는 스승인 튀코 브라헤의 관측 결과를 분석해 1627년에 『루돌프 성표(*Tabulae Rudolphinae*)』를 출간했다. 이 책은 튀코 브라헤가 관측한 별들의 좌표와 행성의 위치를 나타내는 좌표 값들이 수록된

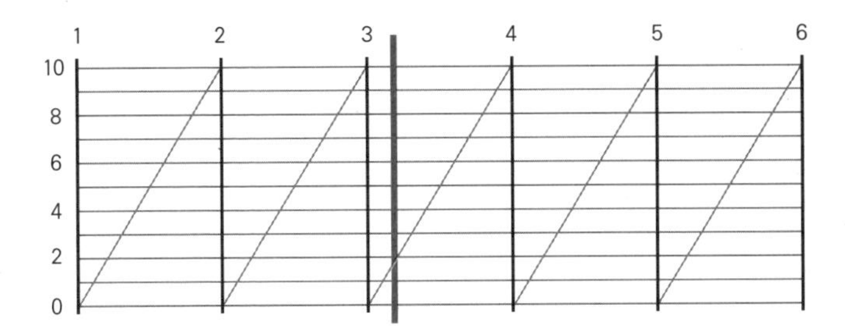

그림 2-3. 보통 1°마다 세로줄을 그어 바늘이 몇 번째 칸 어느 정도에 있는지를 읽는다. 튀코 브라헤는 거기에 가로 줄을 여럿 긋고 대각선을 그었다. 세로 줄이 1° 간격마다 새겨져 있다고 하고, 세로로 10개의 칸을 만들고, 또한 1°마다 대각선을 그었다고 하자. 바늘이 빗금과 만나는 위치의 세로 값을 읽으면 1°의 10분의 1까지 각도를 정밀하게 측정할 수 있다. 그림에서는 바늘이 3.1과 3.2 사이에 위치해 있다. 따라서 3.15의 값으로 읽는다.

관측 기술의 발전에 따른 공간 분해능의 개선

1609년 갈릴레오 갈릴레이가 망원경으로 천체 관측을 시작하기 전까지 천문학자들은 맨눈과 간단한 도구만 사용해 천체의 위치를 측정했다. 동양에서는 혼의(渾儀)나 규표(圭表)를 사용했고, 서양에서는 사분의를 사용했다. 사분의는 상한의라고도 한다. 일반적으로 잘 훈련된 관측자가 실이나 막대기 따위의 간단한 도구만을 사용해 멀리 있는 물체의 위치를 측정하는 경우, 그 측정 정밀도는 약 1′에 이른다. 원주가 360°이고, 1°를 60등분한 한 부분이 1′이므로 우리의 맨눈도 상당히 작은 각도를 분해할 수 있는 것이다.

튀코 브라헤는 몇 가지 혁신적인 기술을 사용해 측정 정밀도를 약 0′.5까지 높였다. 1640년 영국의 윌리엄 개스코인(William Gascoigne, 1612~1644년)과 1665년 로버트 훅(Robert Hooke, 1635~1703년)의 아이디어로 망원경이 사분의에 장착되어 천체를 관측하게 되었다. 이로써 천체의 위치를 인간의 눈보다 50배 정밀하게 측정할 수 있었다. 1658년에 네덜란드의 크리스티안 하위헌스(Christian Huygens, 1629~1695년)는 갈릴레오 갈릴레이가 발견한 진자의 등시성을 이용해 추시계를 발명함으로써 시간 측정에 새로운 이정표를 세웠다. 또한 1659년에 하위헌스와 개스코인은 망원경의 초점이 맺히는 곳에 눈금을 새긴 작은 자를 장치하고 망원경으로 보이는 천체들 사이의 거리를 현미경으로 읽을 수 있는 장치를 만들었다. 이 장치는 가까운 천체들 사이의 거리를 더욱 정밀하게 측정할 수 있는 획기적인 전기를 마련했다.

표이다. 케플러는 이 책에 실린 행성의 위치 정보가 이전에 사용되던 표보다 50배나 정확하다는 자부심을 갖고 있었다.

머나먼 유럽에서 출간된 『루돌프 성표』가 우리에게 무슨 영향을 주었겠는가 의구심을 품을 사람이 있을지도 모르겠다. 그런데 놀랍게도 이 성표는 17세기 초에 명나라에 전해져서 우리나라에까지 영향을 주었다. 그 당시에 명나라에서 활약하던 예수회 신부들의 손으로 유럽의 천문학에 바탕을 둔 『숭정역서』라는 역법이 만들어졌다. 그러나 새로운 역법이 공포되기도 전에 명나라의 수도인 북경이 청나라 군대에 의해 함락되었다. 독일 출신 예수회 신부인 아담 샬(Adam Schall, 1591~1666년)이 새로 들어선 청나라 조정에 건의하여, 이 『숭정역서』는 1645년에 『서양신법역서』라는 이름으로 간행되었고, 이 역법으로 계산된 책력이 시헌력이라는 이름으로 해마다 출간되었다. 그런데 이 『숭정역서』 또는 『서양신법역서』에 『루돌프 성표』가 수정되어 실렸다. 또한 이것을 바탕으로 적도 좌표계의 평사도법으로 『적도남북양총성도』라는 성도가 제작되기도 했다.

이 성도는 중국에서 정식으로 출간되기도 전에 조선에 수입되었다. 명나라에 파견된 조선의 사신인 정두원은 1631년 봄에 임무를 마치고 돌아오던 중 산둥 반도의 도시인 덩저우에 머물러 있었다. 덩저우에는 포르투갈 출신 예수회 신부인 주앙 로드리게스(João Rodrigues, 1561?~1633년?)가 정두원을 기다리고 있었다. 로드리게스는 정두원을 통해 조선 국왕에게 여러 가지 서양 물품을 선물했다. 조선 땅에도 천주교를 포교하기 위한 포석이었다. 이때 정두원은 『치력연기』, 『직방외기』, 『천문략』, 『원경설』과 같은 서양의 천문학과 지리를 소개한 책들과 함께, 『천문도남북극』, 『곤여만국전도』, 『천문광수(天文廣數)』, 『서양통령공사효충기』[8], 그리고 천리경(망원경), 자명종(기계식 추시계), 해시계 등을 받아 왔다. 이 가운데 『천문도남북극』은,

그 이름을 풀어 볼 때, 평사도법으로 북반구 하늘과 남반구 하늘을 두 장으로 나누어 그린 성도이다. 중국에서 이러한 형태로 제작된 천문도들 중에 1631년에 정두원이 입수 가능했던 것으로는 아담 샬이 만든 『적도남북양총성도』가 있다.

아담 샬과 직접 만나 여러 가지 서양 문화를 배워 온 사람도 있었다. 바로 조선의 제16대 국왕인 이종(李倧)의 장남 소현세자이다. 1636년 병자년에 여진족이 세운 청나라 군대가 조선을 침략했다. 조선 조정은 제대로 대비를 못해 남한산성에서 농성을 하다가 1637년 음력 1월 30일에 이종이 삼전도에서 청나라 황제 황타이지(皇太極)에게 세 번 절하고 아홉 번 머리를 조아리며 굴욕적인 항복을 했다. 그리하여 소현세자 부부와 아우 봉림대군 부부는 물론이고 대신들과 그 자제들이 당시 청나라의 수도였던 심양에 볼모로 끌려갔다. 스물다섯 살의 소현세자는 세자빈 강씨와 함께 1637년부터 심양에서 볼모 생활을 했다. 1644년 9월에 청나라 군대가 산해관을 넘어 마침내 명나라의 수도인 북경을 함락하게 되었는데, 이때 소현세자도 청나라의 군대와 함께 말을 타고 북경으로 들어갔다. 그는 거기서 50여 일을 머물게 되는데, 이때 아담 샬을 만나 둘은 무척 친하게 지냈다고 한다.

1644년에 마침내 소현세자는 볼모 신세에서 풀려나 귀국길에 오를 수 있었다. 아담 샬은 역법과 천문학에 관한 책, 천구의와 지구의 등의 물품, 성모상과 같은 종교 관련 기물을 그에게 선물을 주었다. 또한 명나라 환관과 궁녀 중에서 천주교로 개종한 사람들을 여럿 딸려 보내 주었다. 소현세자는 이러한 물품들과 사람들을 통해 조선에 새로운 학문과 문화를 전하고자 했다. 그러나 불행하게도 조선 조정과 아버지인 국왕 이종(李倧)은 소현세자의 이러한 뜻을 알아주기는커녕 차디차게 대했다. 귀국한 지 고작

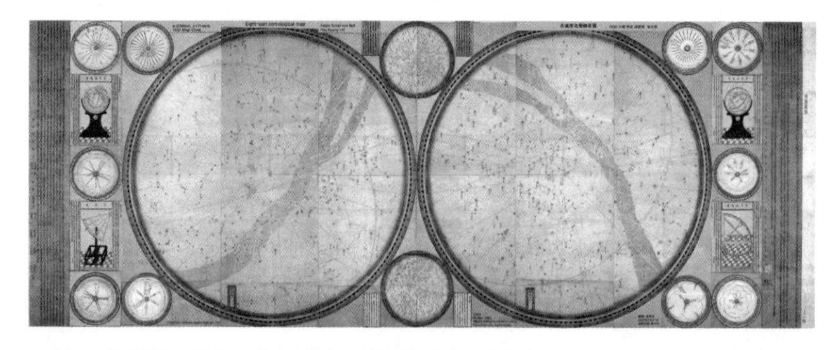

그림 2-4. 항성병장. 원본은 로마의 바티칸 도서관에 소장되어 있다. 명나라 말기 청나라 초기에 중국에서 활약하던 예수회 선교사 아담 샬이 만든 『적도남북양총성도』를 병풍으로 제작한 것이다. 가운데에 있는 2개의 큰 동그라미는 모두 1812개의 별들을 그린 대형 성도인데, 중국에서는 보이지 않는 남반구의 별자리들을 그렸고 별들을 밝기에 따라 여섯 등급으로 나누어 그린 시앙식 성도이다. 가운데에 있는 작은 동그라미들 중에서 위 그림은 중국에서 볼 수 있는 별들을 적도 좌표를 기준으로 그려 놓은 것이고, 아래 그림은 황도 좌표를 기준으로 그려 놓은 것이다. 양쪽에 있는 작은 동그라미들은 오행성들의 운행도들이다. 그리고 네 가지의 천문 관측 기구를 그려 놓았는데, 이것은 튀코 브라헤가 사용하던 것들이다.(오길순 복원)

3개월 만에 소현세자는 의문의 죽음을 당했다.

소현세자가 볼모 생활을 할 때 물심양면으로 커다란 의지가 되어 준 것은 세자빈이었다. 그녀의 친정 아버지는 우의정을 지낸 월당(月塘) 강석기(姜碩期, 1580~1643년) 선생이다. 그는 사계(沙溪) 김장생(金長生) 선생의 제자로서, 청렴결백하고 신중하고 공손하고 검소해 선비들의 존경을 받았다. 그에게는 천체의 이름을 따서 이름을 지은 문성(文星), 문명(文明), 문두(文斗), 문벽(文壁), 문정(文井) 등의 아들들이 있었다. 소현세자가 억울하게 죽자 세자빈 강씨와 그의 친정 형제들이 이에 강하게 반발할 수밖에 없었다. 세자빈의 동생인 강문명(姜文明, 1613~1646년)은 소현세자의 묏자리를 잡는 지관이 택일이 잘못했다고 불평했다가 임금의 노여움을 사서 다른 형제들과 함께 뿔뿔이 유배를 가게 되었다.

맏아들인 소현세자에게 아들이 셋이나 있었음에도 불구하고, 임금 이종은 자신의 둘째 아들인 봉림대군을 세자로 세웠다. 이제 맏며느리와 손자들은 눈엣가시와도 같게 되었다. 임금 인종은 세자빈 강씨에게도 역모 혐의를 뒤집어 씌웠다. 이것을 조장 내지 방조한 자들은 간신 김자점과 악녀 소용 조씨 등이었다. 세자빈 강씨는 나인들을 사주해 임금의 전복 구이에 독을 넣었다는 누명을 뒤집어쓰고 역모죄로 폐출되었다가 사약을 받고 죽었다. 이미 고인이 된 월당 선생은 관작이 추탈되었고, 세자빈의 친정 어머니인 신씨는 노비가 되어야 했다. 소현세자의 세 아들들도 제주로 유배되었다. 외딴 섬과 강원도 산골로 유배 보내졌던 세자빈의 친정 형제들도 세자빈의 역모죄에 연루되어 모질게 곤장을 맞다가 숨지고 말았다. 세자빈의 아우인 강문명 공도 이때 숨졌다. 강문명의 장인이요 당시 대사헌이었던 수북(水北) 김광현(金光炫, 1584~1647년) 선생도 화를 피해 지방 수령을 자청해서 내려갔다가 결국 홧병으로 숨졌다.

> 김광현은 김상용의 아들이다. 사람됨이 온후하고 간결하고 신중했다. 과거에 급제해 여러 중요한 관직을 두루 거쳐 이조 참판에 이르렀다. 그의 사위가 강문명인데, 강씨의 화가 일어나 강문명 등이 모두 죽었다. 그런데도 임금은 오히려 여러 신하들이 강씨를 비호해 뒷날을 위한 바탕으로 삼지나 않을까 의심했다. 이에 김광현은 두려워하여 전라도 순천부사로 가기를 청했는데, 결국 근심으로 죽었다. —『조선왕조실록』 1647년 음력 7월 17일(병진)

수북 선생의 아버지인 선원(仙源) 김상용(金尙容, 1561~1637년) 선생은 병자호란 때 강화도가 청나라 군대에 의해 점령되려는 순간 화약에 불을 붙여 순절했다. 또한 절개의 상징인 김상헌(金尙憲, 1570~1652년) 선생과 청백리인 김상복(金相宓, ?~1652년) 선생이 선원 선생의 아우님들이다. 김상헌 선생의 호는 원래 청음(淸陰)이었는데, 청나라의 청(淸)자를 거부하고 석실산인(石室山人)으로 바꾸었다. 또한 아버지의 원수와는 한 하늘을 이고 살지 못하는 법, 선원 선생의 아들인 수북 선생은 공문서에 청나라의 연호를 적지 않고 다만 간지 연도만 적었다고 한다. 이러한 충절의 가문에 표창은 못할망정 모진 고통을 선사한 임금에게 어질 인(仁)자를 묘호에 넣어 줄 수는 없을 같다. 그래서 나는 그를 이종(李倧)이라는 이름으로 부르고 있는 것이다.

한편 타이완의 한 학자의 글을 읽다가 역시 이종(李倧)이라고 적어 놓은 것을 보았다. 물론 그의 의도는 나와는 전혀 다르다. 중국의 왕조에 조공을 바치던 번속국이 묘호에 감히 조(祖)나 종(宗)을 쓰는 것이 괘씸하다는 의미일 것이다. 그래서 나는 이 책에서 중국의 왕조가 아닌 원나라의 황제를 중국식 묘호로 부르지 않고 토곤 티무르라와 같이 원래 몽골 이름으로 적어 주었다.

소용 조씨와 결탁한 김자점은 권력을 독점해 전횡을 일삼았다. 이때 조야의 현명한 선비들은 이러한 일들을 부당하다고 여기고 있었다. 소현세자의 아우인 봉림대군이 즉위하고 송시열, 김상헌 등을 등용해 북벌을 논하자, 영의정 자리에서 쫓겨난 김자점은 효종이 북벌을 기도한다는 사실을 청나라에 밀고했다. 매국 행위였다. 김자점은 유배되었다가 아들의 역모 사건으로 능지처참되었다. 소용 조씨는 1651년에 자의대비 조씨를 저주하는 끔찍한 의식을 벌였다가 발각되어 복주되었다.

소현세자와 세자빈이 억울하게 죽은 뒤 70여 년이 지난 숙종 44년(1718년) 4월에 이르러서야 이들의 원통함이 조정에 의해 인정되고 관직과 명예가 회복되었다. 세자빈 강씨에게는 민회빈(愍懷嬪)이라는 시호가 주어졌다. 세자빈의 가문은 금천 강씨이니 그 시조는 고려를 위기에서 구원한 귀주대첩의 영웅 강감찬 장군이다. 서울 대학교 후문에 있는 낙성대는 바로 강감찬 장군의 출생지이며 사당이 모셔진 곳이다. 별이 떨어져 품안에 안기는 태몽을 꾸고 장군을 낳았기 때문에 낙성대라는 이름이 붙었다. 금천 강씨의 금천은 바로 이 지역의 옛 이름이다. 나는 대학에 다니면서 낙성대에 몇 차례 참배를 한 적이 있다. 세자빈과 다른 가족들의 묘소는 현재 경기도 광명시 노은사동에 있는 영회원이란 곳이다. 그러나 강문명 공의 묘소는 현재 충남 홍성군 장곡면 대현리에 있다. 묘지명에 그간의 사정이 잘 요약되어 있다.

> 인조 24년 병술 1646년 2월 공은 왕을 능멸했다는 죄명을 뒤집어쓰고 서울로 압송되어 동월 29일 곤장을 맞다가 돌아가시니 이곳 홍성군 장곡면 대현리에 안장했다. 그로부터 74년이 지난 숙종 무술 1718년에 신원되어 복권되고 복작되었다. 배위는 안동 김씨 이조참판 김광현의 딸로 공보다 두 살 아래인 을묘 1615년생이고 무진 1628년 공과 혼인했다. 배위 김씨는 고요하고 정숙하며 아름답고 자애로운 부도를 갖추었다. 옥사로 가문이 문을 닫게 되자 친정 근처인 충청도 덕산으로 낙향해, 아들 구망(久望)과 후망(後望)을 잘 양육함으로써 후일 숙종 무술년 강빈옥사 신원을 청원케 했다. (부인 안동 김씨는) 경진 1700년 12월 6일에 별세해 합장했다.

청나라가 역법을 시헌력으로 바꾼 이후, 조선은 시헌력법을 도입하려고 많은 노력을 기울였다. 북경으로 파견되는 사신단에 거의 해마다 관상감의 재능 있는 천문학자들을 딸려 보내서 각종 천문학 서적을 은밀히 사들이고 북경의 예수회 신부들을 접촉해 새로운 천문학 지식을 배우려고 노력했다. 심지어 청나라의 천문학자들을 매수하기도 했고, 북경에 파견되었다가 거기서 숨진 관상감 천문학자도 있었다. 시헌력 도입 초기에 창구 역할을 한 것이 아담 샬이었다. 북경을 방문한 관상감 천문학자들이 항상 그를 찾아가 도움을 받고 천문학을 배우곤 했다.

이 정도가 흔히 역사책에 회자되는 이야기이다. 역사학에서는 어떤 역사적 사건의 밑바탕에 깔린 철학적 배경이나 정치적 이해관계를 따질 뿐이며, 그 이상의 자세한 이야기는 대개 가족사의 아픔으로 묻히는 것 같아 아쉽다. 그러나 소현세자와 세자빈의 이야기가 적어도 나에게는 남의 이야기가 아니다. 왜냐하면 나의 13대조 할머니가 강문명 공의 따님이시기 때문이다. 마찬가지로 파노라마처럼 펼쳐지는 천문학의 역사나 혜성의 역사도 그 세세한 내용을 들여다보면 남의 이야기가 아닐 것이다.

튀코의 초신성인가?

1572년 11월, 전에는 존재하지 않던 별 하나가 밤하늘의 카시오페이아 자리에 나타났다. 이 사건은 천문학의 역사에서 매우 중요한 사건으로 손꼽힌다. 26세의 청년이었던 튀코 브라헤는 이 새로운 별을 자세히 관찰하고 연구해 『어느 누구의 일생이나 기억 속에도 없었던 새로운 별에 관하여(*De Nova et Nullius Aevi Memoria Prius Visa Stella*)』라는 저서를 1573년에 출간했다. 이 긴 제목의 책은 그냥 줄여서 『데 노바 스텔라(*De Nova Stella*)』, 즉 『새로운 별』이라고 부른다. 그는 이 책에서 이 새로운 별이 달보다도 훨씬 먼 항성계에 속한다고 결론을 내렸다. 이 결과는 상당히 충격적인 것이었다. 왜냐하면 월상권인 별들의 세계에서도 변화가 일어나는 것을 뜻했기 때문이었다. 당시 유럽에서는 월상권 이상의 하늘은 영원히 변하지 않는 신성한 것이라고 여기고 있었으니, 튀코 브라헤의 발견은 당시 유럽의 보편적인 우주관과는 모순되는 현상이었던 것이다.

그의 연구 덕분에 현대 천문학자들은 그 초신성의 잔해를 찾을 수 있었고, 그것을 자세히 연구해 거리는 약 9000광년이고, Ia형 초신성[9]이었음을 알아낼 수 있었다. 그래서 이 1572년 초신성을 '튀코의 초신성'이라고 부르고 있다.

이 초신성은 튀코 브라헤의 항성 목록에 수록되었으며, 나중에 케플러의 『루돌프 성표』에도 수록되었다. 이 성표를 실은 아담 샬의 『숭정력서』에도 이 별은 객성이라는 이름으로 들어가 있으며, 아담 샬의 성도인 『적도남북양총성도』에도 표시되어 있다. 또한 예수회 신부로 청나라 흠천감에서 일한 천문학자 페르디난트 페르비스트(Ferdinand Verbiest, 1623~1688년)가 1673년에 출간한 별 목록 『신제영대의상지』에도 실려 있다. 역시 예수회 신부인 이그나티우스 쾨글러(Ignatius Koegler, 1680~1746년)가 1744년에 편찬한 『흠정의상고성』이라는 별 목록[10]에 이르러서야 이 객성이 성표에서 제외되었다.

동양에서도 이 초신성이 관찰되었다. 동양에서는 하늘에 새로 천체가 나타났을 때, 위치가 변하지 않으면 객성이라 하고, 위치가 변하는 것들은 모양에 따라 혜성, 치우기, 패성 등으로 분류했다. 우리나라의 역사 기록에도 튀코 브라헤가 관측했던 그 초신성이 관측되어 기록으로 남아 있다.

> 객성이 책성(策星, γ Cas) 근처에 나타났는데 금성보다 컸다. —『선조수정실록』 선조 5년(1572년) 음력 10월 1일(갑인)

선조 5년은 1572년이고, 음력 10월 1일 갑인일은 양력(그레고리력)으로 11월 6일이다. 이틀 뒤에는 명나라에서도 관측되었다는 기록이 『명실록

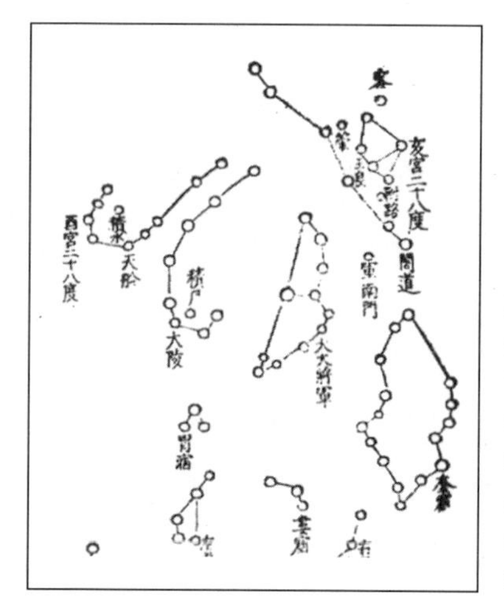

그림 2-5. 김영(金泳, 1749~1817년)이 1792년에 출간한 『보천가(步天歌)』의 성도. 맨 오른쪽 윗부분에 '객(客)'이라는 이름이 붙은 별이 바로 '튀코의 초신성'이다. '튀코의 초신성' 아래의 별자리가 서양의 카시오페이아자리에 해당하는 왕량(王良)이고, 왼쪽에 천선(天船)과 대릉(大陵)이 페르세우스자리에 해당하며, 천대장군(天大將軍)과 규수(奎宿)는 안드로메다자리에 해당한다.

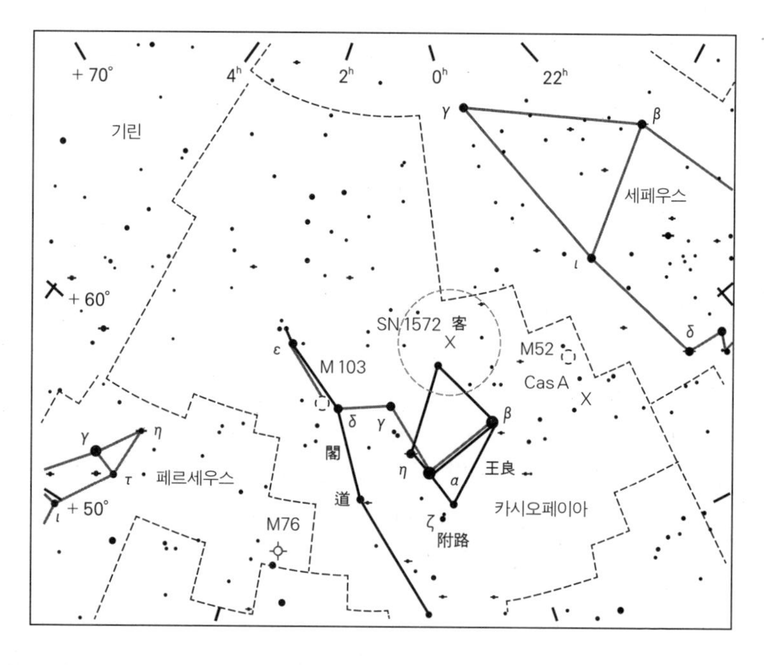

그림 2-6. '튀코의 초신성'에 대한 파인딩 차트. '客' 근처 X표에서 초신성 SN1572의 잔해를 발견할 수 있다.

(明實錄)』과 『명사(明史)』에 남아 있다. 이에 비해서, 유럽에서는 조선과 같은 날인 11월 6일에 관측되었으며, 튀코 브라헤는 11월 11일에야 이것이 새로운 별임을 깨닫고 관측을 시작했다. 이 초신성은 조선과 명나라와 유럽의 천문학자들이 독립적으로 발견했지만, 최초 발견자를 기준으로 말한다면 이 초신성의 발견자는 조선의 천문학자로 볼 수 있다.

그런데 조선에서는 혜성이나 객성이 나타나면 관상감의 천문학자들이 며칠이고 비가 오나 눈이 오나 공들여 그것을 관측해서 관측 보고서를 남긴 것으로 아는데, 『조선왕조실록』에는 왜 1572년 초신성 기록이 간단히 언급만 되어 있을까? 그 해답은 바로 다음에 이야기하겠다.

조선의 천문학자들이 관측한 1577년 혜성

케플러를 천문학의 길로 인도하고 튀코 브라헤를 그리도 흥분시켰던 바로 그 혜성을, 1577년 겨울에 지구의 거의 모든 사람들이 목격했을 것이다. 이러한 천문 현상은 그만큼 인상이 깊기 때문에 사람들은 글이나 그림으로 남기기 마련이다. 우리나라는 삼국 시대 초기부터 거의 2000년 동안 천문을 관측한 기록으로 남아 있다. 특히 조선 시대에는 관상감이라는 천문학 관청에 속한 천문학자들이 밤마다 하늘을 관측해 결과를 보고하는 체계가 잘 갖추어져 있었다. 그러한 관측 기록들이 『조선왕조실록』, 『승정원일기』, 『일성록』 등에 남아 있다. 그런데 이 문헌들 중에서 『승정원일기』는, 원래 조선 초기부터 꾸준히 작성되어 왔지만, 임진왜란 때 불에 타 버리고 지금은 17세기 인조 이후의 것만 남아 있다. 『일성록』은 18세기 말인 정조 이후에 주로 작성된다. 이에 비해 실록은 조선 태조 때부터 철종 때까지, 그리고 『고종순종실록』까지 합하면 전 기간에 걸친 자료가 남아 있다. 그러므로 『조선왕조실록』에는 1577년 혜성에 대한 자세한 기록이 있을 것이라고 기대할 수 있다. 그러나 실망스럽게도 『선조수정실록』에는 단 한 건의 기록이 남아 있다.

> 요성(妖星)이 서쪽에 나타났는데, 꼬리가 수십 길[丈]이나 되어 혜성 같기도 하고 아닌 것 같기도 해 보는 이들이 놀라고 괴이하게 여겼다. —『선조수정실록』 선조 10년 (1577년) 10월 1일(갑신)

1길[丈]은 10자[尺]이다. 길이나 자는 옛날 길이의 단위이지만 동양 천문학에서는 각도의 단위로도 쓰였다. 1자란 각도는 현대 천문학의 단위로는 1~2°로 알려져 있다. 따라서 1577년 혜성의 꼬리는 전 하늘에 뻗어 있을 정도로 굉장히 컸음을 알 수 있다. 그럼에도 불구하고 『조선왕조실록』에 1577년 혜성이 간단히 기록된 까닭은, 1592년 임진왜란 때 서울의 세 궁궐들과 관청들이 모두 불탔을 때 당시의 역사 기록이 불타 버렸기 때문이다. 그래서 임진왜란이 끝나고 『선조실록』을 편찬할 때는 그나마 남아 있던 개인의 문집과 일기 등을 최대한 모아서 활용했다. 예를 들어 서애(西厓) 류성룡(柳成龍, 1542~1607년)이 날마다 책력에 메모를 남겨 둔 것이 있어 그 책력들을 빌려다가 실록 작성에 활용하기도 했다.

그렇다면 개인의 문집이나 일기 등에는 더 자세한 기록이 남아 있을 수도 있을 것이다. 인터넷이 발전한 지금은 한국고전번역원에서 제공하는 '한국 고전 종합 데이터 베이스'를 활용해 매우 쉽게 찾아볼 수 있다. 그렇게 찾은 기록들 가운데 다음과 같은 기록이 있다.

정축년(1577년, 선조 10년) 음력 9월 30일에 혜성이 서쪽에 나타났는데 빛살이 동쪽을 향했으며 길이는 수십 길에 이르렀다. 혹은 안개 기운과 비슷하고 크기는 볏단만 했으며 푸르스름한 흰색이었는데, 천문학자들은 이것을 가리켜 치우기(蚩尤旗)라 했다. 12월에 이르러 발산하는 빛이 점점 줄어들어 보름 뒤에는 겨우 조금만 남아 있었다.

이 기록은 우계(牛溪) 성혼(成渾, 1535~1598년) 선생의 문집인 『우계집』의 「잡기(雜記)」 부분에 들어 있다. 여기에 나오는 치우기라는 것은 중국의 고대 전설에 등장하는 치우의 무덤에서 깃발을 닮은 자줏빛 기운이 나오더라는 고사에서 유래한 천체로서, 혜성 중에서 꼬리가 마치 깃발을 펼친 것과도 같이 넓고 크게 휘어져 있는 것을 말한다.

이 이야기도 역시 나에게는 남의 이야기 같지 않다. 나는 우계 선생에 대해서는 어려서부터 알고 있었거니와, 나의 15대조이신 풍애(風崖) 안민학(安敏學, 1542~1601년) 선생과는 호형호제하며 마치 형제처럼 지냈다고 한다. 그 우정은 사실 아버지 대부터 시작된 것으로, 우계 선생의 아버지인 청송(聽松) 성수침(成守琛, 1493~1564년) 선생과 풍애 선생의 아버지인 설천(雪泉) 안담(安曇, ?~1564년) 선생이 형제처럼 지냈다고 한다. 또한 그들은 서울의 순화방(順和坊), 현재의 서울시 종로구 청운동 경기상업고등학교 근처에 서로 이웃해 살았으며, 풍애 선생이 어렸을 때 우계 선생의 할머니가 풍애 선생을 마치 친손자처럼 아꼈다고 한다. 이러한 내용은 모두 『우계집』에 실려 있는 우계 선생이 풍애 선생에게 준 편지에 적혀 있는 내용이다.

한편 우계 선생은 율곡(栗谷) 이이(李珥, 1536~1584년) 선생과 절친한 사이였다고 한다. 우계 선생이 열 살 때 내려간 경기도 파평면 늘노리는 율곡 선생의 본가인 율곡리(대율리)와 이웃 마을이다. 역사 서술에서는 대부분

이러한 세세한 사실들은 다루어지지 않기 일쑤다.

율곡 선생은 5천 원권 지폐의 모델이고 어머니인 신사임당은 5만 원권의 모델일 정도로 모두에게 친숙한 인물이기는 하지만, 보통의 한국 사람들에게 율곡의 대표적인 저서가 무엇이냐고 물으면 답을 못하는 사람이 대부분일 것이다. 더군다나 그를 고리타분하고 보수적인 인물이라고들 착각을 하고 있을 터이나, 그는 사실 진보적인 지식인이었다. 율곡 선생의 철학적 배경은 『성학집요(聖學輯要)』에 적혀 있고, 정치 개혁 방안은 『동호문답(東湖問答)』과 『만언소(萬言疏)』에 담겨 있다. 율곡 선생의 일대기를 기록한 『율곡행장(栗谷行狀)』은 사계(沙溪) 김장생(金長生, 1548~1631년) 선생이 지은 행장이 있어 읽기 좋다. 『조선왕조실록』 가운데 『선조수정실록』 선조 17년(1584년) 음력 1월 1일 조에 율곡 선생의 졸기가 있는데, 이 글도 상당히 잘 쓴 글이다. 율곡 선생은 향년 49세의 젊은 나이로 갑자기 세상을 떠났는데, 평소에 그가 건의했던 각종 정책들이 당쟁에 휘말려 하나도 실현이 되지 못하고 이리저리 표류하는 와중에 화병이 들고, 설상가상으로 여진족인 니탕개의 난이 일어나자 병조판서로서 이에 대처하느라 과로가 겹쳐 별세한 게 아닌가 생각된다. 그의 제도는 당대에는 받아들여지지 않았지만 그의 뒤를 이은 현명한 재상들의 노력으로 빛을 보게 되어 마침내 백성들을 구제할 수 있었다.

원전을 읽어 보면 그동안 잘못 알고 있었던 것들이 많이 있다는 사실을 나는 여러 차례 발견했다. 그래서 고전 작품들은 직접 읽어야 하고, 되도록이면 원전을 찾아서 읽는 것이 좋다. 나는 튀코 브라헤나 요한네스 케플러가 나와 무슨 관련이 있겠는가 생각했다. 그러나 소현세자와 아담 샬을 통해 그들은 나와 관련이 있었다. 이 책을 읽는 분들도 우리 역사가 남의 이야기가 아닌 바로 나의 이야기임을 느낄 수 있기를 바란다.

3장

『천변등록』을 찾아서

서운관 또는 관상감

전근대 시대에 동아시아에서는 천문학이 정치적으로 중요한 의미를 갖고 있었다. 그것은 고대 중국 문명에서 이상적인 군주로 여겼던 요임금과 순임금이 천문학으로 우주의 질서를 바로세워서 나라를 다스리는 기본 바탕으로 삼았다는 『서경(書經)』의 대목에서 기인한다. 즉 『서경』의 「요전(堯典)」에는 "요임금이 희씨(羲氏)와 화씨(和氏)라는 두 신하들을 시켜 하늘을 공경해 일월성신을 본따 인간 세상의 시간을 공손히 받들었다."라고 적혀있고, 「순전(舜典)」에는 "순임금이 선기옥형(璇璣玉衡)을 만들어 그것으로써 칠정(七政)[11]을 가지런하게 했다."라고 되어 있기 때문이다. 이에 따라 동아시아의 전근대 국가들은 천문 관측을 임금의 의무로 규정했으며, 그리하여 왕실 천문대가 일찍부터 설치되었다.

한반도와 만주에 반짝였던 한국사의 왕조들도 마찬가지로 이를 본받아 일찍부터 왕실 천문대를 설치했다. 『삼국사기』에는 고구려·백제·신라가 모두 건국 초기부터 천문 현상을 관측한 결과를 기록으로 남기고 있음이 이를 말해 준다. 왕실 천문대에서 일하거나 왕의 측근에서 일하던 천문학자들을 일관(日官) 또는 일자(日者)라고 불렀으며, 특히 백제에는 일관부(日官部)라는 천문 관측을 맡은 정부 부서가 있었다. 신라도 성덕왕 17년(718년)에 누각(물시계)을 만들고 누각전이라는 관청을 설치했고 경덕왕 8년(749년)에는 천문박사 1인과 누각박사 6인을 두었다.

고려 시대에도 국초부터 천문학 관련 업무는 태복감과 태사국이 나누어 맡았다가 고려 충선왕 1년인 1308년 음력 6월 천문과 관련된 기관을 하나로 통합해 서운관(書雲觀)을 설립했다. 1818년 조선 관상감의 천문학자 성주덕(成周悳)이 지은 『서운관지(書雲觀志)』에 따르면, 서운관이라는 이름은 『좌전(左傳)』에 나오는 "춘분·추분·하지·동지·입춘·입하·입추·입동 등의 절기에는 반드시 운물(雲物)을 기록한다[書]."라는 글귀에서 서(書)와 운(雲)이라는 글자를 따온 것이라고 한다. 조선 초기에는 고려의 제도를 이어받아 약간 확대해 서운관이라는 왕실 천문대를 운영하다가, 세종대에 이르러 다른 많은 분야와 마찬가지로 천문학을 대대적으로 육성해 서운관 천문학자들이 간의대라는 관측소에서 천문을 관측했다. 1466년 정월 대보름에 세조는 서운관의 이름을 관상감으로 바꾸었으나, 이후에도 관상감은 운관(雲觀)이라는 별칭으로 불리며 서운관이라는 이름이 잊히지 않았다. 한때 연산군의 분별없는 정책 때문에 관상감이 사력서(司曆署)가 되어 책력 만드는 일만 하게 된 적도 있지만, 중종반정 이후 다시 관상감으로 되돌려져, 1907년에 일제에 의해 명맥이 끊어지기 전까지 무려 약 600년 동안 지속되었다.

영국에는 왕실 천문대인 그리니치 천문대가 있고, 국왕에게 천문학을 비롯한 과학에 대해 자문하는 왕실 천문학자가 있다. 1675년에 제1대 왕실 천문학자로 임명된 천문학자는 존 플램스티드(John Flamsteed, 1646~1719년)이다. 그는 최초로 망원경을 사용해 별들의 위치를 측정해 1725년에 『히스토리아 첼레스티스 브리타니카』[12]라는 별 목록을 출간했다. 제2대 왕실 천문학자는 '핼리 혜성'으로 유명한 에드먼드 핼리(Edmund Haley, 1656~1742년)이다. 제3대 왕실 천문학자는 광행차와 지구 자전축의 장동 현상을 알아낸 제임스 브래들리(James Bradley, 1693~1762년)이다. 이와 같은 훌륭한 천문학자들을 왕실 천문학자로 고용했던 영국이지만 그 역사는 350년 정도이다.

조선 시대 관상감의 업무는 세 가지로 나뉜다. 천문학에 속한 관원들은 천문 관측과 책력 작성을 담당했으며, 풍수학에 속한 관원들은 풍수지리학자들로서 묏자리나 집터를 잡는 일을 했고, 명과학에서 속한 관원들은 길흉을 점쳐서 국가 행사의 날짜를 잡았다. 이러한 일들은 오늘날의 과학과는 거리가 멀어 보일 수도 있지만, 자연을 관찰하고 미래를 예측하려는 인간의 노력이 현대 과학의 뿌리가 되었다는 점에서 그 의미가 이해될 수 있을 것이다. 동양에서는 시간을 측정하고 책력을 제작해 백성들에게 알리고, 또한 그해에 일어날 일식과 월식을 미리 계산해서 민심의 동요를 막고 왕권의 안정을 기했다. 세종대왕 이전에는 중국에서 받아 온 책력을 사용했으나, 세종과 천문학자들은 각고의 노력 끝에, 이를 서울을 기준으로 책력을 계산할 수 있게 하고 일식과 월식의 계산 과정을 약간 편리하게 하여, 『칠정산(七政算)』이라는 역법을 이룩했다. 또 흠경각루(옥루), 보루각루(자격루), 앙부일구, 현주일구, 천평일구, 정남일구, 일성정시의 등을 만들어 나라의 시간 체계를 정비했다. 임진왜란과 병자호란 이후에는 중국식 역법보다 더욱 정확한 서양의 역법과 자명종이라 부르던 기계 시계와 같은 새로운 문물이 들어왔다. 이러한 신학문을 연구해 시헌력을 시행하고, 서양식 추시계와 혼천의를 결합한 혼천시계를 창안해 낸 것도 관상감 천문학자들의 노력의 결실이었다.

조선 서운관의 의의는 천문 관측을 맡아본 관청이 600년이나 안정적으로 지속되었다는 데에만 있지 않다. 서운관(또는 관상감)의 천문학자들이 남긴 가장 귀중한 유산은 바로 『조선왕조실록』, 『승정원일기』, 『천변등록』 등에 남아 있는, 세계적으로 유례를 찾아볼 수 없이 방대하고 꾸준한 천문 관측 자료들이다. 조선의 천문학자들은 어떻게 이러한 천문 관측 자료를 남길 수 있었을까?

성주덕의 『서운관지』에는 서운관, 즉 관상감에 대한 모든 것이 정리되어 있다. 그 가운데 천문 관측법을 소개한 내용에 따르면, 평상시에는 세 명의 천문학자들을 한 조로 상번, 중번, 하번으로 한 사람씩 정해 두고, 미리 정해 둔 순서에 따라 사흘마다 번갈아 하늘을 관찰했다. 상번은 관상감정(觀象監正)과 부정(副正)이 맡고, 중번은 종3품 당하관에서 6품까지의 품계를 가진 중간 품계의 천문학자들이, 그리고 하번은 7품 이하의 낮은 품계를 가진 천문학자들로 구성되었다.

표 3-1. 관상감 천문학자들의 관측 순번

일출			일몰							일출
	←낮→		초혼*	←밤→					매상*	
	오전	오후		1경	2경	3경	4경	5경		
첫날	하	중		하		상		중		
가운뎃날	상	하		중		상	하			
끝날	하	중		하	상		중			

* 초혼(初昏)은 초어스름을, 매상(昧爽)은 먼동 틀 무렵을 뜻한다.

천문학자들이 밤낮으로 관측한 천문 현상과 기상 현상들은 보고서로 작성되어 날마다 국왕과 조정에 보고되었다. 보고서의 양식도 『서운관지』에 제시되어 있다. 낮에 일어난 특이 현상은 그날 안으로 정리해 국왕에게 보고했고, 밤에 일어난 현상들은 국왕의 거처인 궁궐의 문이 열리기를 기다려 보고하게 되어 있었다. 이 보고서들은 측우기 측정 등 기상에 관한 것은 「풍운기(風雲記)」, 천문 현상에 관한 것은 「성변측후단자(星變測候單子)」라고 부른다. 이러한 단자(單子)를 국왕의 비서실에 해당하는 승정원과 세자의 교육 및 비서 업무를 맡아보는 시강원에 한 부씩 제출한다. 또한 간단한 보고서에 해당하는 소단자(小單子)를 4부 작성하여, 승정원과 승정원의 주서(注書)[13]가 있는 곳에 한 부씩 보내며, 시강원과 규장각에 한 부씩을 보냈다. 또한 새벽에 세 정승들과 관상감 제조 두 명, 관상감의 당상관 중에서 가장 품계가 높은 사람, 그리고 관상감의 천문학자들 중에서 가장 경력이 많은 선임 관원에게 각 한 부씩 미리 발송했다.

여러 천문 현상들 중에서 특히 흰 무지개가 해를 뚫음(백홍관일), 흰 무지개가 달을 뚫음(백홍관월), 지진, 객성, 혜성, 패성, 치우기, 영두성(낮에 별똥이 보이는 것)은 아주 중대한 의미를 갖는 일급 천변으로 정해 두었다. 그래서 그것들은 발견되는 즉시, 낮에는 말로 보고하고 밤에는 문틈으로 보고서를 넣어 (파수병으로 하여금) 국왕에게 보고하게 되어 있었다.

또한 매년 1월과 7월의 상순에 각각 지난 6개월 동안에 일어난 천문 기상 현상들을 모두 정리해 역사 기록을 맡은 춘추관에 보고했다. 이때 「성변측후단자」들에서 뽑아서 베낀 관측 자료집을 『천변초출기(天變抄出記)』 또는 『천변초출』이라고 한다. 또한 일정한 기간 동안 계속된 천문 현상은 「성변측후단자」들을 베껴서 모아 『천변등록(天變謄錄)』이라는 책으로 만들었다. 그 천변의 종류에 따라 『혜성등록』, 『객성등록』, 『성변등록』 등으로 불렀다.

이렇게 보고된 내용들은 『승정원일기』에 기록되며, 춘추관의 사관들에 의해 사초로 기록되었다가 나중에 『조선왕조실록』에도 수록되었다. 그래서 오늘날까지 잘 보존되어 유네스코 세계 기록 문화 유산으로 오른 『승정원일기』와 『조선왕조실록』에 그 많은 천문 관측 기록이 남게 되었던 것이다. 이러한 천문 관측 기록은 현대의 천문학자들에게 수백 년에 걸친 천문 현상을 연구할 수 있는 기회를 주니 가히 관측 자료의 보물 창고라 할 수 있다.

한국의 천문 관측 기록들

한국의 역사는 고조선부터 시작하나 믿을 만한 고조선의 역사서는 남아 있지 않다. 그 이후인 삼국 시대의 역사서로는, 백제는 근초고왕 때인 서기 375년 고흥이 『서기(書記)』를 저술했고, 신라는 진흥왕 때인 584년 거칠부가 『국사(國史)』를 편찬했으며, 고구려는 국초부터 전해오던 『유기(留記)』 100권을 정리해 영양왕 때인 600년에 태학박사 이문진이 『신집(新集)』 5권을 편찬했다. 신라 후기의 김대문은 『화랑세기』[14], 『계림잡전』, 『고승전』, 『한산기』, 『악본』 등의 역사서들을 저술했다. 한편, 통일 신라 시대에 저술된 또 다른 역사서는 최치원의 『제왕연대력』이 있었다.

이와 같이 통일 신라 시대에도 관찬 및 사찬 사서가 다수 존재했음을 알 수 있다. 그러나 삼국 시대의 거의 모든 역사서는 현재 전해지지 못하고, 다만 고려 인종 때인 12세기에 김부식등이 저술한 『삼국사기』와 고려 충렬왕 때인 13세기 승려 일연이 저술한 『삼국유사』에 정리되어 지금까지 전해지고 있다. 『삼국사기』와 『삼국유사』에 인용된 역사서들을 보면, 그 전에 『구삼국사(舊三國史)』, 『삼한고기(三韓古記)』, 『해동고기(海東古記)』, 『신라고사(新羅古史)』 등의 역사서들이 이미 존재하고 있었음을 알 수 있다. 이 사서들은 대개 삼국 시대와 통일 신라 시대에 저술된 것들이다. 특히 『구삼국사』는 1193년(고려 명종 23년)에 이규보가 고구려의 건국자인 주몽에 대한 서사시인 「동명왕편」을 지으면서 "『구삼국사』의 「동명왕본기」에는 동명왕의 일이 자세히 기록되어 있는데, 김부식이 『삼국사기』에 자못 간략하게 정리하고 말았다."라고 아쉬워하고 있다. 즉 김부식 이전에 『구삼국사』라는 사서가 저술되어 적어도 1193년까지는 존재하고 있었다는 말이다.

고려는 초기부터 사관을 두고 역사를 편찬했다. 그러나 현종 원년(1010년)에 거란의 침입으로 개경이 함락되고 고려의 법궁인 만월대가 불에 탈 때, 국왕의 도서관인 연경궁도 불탔다. 그 안에 두었던 역대의 역사책들이 다 불타 버렸다. 현종 4년에 이부상서 참지정사 최항을 감수국사에, 예부상서 김심언을 수국사로, 예부시랑 주저와 내사사인 윤징고와 시어사 황주량과 우습유 최충을 모두 수찬관에 임명했다. 『고려사』 「황주량전」에 따르면, 황주량이 나이든 사람들에게 역사를 묻고 흩어진 사료를 모아서 고려 초기 일곱 국왕들의 실록인 『칠대실록』 36권을 완성했다고 한다. 그러나 이미 많은 사료가 불에 타 사라진 뒤라서 이 『칠대실록』은 이후에 저술된 실록들에 비해 엉성할 수밖에 없었을 것이다. 1010년 이전의 『고려사』 천문 관측 기록이 상당히 부실한 까닭이 바로 여기에 있다.

『고려실록』은 처음에는 궁궐 안의 사고(史庫)에 보관했다. 고려 인종 때 일어난 이자겸의 난 때 불탈 뻔하기도 했다. 1227년에 『명종실록』을 찬수할 때, 이전의 실록들까지 한 부씩 더 만들어 합천의 해인사에 보관하게 하니, 개경에 있는 것은 내사고라고 부르고 해인사는 외사고가 되었다. 내

사고의 『고려실록』은 몽골의 침입으로 강화도로 옮겨졌다가 다시 개경으로 돌아왔으나, 고려 시대 말기에 홍건적의 침입으로 불에 타서 크게 손실을 입었다. 외사고의 『고려실록』은 몽골군의 침입을 피해 남해 창선도로 갔다가, 왜구를 피해 진도로 갔다가, 다시 합천 해인사와 선산의 득익사(得益寺), 예천의 보문사(普門寺)를 거쳐 충주의 개천사(開天寺)로 옮겨졌고, 잠시 죽산의 칠장사(七長寺)로 옮겨졌다가, 마지막으로 충주의 개천사로 되돌아갔다.

조선 초기에 정도전 이후로 『고려사』를 찬수하려고 했으나, 집필 방식과 서술 방식에 견해 차이가 많이 있어 완성을 못했다. 세종대왕이 이 사업을 이어받으니, 여러 신하들의 의견을 물어 가며 여러 차례 고치게 해 마침내 일을 마무리하려는 무렵, 세종대왕이 승하하고 결국 최종적으로 문종 1년 1451년 음력 8월 25일에 완성되었다. 세종대왕이 『고려사』를 찬수하는 학자들에게 요구한 기본적인 집필 원칙이 『세종실록』에 나와 있다. 몽골에게 항복하기 전에 고려에서 사용된 황제국에 준하는 모든 제도와 용어를 그대로 두고 고치지 말 것과, 정사(正史)에 기록된 천변과 지괴 현상들을 삭제하지 말라는 지침을 내린 것이다. 세종의 자주성과 합리성이 나타나는 대목이다. 덕분에 『고려사』의 「세가」, 「천문지」, 「오행지」, 「역지」 등에는 수많은 천문 관측 기록이 날짜까지 상세하게 기록될 수 있었던 것이다.

세종대왕 때 『고려사』를 찬수하기 위해 개천사에 소장되어 있던 『고려실록』을 가져다 서울의 경복궁 안에 있던 춘추관 내의 사고에 보관했다. 춘추관 사고에 보관되어 있던 『고려실록』은, 불행하게도 임진왜란 때 경복궁이 불탈 때 잿더미가 되고 말았다.

도성의 궁궐과 관청에 불이 났다. 임금의 가마가 떠나려 할 즈음, 도성 안의 간악한 백성이 먼저 (국왕의 보물 창고인) 내탕고(內帑庫)에 들어가 보물을 다투어 가졌는데, 이윽고 임금의 가마가 떠나자 폭동이 크게 일어나 먼저 장례원(掌隷院)과 형조(刑曹)를 불태웠다. 이는 두 곳의 관청에 공노비와 사노비들의 문적(文籍)이 있기 때문이었다. 그러고는 마침내 궁성의 창고를 크게 노략질하고 불을 질러 흔적을 없앴다. 경복궁 · 창덕궁 · 창경궁의 세 궁궐이 일시에 모두 타 버렸는데, 창경궁은 바로 순회 세자빈의 찬궁(欑宮)[15]이 있는 곳이었다. 역대의 보물들과 문무루(文武樓) · 홍문관에 간직해 둔 서적, 춘추관의 역대 실록, 다른 창고에 보관된 전조(前朝)의 사초(史草)(『고려사』를 수찬할 때의 원사료이다.)와 『승정원일기』가 모두 남김없이 타 버렸고 내외 창고와 각 관서에 보관된 것도 모두 도둑을 맞아 먼저 불탔다. —『선조수정실록』 선조25년(1592년 임진년) 4월 14일 계묘일

이 기록은 『선조수정실록』에 1592년 음력 4월 14일자로 적혀 있지만, 이 날짜는 일본군에게 부산성이 함락된 날짜일 뿐이다. 그 무렵의 사건들을 요약해서 이날로 몰아서 적어 놓은 것이다. 『선조실록』에 따르면, 선조가 몽진을 떠난 것은 음력 4월 30일 새벽이다. 그간에 벌어진 일들을 요약하면, 1592년(선조25년) 4월 13일에 일본군이 부산에 상륙했고, 이튿날 부산성이 함락되었다. 다음날 동래, 이어 김해와 밀양, 4월 25일에는 상주, 28일에는 충주가 잇달아 무너졌다. 조정의 신뢰를 한 몸에 받고 출전한 신립 장군이 충주에서 패전했다는 소식에 조정에서는 28일에 몽진할지를 상의했고, 다음날 광해군(光海君)을 세자로 책봉했으며, 4월 30일 새벽에 선조와 왕실, 그리고 조정 신료들은 빗속에서 창덕궁 인정전을 떠나 북쪽으로 몽진을 떠났던 것이다. 『선조수정실록』의 기록은 그 무렵에 폭도로

변한 백성들의 손에 의해 경복궁, 창덕궁, 창경궁이 모두 불에 탔다는 내용이다.

이때 불타 버린 서적들은 한국사의 가장 큰 손실들 가운데 하나다. 조선의 실록들은 네 군데 사고에 복본이 보관되어 있었으므로 춘추관 사고의 실록이 불타 버린 것은 나중에 복구가 가능했다. 그러나 『고려실록』과 조선 전기의 『승정원일기』가 불타 버린 것은 복구될 수 없을 뿐만이 아니라 그 자료의 가치를 고려해 볼 때 상당히 뼈아픈 일이 아닐 수 없다. 『고려실록』을 바탕으로 저술된 『고려사』와 『고려사절요』가 남아 있기는 하지만, 고려 시대 사람들 자신의 손으로 작성한 1차 사료가 사라졌으니 아까울 수밖에 없다.

원래 조선은 개국 초기부터 『승정원일기』를 작성해 보관하고 있었다. 그런데 임진왜란 때에 소실되어 현재는 1623년(인조 1년)부터 1894년(고종 31년)까지 270여 년간의 일기만이 존재한다. 또 1744년(영조 20년)에 승정원에 불이 나서 선조25년(1592년)부터 경종1년(1722년)까지 130년간의 『승정원일기』 1796권이 대부분 소실되었으나, 1746년(영조 22년)에 일기청(日記廳)을 설치하고 홍계희 등 45명에게 개수하도록 했다. 그러나 선조와 광해군 시대의 사료는 거의 소실되었으므로, 1623년(인조 1년)부터 1721년(경종 1년)까지의 일기만 개수하기로 결정하여, 1747년(영조 23년)에 548책의 개수를 완료했다. 지금 남아 있는 『승정원일기』의 내용을 보면, 임금과 신하들이 나눈 대화가 꼼꼼하게 수록되어 있고 신하들의 건의문과 임금의 교시 내용을 베껴 실어 두었으므로 실록보다 훨씬 자세하게 그 당시 사람들의 생각을 읽어 볼 수 있다. 선조 이전의 『승정원일기』도 그렇게 자세한 기록물이었을 것이므로, 불타 버린 조선 초기의 일기들은 그만큼 크게 아쉬울 수밖에 없다.

순암 선생의 수택본

조선 시대 최고의 사학자라면 순암 안정복(安鼎福, 1712~1791년) 선생을 꼽는다. 나와는 동성동본으로, 내가 아주 어렸을 때 족보를 넘겨보다가 이분을 알게 된 후로 역사에 관심을 갖게 된 동기가 되었다. 순암 선생은 가난해 책을 살 돈이 없었기에 수많은 책들을 스스로 베껴서 책을 만들었다. 물론 베끼는 가운데 공부도 많이 되었다. 선생은 경기도 광주의 텃골이라는 동네에서 살면서 역사 연구를 했다. 돌아가신 분들의 손때가 묻어 있는 책을 수택본(手澤本)이라고 한다. 특히 저명한 학자들이 보던 책에는 책 주인이 적어 놓은 메모가 있기 마련이다. 순암 선생은 소장하던 책이 상당히 많았는데, 직접 필사를 하거나 메모를 적어 놓은 책들이 지금은 규장각과 국립중앙도서관 등에 흩어져 보관되고 있다.

한국사의 기본적인 역사서들인 『삼국사기』, 『삼국유사』, 『고려사』도 모두 순암 선생의 수택본이 존재한다. 그러나 이 책들 중에서 『고려사』만 규장각에 남아 있고, 『삼국사기』와 『삼국유사』의 수택본들은 지금 일본 땅에 있다. 순암 선생이 직접 오자와 탈자를 교정하고 참고 사항을 두주(頭註)와 협주(夾註)로 써 두었으므로 이 책의 가치는 매우 높다고 할 수 있다.

이 책들을 일본으로 가져간 사람은 일제 시대에 활약한 일본인 역사학자 이마니시 류(今西龍)이다. 그는 한국사, 그중에서도 특히 고대사를 전공했는데, 신라의 김춘추(金春秋)를 너무 좋아한 나머지 아들 이름을 슌슈(春秋)라고 지었을 정도였다. 그가 1916년에 서울에서 구한 순암 수택본 『삼국사기』 권32~44와 『삼국유사』 5권 전질을, 그의 아들이 1960년에 일본 덴리 대학(天理大學)에 기증하여, 현재 그 대학 도서관에 소장되어 있다. 「今西龍」, 「今西文庫」, 「今西春秋」, 「今西春

秋圖書」,「天理圖書館藏」,「昭和35年3月31日 寄贈天理大學」 등의 도장이 덕지덕지 찍혀 있는 채로 말이다.

순암 안정복 선생의 대표적 저술들 가운데 하나가 『동사강목(東史綱目)』이다. 순암 선생이 직접 부분 가필하고 당신의 인장을 찍어 놓은 이 책의 수택본이 연세 대학교 국학자료실에 소장 되어 있는 것으로 알려져 있다. 그런데 일본 도쿄에 있는 도요분코(東洋文庫)에는 순암 선생 자필본이 소장되어 있다고 한다.

문무루에서 책 읽다

점필재 김종직(金宗直, 1431~1492년)의 문집에 「문무루에서 책 읽다」라는 시가 있다. 거기에 덧붙여 놓은 짧은 설명문에 따르면, "경복궁의 근정전의 좌우에 2층 누각이 있으니, 동쪽은 융문루(隆文樓)라 하고 서쪽은 융무루(隆武樓)라고 한다. 봉화백(奉化伯) 정도전(鄭道傳)이 지은 이름이다. 세종대왕 시대부터 왕실 도서들을 여기에 갈무리하라 명하시고, 전교서(예문관에 딸려 있으며 축문과 경적의 일을 맡아 보던 관청)로 하여금 출납을 맡도록 했다."라고 했다.

문무루에서 책 읽다

점필재 김종직

우뚝한 문무루 동서로 마주하고
사다리에 발붙이고 쉬는데 문득 날아가는 새의 등이 보이네.
근정전만큼 높아 종남산을 누르고

누각 모서리는 부시[1]에 비치고 양마[2]는 구름 피어나네.

규모와 제도가 참으로 귀신같아서 이루[3]의 눈도 어둡다 하겠네.

삼황과 오제의 책들을 모아 그 안을 채우니

신비로운 빛이 규와 벽[4]에 속하여 밤마다 어둡지 않도다.

하늘에서 서늘한 바람 불어와 운향초[5] 소리 버석거리니

좀벌레들이 견디어 내지 못해 귀신의 기침 소리를 들은 듯하네.

또 불기운과 떨어뜨려 놓음은 오래 보존하려는 뜻이로다.

해와 달이 절로 하늘을 운행해 문무의 도가 사라지지 않으니

나라의 기초가 더욱 멀리 이어지리니 어느 왕이 짝하리오.

미천한 신하가 비서직에 끼어서 촌스러운 모습 창피한데

책 보러 매양 오르내리니 황홀하기가 구름 위를 노니는 듯하나

부끄러운 건 왕충(王充)같은 재주[6]가 없어 헛되이 정신만 어지럽구나.

---

1) 부시(罘罳), 궁궐의 문 바깥에 두른 담에 낸 창문.

2) 양마(陽馬), 궁전의 네 모퉁이에 나온 짧은 서까래를 떠받치는 나무.

3) 이루(離婁), 고대 중국의 전설상의 임금인 황제(皇帝)의 신하로 눈이 밝기로 유명함.

4) 규(奎)와 벽(壁), 이십팔수 별자리들. 규는 하늘나라의 문장을 맡고, 벽은 하늘나라의 도서를 맡음.

5) 운향초(芸香草), 향기가 짙은 풀의 하나로 그 향기로 책벌레를 쫓는다.

6) 후한의 학자 왕충(王充)은 집이 가난해 책 살 돈이 없으므로, 서점에 가서 눈으로 죽 한번 훑어보고 모든 책의 내용을 외워 버렸다고 한다.

조선은 전쟁을 벌이지 않고 왕조 교체를 이룩한 경우이므로 조선 왕실은 고려 왕실에 전해 내려오던 진귀한 보물과 책들을 그대로 물려받았을 것이다. 임진왜란 때 궁궐과 함께 불타 버린 '역대의 보물과 문무루·홍문관에 간직해 둔 서적'에 분명히 고려 시대의 진귀한 보물들과 서적들이 포함되어 있었을 것이다. 그런데 103쪽의 기록에 따르면, 불이 나기 전에 백성들이 먼저 창고들을 약탈했다고 적혀 있다. 이때 도둑맞은 물건들은 어딘가에 남아 있어야 한다.

홍문관은 승정원, 예문관, 춘추관, 서운관 등과 함께 궐내각사에 속해 경복궁의 서쪽 문인 영추문 안, 즉 오늘날의 국립고궁박물관과 그 북쪽 일대에 있었다. 홍문관은 예조에 속한 관청으로서, 사헌부·사간원과 더불어 삼사(三司)의 하나로 옥당(玉堂)이라는 별명으로도 불렸다. 홍문관에서는 왕실 서고에 보관된 도서를 관리하고 문장과 학문에 관계된 일을 담당하며 임금의 자문에 응했다.

홍문관의 유래를 거슬러 올라가면, 고려 성종 14년(994년)에 숭문관을 고쳐서 홍문관이라 칭하고 학식이 뛰어난 문신을 택해 학사로 삼고 도서의 출납을 맡아보게 한 일이 있다. 고려 시대에는 국가의 경적과 축문을 관장하는 내서성이라는 관청도 있었다. 그 이름을 내서성, 비서성, 비서사, 비서감, 전교서, 전교사 등으로 잇달아 바꾸었지만 하는 일은 변하지 않았다. 또한 궁궐 내에 도서를 보관하는 도서관들도 갖추고 있었다. 문덕전, 수문전, 어서방, 어서각, 비서각, 비각, 보문각, 보문서 등이 그것들이다. 특히 보문각은 도서를 보관함은 물론이고 학사들이 모여서 강론하기도 했다. 고려는 고구려를 계승한다는 의미로 평양을 서경(西京)이라 부르며 제2의 수도로 삼고 각종 관청을 두고 국왕이 1년에 한 계절 정도를 머물렀다. 성종 9년(990년)에는 평양에 수서원(修書院)을 설치했는데, 거기에 많은 도서가 소장되어 있었던 것으로 알려져 있다. 국왕의 전용 도서관도 있었다. 자신전은 경덕전을 거쳐 연영전으로 이름이 바뀌었는데, 이자겸의 난으로 소실된 후 인종 16년(1038년)에 새로운 궁궐이 완성되자 집현전이라 부르게 되었다. 특히 연영전은 고려 숙종 때의 대표적인 도서관으로 왕이 친히 장서를 열람하고 국정을 논의했다. 이 집현전은 조선 세종대왕 때에 크게 확대되어 세종 시대의 학술과 제도가 모두 여기서 창출되었다고 해도 과언이 아니다. 조선 세조는 집현전을 폐지하고 거기에 소장되어 있던 장서를 모두 예문관에 이관시켰는데, 이렇게 예문관에 소장됐던 장서는 성종 9년에 당시 장서 기관으로 유명무실했던 홍문관에 보내졌다.

홍문관은 무역을 통해 외국에서 사거나, 사본을 제작하거나, 납본 등의 방법으로 도서를 수집했다. 국내에서 구하지 못하는 서적은 호조에 구입을 요청해 중국에서 구입했다. 사본 제작이란 국왕의 하교 또는 홍문관의 건의로 국왕의 재가를 받아 어떤 책을 금속 활자나 목판으로 인쇄하는 것이다. 또한 교서관을 비롯한 관청에서 인쇄한 모든 서적은 반드시 홍문관에 1부씩 납부하도록 했다. 이것을 납본이라 한다. 홍문관에 소장된 장서는 수만 종에 달했는데 대부분이 고려 시대부터 전해 온 것들이었다. 따라서 임진왜란 때 문무루와 홍문관이 불탔다는 것은 그러한 귀중한 도서가 불타 버렸음을 뜻하는 것이다. 안타까운 일이 아닐 수 없다.

2011년 12월 6일에 일본 왕실의 도서관인 서릉부(書陵部)에 보관 중이던 우리나라 책 150종 1205책이 반환되었다. 한일 강제 병합 100주년을 맞아 일본측이 성의를 보인 것이다. 이때 반환 대상은 '일본이 통치하던 기간에 조선 총독부를 경유해 반출되어 일본 정부가 보관하고 있는 도서'로 한정되었다. 그런데 반환될 도서들을 확인하기 위해 한국 정부의 문화재청 전문가들이 서릉부에 소장되어 있던 서적들을 조사하는 과정에서 흥미로운 사실이 드러났다. 서릉부에 소장되어 있는 서적들 중에는 조선 초기의 '경연' 도장이 찍힌 이른바 '경연 도서'라는 것이 있었다. 경연은 조선 시대에 임금과 신하들이 고전을 탐구하면서 국정을 논했던 일종의 국왕이 주재하는 세미나였다. 이 경연에서 다루어진 서적에는 '경연'이라는 도장을 찍어 표시했던 것이다. 그런데 그중에서 『통전(通典)』이라는 책에는 고려 숙종(재위 1095~1105년)의 장서인이 찍혀 있고, 책 자체는 송나라에서 인쇄한 것이었다. 장서인이라는 것은 책 주인이 자신의 인장을 찍어 둔 것을 말한다. 즉 고려 시대에 송나라에서 수입되어 고려 숙종이 읽었던 고려 왕실 소유의 책이었는데, 조선 왕실로 전해져 조선 시대 경연에서도 읽었다는 뜻이다. 그런데 이 책에 찍혀 있는 다른 장서인들을 조사한 결과, 이 책은 1891년 이전부터 일본 정부가 보관하고 있던 것으로 확인됐다. 그래서 결과적으로 '일제 시대 조선 총독부를 거쳐 반출된' 도서가 아니므로 당시 반환 대상에서는 제외되었다. 그런데 이상한 일이 아닌가? 국왕이 경연에서 보던 책을 누가 감히 궁궐 밖으로 내왔으며, 이러한 책들이 도대체 누가 언제 어떻게 일본으로 가져간 것일까?

『천변등록』을 찾아서

비록 조선 후기인 1818년에 작성되기는 했지만, 『서운관지』에는 조선의 왕실 천문학자들이 어떻게 천문을 관찰하고 그것을 기록으로 남겼는지가 잘 서술되어 있다. 별똥, 달과 별의 접근 현상, 달과 행성의 접근 등은 수시로 일어나는 천문 현상이다. 혜성은 자주 나타나지는 않지만 상당히 오랜 동안 지속되는 천문 현상이다. 관상감의 천문학자들은 이러한 천문 현상들을 관측해 결과를 보고서로 작성하고 이를 베껴서 책으로 만들었다. 그 보고서는 「성변측후단자」, 책은 『천변등록』, 『성변등록』, 『객성등록』 등으로 부르지만 일반적으로 『천변등록』이라고 부른다. 날마다 밤낮으로 비가 오나 눈이 오나 하늘을 관측했으니, 상당히 많은 관측 보고서가 남아 있어야 할 것이다. 그러나 지금은 그 가운데 극히 일부만이 남아 있을 뿐이다.

이러한 관상감 천문학자들의 관측 기록을 처음으로 논문으로 소개한 사람은 일본인 기상학자인 와다 유지였다. 그 당시의 사정을 조금 되짚어 보면 이렇다. 1904년 2월 8일에 일본 해군은 요동 반도 끄트머리에 있는 뤼순에 기항 중이던 러시아 함대를 기습했다. 러일 전쟁이 터진 것이다. 러시아와의 전면전을 눈앞에 두고 있던 일본은 전투 수행을 위해 한반도 주변의 기상 자료가 필요했다. 그래서 목포(하의면 옥도), 부산, 인천, 용암포, 원산, 성진 등 여섯 곳에 임시 관측소를 세우고 기상 관측을 시작했다. 그중에서 1904년 4월에 인천 송학동에 일본 중앙 기상대 인천 제3 임시 관측소를 지어 기상 자료를 수집하기 시작했다. 이때 임시 관측소의 소장으로 부임한 사람이 바로 와다 유지였다.

1905년 1월 1일에는 당시 대한 제국 황실 소유였던 인천 응봉산에 인천 관측소를 신축해 이전했다. 1905년 러시아의 발틱 함대를 대한 해협에서 격파한 일본은 1905년 9월 5일 포츠머스 강화 조약으로 러일 전쟁을 마무리하고 조선 반도에서의 일본의 이익을 확정했다. 그러고 나서 바로 11월 17일에 조선과 소위 을사 보호 조약을 강제로 맺었다. 그 주요 내용은 대한 제국의 독자적인 외교권을 박탈하고 통감부를 설치해 대내외 정책에 대해 통감의 간섭을 받는다는 것이었다. 사실상의 국권 강탈이었다. 그러나 대한 제국이라는 겉모양새는 유지하고 있었다. 통감부의 초대 통감은 바로 이토 히로부미였다.

일제가 러일 전쟁에 대비해 조선에 세웠던 기상 관측 체계는 해안을 위주로 구성되어 있었다. 이를 보충하기 위해 일제는 1907년에 대한 제국으로 하여금 내륙인 평양(1월 1일), 대구(1월 7일), 서울에 측후소를 세우게 하고, 2월 1일에는 대한 제국 농상공부 관측소를 설립해 이들을 관장하는 것처럼 하다가, 결국 인천의 통감부 관측소에 운영을 위탁하도록 시켰다. 그런 다음 1907년 4월 1일에 인천에 있던 제3 임시 관측소를 통감부 관측소로 삼고 대한 제국 농상공부 관측소의 업무를 대행하게 했다. 이 모든 일은 대한 제국이 자주적으로 행한 정책이 아니라 일제 통감부에 의해 기획되고 실천된 일이었음은 일본 본국과 주한 일본 공사가 주고받은 전문으로도 확인된다. 이 통감부 관측소의 소장도 역시 와다 유지였다.

1907년 6월 25일에는 고종 황제가 헤이그 만국 평화 회의에 이준, 이위종, 이상설 등의 밀사를 파견했다. 그로 인해 일제는 고종을 강제로 퇴위시키고 순종을 즉위시켰다. 일제는 대한 제국과 정미칠조약을 맺고 내정 간섭을 보다 강력하게 추진하기 위해 차관 정치를 시작했다. 즉 대한 제국 정부의 모든 정책은 일본인 차관의 검열을 받았던 것이다. 관상감은 1894년 갑오개혁 때 학부 소속의 관상국이 되었다가, 1895년에 명성황후가 시해당한 후 성립한 김홍집 친일 내각이 을미개혁을 단행했을 때 학부의 관상소라는 작은 조직으로 축소되었다. 그 관상소마저 1907년 12월 13일에 폐지되었다. 이로써 600년에 걸친 관상감의 명맥이 끊어졌을 뿐만이 아니라, 주권 국가의 상징인 천문 관측과 책력 편찬이 중단되고 기상 관측은 일제의 손아귀로 떨어진 것이다.

일제는 독립 국가의 상징인 『명시력(明時曆)』이라는 대한 제국 공식 책력의 발행도 중단시켰다. 그러나 1908년도 책력을 준비할 겨를이 없었으므

그림 3-1. 관상감과 관상소의 인장들. 책력에 찍힌 인장으로 복원한 것이다. 맨 왼쪽에 세로로 된 세 글자는 관상감에서 발행한 『천세력』에 찍혀 있는 글자를 따온 것이며, 그 옆에 있는 인장은 시헌력에 찍혀 있는 관상감의 공식 인장이고, 맨 왼쪽에 있는 인장은 관상소의 인장이다. 그 둘레에 있는 글자들은 참고하기 위해 전서(篆書) 글자를 적어 놓은 것이다.

로 1908년은 『명시력』을 출간했다. 그래서 1908년 『명시력』이 조선의 마지막 공식 책력이 되었다. 또한 일제는 혼란을 막기 위해 역서 계산에 반드시 필요한 인력을 학부의 편집국에 남겨 두고, 을미개혁 이후 출간되어 오던 『대한광무OO력』을 계속 계산해 출간하도록 했다. 『대한광무OO력』은 독립 국가의 상징인 공식 책력이 아니라, 국민들의 생활 편의를 위한 간단한 달력이다. 그러나 그것도 잠시 『대한광무OO력』은 1910년도 것까지만 발행되었고, 한일강제병합이 되고 1911년도부터는 『조선민력』이라는 이름으로 출판했다. 이러한 책력의 계산을 위해 학부 편집국에 남겨 둔 조선 관상감의 최후의 천문학자 두 분이 바로 이돈수(1838~1920년)와 유한봉(1839~?년)이었다. 그러나 일제는 1911년 12월에 세키구치 리키치(關口鯉吉, 1886~1951년)를 인천의 조선 총독부 관측소에 촉탁으로 임명해 『조선민력』의 편찬을 맡겼으며, 1912년 4월 5일에 이돈수와 유한봉을 의원면직시켰다. 의원면직이라 함은 그 사람이 원해서 직을 그만두게 해 준다는 뜻이지만, 사실상 해고된 것이었다. 1912년도 『조선민력』이 관상감 천문학자들의 손을 거친 마지막 작품이 되고 만 것이다.

1910년 10월 1일 대한 제국은 일본 제국에 강제로 병합되었다. 이에 따라 인천의 대한 제국 농상공부 관측소는, 물론 대한 제국은 이름뿐이고 실제로는 일본인의 일본인을 위한 관측소였지만, 그 이름을 조선 총독부 관측소로 고치고 8곳의 측후소를 거느리게 된다. 또한 나중에는 만주에 설립된 측후소까지 거느리게 된다. 측후소의 소장은 여전히 와다 유지가 맡았다.

와다 유지가 1910년에 서울의 학부 관상소 창고에서 조선 천문학자들의 피땀이 서려 있는 「성변측후단자」와 『천변등록』과 「풍운기」를 수거해서 인천의 총독부관측소로 옮겼다. 그는 이 사실을 일본천문학회가 발행하는 월간지《천문월보(天文月報)》제9호에 「조선 고대의 혜성 관측기」라는 제목의 글로 밝혔다.(인용문에서 문단과 항목을 나타내는 기호는 필자가 임의로 넣은 것임.)

① 메이지 38년(1905년)의 3월 29일의 일이다. 나는 나카무라 중앙기상대 대장과 함께 경성(서울)의 관상소(觀象所)를 보았는데, 관상소는 경복궁의 영추문 밖 매동(오늘날의 서울시 종로구 통의동 매동초등학교)이라는 곳에 있었다. 소장은 종2품 가의대부 이돈수라는 60여 세의 선생이었고, 차석은 종1품 숭록대부 김덕영(金悳永)이라는 좀 젊은 선생이었다. 그때 보여 주신 것은 (1) 혼천의 2기와 측우기와 주척이었고, 그밖에 (2) 옛 책력의 판본이 수십 장이 아니라 산더미처럼 쌓여 있었던 것을 기억하고 있다. 또한 그때 (3) 「풍운기」라는 제목을 단 매일의 관측기가 9책이 있었다. 건양 원년(1896년, 일본 메이지 29년)에서 광무 9년(1905년, 일본 메이지 37년)까지 거의 갖춰져 있기에 빌려 돌아왔다.《기상집지(氣象集誌)》의 24년 8호의 부록으로 「경성 기상 일반(京城氣象一斑)」이라는 소책자로 쓴 것이 그것이다.

② 그런데 이번 한일 합방의 결과, 이 사무소(관상소)가 폐지됨에 따라, 앞서 말한 혼천의 등을 나의 사무소(즉 인천에 있었던 총독부관측소를 뜻함)에 인계해 달라고 교섭하기 시작했다. 그쪽에서도 인정은 했지만, 인계 목록에는 측우기, 주척, 「풍운기」가 누락되어 있었다. 이것은 이쪽에서 눈독을 들이고 있는 물품인데도 없다는 것은 괴이했다. 재차 삼차 문답한 결과, 아무리 찾아봐도 없으니 의심이 되면 창고 안을 뒤져 봐도 무방하다는 것이다.

③ 나는 드디어 (당시 경성 관측소(京城觀測所) 소장이었던) 히즈메(日詰)라는 기수(技手)에게 명해 창고 안을 구석구석 수색시켰으나, 아무리 해도 목적물은 볼 수 없다고 했다. 그런데 같은 사람의 전화에 따르면, 낡아서 좀먹은 종잇장들이 산을 이루고 있다고 했다. 나는 어떤 것이라도 불구하고 아무리 좀이 먹었어도 아무리 작은 조각이라도 모두 주워 모아서 인천으로 보내라고 대답했다. 주문한 대로 고지(古紙)와 기계와 편액 등이 이 무렵 도착했다. 그런데 고지도 고지 나름이지, 좀이 먹은 것도 먹은 것이지만, 빗물에 젖어서 반쪽도 없는 것에, 반은 부패해서 악취가 코를 찌르는 것, 손을 대기조차 싫을 정도였지만, 기왕에 운임을 들여서 얻은 것이기 때문에, 조금씩 골라서 검색하기 시작했다.

④ 그런데 놀란 것도 놀란 것이지만 참으로 기쁨의 눈물이 났다. 이것은 엄청나게 귀중한 발견이었다. 세계에서도 드물고 손을 꼽을 정도로 좋은 자료를 얻은 와중에, 나의 전문적인 입장에서 먼저 말한다면, (1) 건륭 8년(1743년)부터 가경(嘉慶), 도광(道光), 함풍(咸豐)까지의 100여 년을 넘는 『천변초출(天變抄出)』이라는 책이다. 뿐만 아니라, (2) 건륭 35년(1770년) 이래로는 서울의 강우량이 적혀 있었는데, 그 개월 수는 468개월분은 확실하게 읽어 볼 수 있는 것이다. 건륭 35년은 조선 영조 46년인데, 이해에 세종조의 제도를 다시 부흥해 전국

에 측우기를 배포한 것이 역사에 기록되어 있다. 그해에 제작된 (3) 측우기도 관측소에 보존되어 있다. (『한국관측소학술보문』 제1권에 서술했다.) 지금으로부터 140년 전의 강우량은 아마도 세계에서 조선 이외에는 결코 볼 것이 나오지 않을 것이라 생각한다.

⑤ 천문에 관해서도 꽤 재미있는 기사가 적지 않은데, 당시 직공 2명을 고용해 고지를 정리하랴, 배접을 하랴, 소독을 하랴 아주 바쁜 와중이었기 때문에, 여기서는 그 한 사례를 드는 데 그치려고 한다. 우선 『강희갑진년(康熙甲辰年) 천변등록(天變謄錄)』이라고 제목을 단, 세로 46센티미터, 가로 36센티미터의 장부로 종이가 41매인데 그중 4~5매는 읽기가 어려웠다. 표지의 안쪽 면에 "副奉事臣安, 副司直臣鄭, 前正臣宋, 兼教授臣朴"이라고 되어 있고, 또한 곳곳에 3촌 너비의 도장이 날인되어 있는 것을 볼 수 있었다. 당시 천변을 상주한 원고라고 생각되었다.(이하 생략)

매년 1월과 7월에 그 전 6개월 동안 관측해 작성한 「성변측후단자」에서 중요한 것들을 뽑아서 책으로 묶어서 역사 서술을 담당하는 춘추관에 제출한 것이 『천변초출』이다. 그림 3-2는 와다 유지가 1910년 일본천문학회가 발행한 《천문월보》 제3권 9호에 실은 것인데, 영조 19년(1743년)의 전반기 동안 관측된 천문 현상을 모아 놓은 『천변초출』의 제출문이다.

와다 유지의 글에는 또한 『강희갑진년 천변등록』이라는 책의 한 쪽의 「성변측후단자」 사진 한 장이 더 들어 있다. 강희 갑진년은 서기 1664년이니, 그림 3-3은 그해 말에 나타난 혜성의 하루치 관측 보고서이다. 최근에는 이 1664년 혜성의 관측 기록이 전부 수록되어 있는 『천변등록』이 일본에 있음이 알려졌다.

그림 3-2. 영조 19년(1743년) 상반기의 『천변초출』의 제출문. "계해년 봄과 여름 기간의 천변초출: 관상감은 천변의 일로 금번 계해년 봄과 여름 기간의 천변을 뽑아내 베껴서 보고하오니, 청하건대 시행을 살펴보시고 보고해 주시기 바랍니다."

와다 유지는 『국조보감』을 인용하여, 1664년의 대혜성이 나타나자 조선 시대 사람들이 어떤 반응을 보였는지를 설명했다. 『국조보감』은 조선 시대 역대 국왕들의 선정 내용을 실록에서 뽑아서 간결하게 편집한 책이다. 따라서 원문을 보려면 현종 5년의 『실록』에 수록되어 있는 기록을 찾아보면 된다. 『조선왕조실록』 현종 5년(1664년) 10월 12일자의 기록에 혜성이 나타났을 때 조선의 국왕과 조정이 어떤 대응을 하는지가 묘사되어 있다. 그 글은 상당히 길므로 같은 내용을 짧게 요약한 「현종대왕행장」을 인용한다.

> 11월 2일에 혜성이 진성(軫星)[16]에서 나오자, (전하께서는) 하교해 자신을 책하고 정전을 피해 거처했다. 대소의 신료들에게 명해 자기의 직분을 삼가고 부지런히 하며, 정사의 득실에 대해 자세히 진달하게 했다. 그리고 해당 관청들로 하

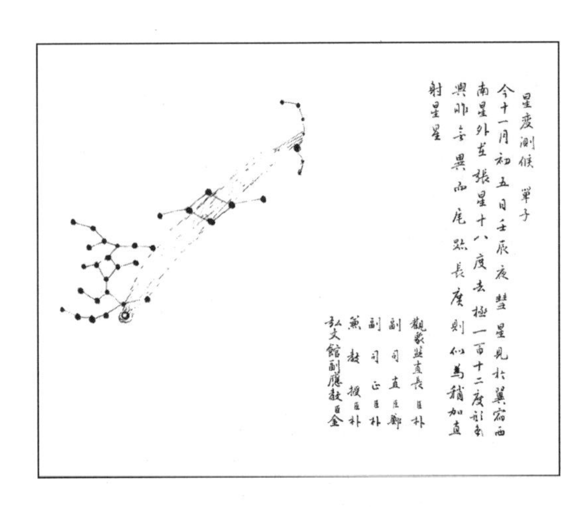

탈초	번역
星變測候單子	성변측후단자
今十一月初五日壬辰, 夜 三更, 彗星見於翼宿西南星外, 在張星十八度, 去極一百十二度. 形色與昨無異, 而尾跡長廣則似爲稍加, 直射星星.	오늘 11월 초5일 임진일 밤 3경에 혜성이 익수(翼宿)의 서남쪽 별 바깥에 나타났다. (입수도는) 장성(張星) 18도이고 거극도는 112도이었으며, 모양과 색깔은 어제와 다름이 없었으며, 꼬리의 자취와 길이와 폭은 약간 커진 것 같았는데, 성성(星星)을 곧바로 쏘는 듯했다.
觀象監直長 臣 朴 副司直 臣 鄭 副司正 臣 朴 兼教授 臣 朴 弘文館副應教 臣 金[萬基]	관상감직장 신 박 부사직 신 정 부사정 신 박 겸교수 신 박 홍문관부응교 신 김[만기]

그림 3-3. 1664년 음력 11월 5일의 「성변측후단자」. 성도 부분은 칼 루퍼스의 1936년 논문에도 실려 있다.(『관상감이 기록한 17세기 밤하늘』, 기상청.)

여금 수라의 가짓수를 줄이고 술을 금하는 등의 일을 거행하게 했다. 바람과 천둥의 변고로 인해 내사옥(內司獄)의 죄수를 방면하고 상의원(尙衣院)의 비단 짜는 일을 정지하게 했다.

천변이 일어났을 때 국왕이 신하들의 충고를 구하는 것을 구언(求言)이라고 한다. 또한 국왕이 스스로 반성해 모범을 보이는 의미로, 정전(正殿)을 피하고, 비단 옷을 금하고, 반찬 가짓수를 줄이는 감선(減膳)을 시행하며, 억울한 죄수가 있는지 살피는 일을 한다. 정전은 경복궁의 근정전, 창덕궁의 인정전과 같이 임금이 조신들의 참례를 받고 정령을 반포하며 외국의 사신들을 접견하는 전각을 말한다.

한편 이러한 중에 김익렴(金益廉)이 혜성의 변고로 인해 역대의 천변 기록을 편집해 『역대요성록(曆代妖星錄)』이라는 책을 지어 임금에게 바쳤다. 이 책은 현재 규장각에 소장되어 있다. 김익렴은 공자의 『춘추』와 그 주석서들, 주희의 『강목(綱目)』[17], 왕세정(王世貞)의 『강감(綱鑑)』[18], 『한서』「천문지」, 『진서』「천문지」, 『역대명신주의(歷代名臣奏議)』[19], 『황명기요(皇明紀要)』[20] 등에서 혜성이 나타난 직후 일어난 국가적 재난이나 왕조의 흥망성쇠 등에 대한 내용을 골라서 요약했고, 국왕이 이를 귀감으로 삼을 것을 충고하고 있다. 그중에서 나당연합군에 의해 고구려가 망하던 668년에 현대 별자리의 마차부자리에 나타났던 혜성에 대해서 잠시 알아보자.

『강감(綱鑑)』에 이른다. 당나라 고종(高宗) 무진년(668년) 총장 원년 4월에 혜성이 오차(五車)에 나타났다. (오차는 다섯 별이니, 오제(五帝)의 전차를 넣어 두는 차고이다. 필(畢)의 북쪽에 있으니 곧 천자의 오병(五兵)을 주관한다.) 『자치통감』에 따르면, 혜성이 나타나자, 임금이 정전을 피하고, 반찬 가짓수를 줄이고, 음악을 치웠다. 허경종(許敬宗) 등이 상주해 평상시로 되돌릴 것을 청하며 말하기를 "혜성이 동북쪽에 나타났으니, 이는 고려(즉 고구려)가 장차 멸망한 조짐입니다."라고 했다. 임금이 말하기를 "짐이 부덕해 하늘에 꾸지람이 하늘에 나타났다. 어찌 그 허물을 작은 오랑캐에게 돌릴 것인가? 또한 고려의 백성도 또한 짐의 백성이다." 라고 하고, 윤허하지 않았는데 (고구려가) 이윽고 멸망했다.

신(김익렴)이 삼가 상고해 봅니다. 고종이 비록 임금다운 말을 했으나, 광대 무씨(武氏)[21]를 궁중으로 들이고 이미 15년이나 된 후비들은 모조리 폐하여, 이미 당나라 왕실이 거의 망할 조짐이 이루어지니, 하늘이 혜성으로 꾸짖고 경고했는데도, 어째서 유독 곡진하게 했는데도 여전히 두려움을 몰랐던 것일까요? 그래서 옛사람들이 "(그럴듯한) 말은 믿기 쉽다."라고 말씀한 것입니다.

한편 1917년에 출간된 『조선고대관측기록조사보고』의 부록 2에는 「조선 고기록 중의 혜성」이라는 목록이 실려 있다. 이 목록은 인천의 조선 총독부 관측소에 근무하던 와다 유지와 세키구치 리키치 등의 일본인들이 조선의 『증보문헌비고』에 수록된 혜성 기록들을 조사해 그것을 『삼국사기』와 『고려사』를 근거로 교정한 것이다. 같은 책의 부록 1에 「성변측후단자」라는 제목의 글이 있다. 그림 3-4는 1664년 대혜성의 11월 10일자의 「성변측후단자」이다.

1912년 초에 『조선민력』을 계산할 임무를 띠고 와다 유지가 소장으로 있던 인천의 조선 총독부 관측소에 부임한 인물이 바로 세키구치 리키치이다. 그의 설명을 빌면 그는 와다 유지의 허락을 얻어 조선 시대의 혜성 기록에 대한 글을 일본천문학회의 월간지 《천문월보》 제10권 8호와 9호에 2회에 걸쳐 실었다. 여기서 세키구치는 특히 『천변등록』이나 『천변초출』과 같은 원본 관측 자료가 남아 있는, 1664년, 1668년, 1759년에 나타

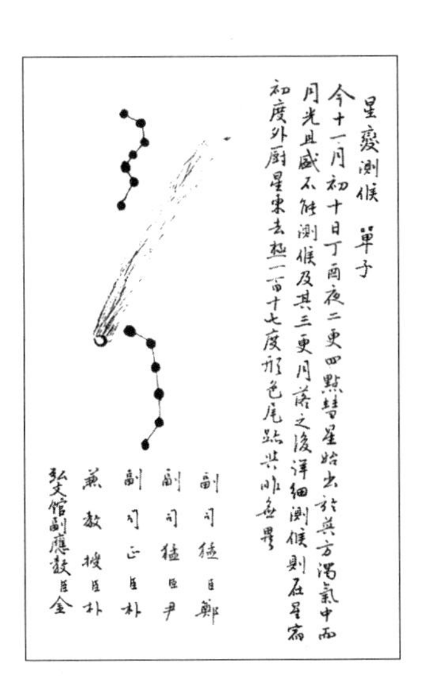
星變測候 單子
今十一月初十日丁酉夜二更四點彗星始出於巽方濁氣中而
月光且盛不能測候及其三更月落之後詳細測候則在星宿
初度外廚星東去極一百十七度形色尾跡與昨無異
副司猛臣鄭
副司猛臣尹
副司正臣朴
兼教授臣朴
弘文館副應教臣金

탈초	번역
星變測候單子	성변측후단자
今十一月初十日丁酉, 夜二更四點, 彗星始出於巽方濁氣中, 而月光且盛, 不能測候, 及其三更月落之後, 詳細測候, 則在星宿初度, 外廚星東, 去極一百十七度, 形色尾跡, 與昨無異.	11월 초 열흘 정유일 밤 2경 4점에, 혜성이 비로소 남동쪽의 탁한 대기 중에 나타났으나, 달빛이 또한 밝아서 측후할 수 없었다. 그 3경에 이르러 달이 진 다음에 자세하게 측후하니, 성수(星宿)[22]의 초도, 외주성(外廚星)[23]의 동쪽에 있었는데, 거극도[24]는 117도이고, 모양과 색깔과 꼬리는 어제와 다름이 없었다.
副司猛 臣 鄭 副司猛 臣 尹 副司正 臣 朴 兼教授 臣 朴 弘文館副應教 臣 金[萬基[25]]	부사맹 신 정 부사맹 신 윤 부사정 신 박 겸교수 신 박 홍문관부응교 신 김[만기]

그림 3-4. 1664년 음력 11월 10일의 「성변측후단자」. 1917년 발간된 『조선고대관측기록조사보고』의 부록 1에 실려 있다.(『관상감이 기록한 17세기 밤하늘』, 기상청)

난 혜성들에 관해서 자세히 다루었다. 그가 조사한 바에 따르면, 조선 시대에 나타난 혜성들은 모두 103개라고 한다. 그의 글에 실린 103개 혜성들의 목록에서 『천변등록』이나 『천변초출』을 바탕으로 한 것을 골라 보면, 『등록』은 8개, 『초출』은 4개가 있다. 이것이 와다 유지가 수습한 관상감 천문학자들의 관측 보고서의 전부가 아닌가 생각된다.

『천변등록』과 『천변초출』은 그 이후 어떻게 되었을까? 와다 유지의 손에 들어간 「성변측후단자」는 1910년 《천문월보》를 통해 소개되었다. 그 후인 1917년에 『조선고대관측조사기록보고』라는 제목의 보고서가 와다 유지가 소장으로 있었던 인천의 조선 총독부 관측소에서 출간되었고, 같은 해에 인천 조선 총독부관측소의 세키구치 리키치가 조선 시대의 혜성 기록에 대해 《천문월보》에 발표했는데, 여기서 『천변등록』, 『천변초출』의 자료를 간단히 분석해 소개했다. 와다 유지는 1915년에 인천관측소의 소장직을 사임하고 일본으로 귀국해 1918년 1월에 사망했다. 이 대목에서 우리가 궁금한 것은 과연 와다 유지가 그것을 일본으로 가져갔을까 하는 것이다.

일본 교토 제국 대학의 야마무라 기요시(山村清)는 1932년에 「조선에 의한 1664년 혜성 기록에 대하여」[37]라는 제목의 논문을 발표했다. 이 논문에는 『성변등록』에서 탈초한 45일치의 관측 자료가 실려 있다. 그는 이 자료가 세키구치가 1918년에 조선 총독부 『관측연보보문』에 발표한 논문에 실려 있다고 했다. 당시에 유럽은 이미 망원경을 사용해 혜성의 위치를 상당히 정밀하게 재고 있었기 때문에, 그러한 정밀한 측정값을 분석해 혜성의 궤도를 잘 계산해 낼 수 있었다. 야마무라의 논문은 조선의 관측 자료를 유럽의 관측 자료로 구한 혜성의 궤도와 간단히 비교해 본 것이다.

내가 볼 때 그의 논문은 그렇게 수준 높은 것은 아니다. 그런데 거기에

표 3-2. 와다 유지가 수습한 것으로 보이는 『천변등록』과 『천변초출』의 목록. 넷째 줄에서 '등'은 『천변등록』을 나타내고, '초'는 『천변초출』을 나타낸다. 위치는 그 혜성이 처음 관측된 위치를 별자리로 나타낸 것이다

번호	왕대	간지	출	첫 관측 (음력/양력)	정체	위치	지속 기간	유럽 첫 관측	발견자
1	현종 2	신축	등	1월 12일 임술[26]/ 1661. 02. 10	혜성	하고성(河鼓星)[27]		1661. 01. 26	메셍
2	현종 5	갑진	등	10월 9일 정묘/ 1664. 11. 26	혜성	진수(軫宿)의 동쪽 옆	3개월	1664. 12. 04	린델뢰프
3	현종 9	무신	등	1월 26일 을축/ 1668. 03. 08	백기	서쪽 하늘가	10일	1668. 02. 24 ~28	헨더슨
4	숙종 21[28]	을해	등	9월 7일 병술/ 1695. 11. 03	혜성	동쪽	15일	1695. 11. 09	부르크하르트
5	숙종 28	임오	등	2월 2일 갑인[29]/ 1702. 02. 28	백기	서쪽 하늘가	6일	1702. 02. 20 ~03. 01	(남반구)
6	경종 3	계묘	등	9월 21일 정유/ 1723. 10. 19	혜성	여수(女宿)[30]	약 25일	1723. 09. 27	스펠러
7	영조 19	계해	초	1월 19일 갑술/ 1743. 02. 13	객성	진수(軫宿)	10일	1742. 01. 08	클라우센
8	영조 19	계해	초	11월 22일 신축/ 1744. 01. 06	혜성	벽수(壁宿)[31]	2개월	1744. 03. 01	베츠
9	영조 35	기묘	등	3월 5일 병술[32]/ 1759. 04. 02	혜성	위수(危宿)[33]	15일	1759. 03. 12	로젠베르거
10	영조 35	기묘	등	12월 23일 기해/ 1760. 02. 09	객성	헌원(軒轅[34]둘째 별의 위	약 10일	1759. 11. 27	라카예
11	순조 7	정묘	초	9월 3일 신축/ 1807. 10. 03	혜성	항수(亢宿)[35]	2개월 이상	1807. 09. 17	베셀
12	순조 11	신미	초	7월 23일 기해[36]/ 1811. 09. 10	혜성	서북쪽	4개월 이상	1811. 09. 12	아르겔란더

『천변등록』, 『천변초출』, 또는 「성변측후단자」를 추적하는 사람에게는 아주 중요한 언급이 있다. 그는 논문에서 말하기를, "「성변측후단자」의 사본이 내가 속한 연구실에 있다."라고 한 것이다. 그가 속한 연구실이란 교토 제국 대학 우주 물리학 교실을 말하며, 지금도 존재하고 있다. 이 연구실의 도서관에 아마도 1664년 『천변등록』의 사본이 있을 것으로 생각된다.

박성환은 1982년에 야마무라 기요시의 논문에 정리되어 수록되어 있

는 1664년 혜성의 관측 기록을 분석해 혜성의 궤도를 구해 보기도 했다.[38] 나도 그 논문에 제시된 자료에서 오류를 몇 개 찾고 관측 시간과 혜성의 위치 측정치를 현대 값으로 변환하는 데 정확성을 기해 이 관측 자료를 다시 분석해 보았다. 그러나 결과는 이전의 연구들과 그리 큰 차이는 없었다. 더군다나 박성환이나 나의 연구에서는 혜성이 포물선 궤도를 갖고 있다고 가정하고 궤도 요소를 구했다. 이것은 보다 정밀한 궤도를 계산하기 위한 참고 자료 정도이다.

역사 천문학에 관심이 있었던 나는 대학 시절인 1990년대 초에, 연세 대학교 도서관에 「성변측후단자」가 있다는 사실을, 연세 대학교 천문기상학과의 나일성 교수의 논문 두 편[39]을 통해서 알고 있었다. 그에 따르면 와다 유지의 『천변등록』과 『천변초출』은 적어도 1936년까지는 인천의 조선총독부 관측소 도서관에 남아 있었을 것으로 추측되었다. 왜냐하면 한국에 근대 천문학을 전해 준 공로자인 칼 루퍼스가 남긴 『고대 한국의 천문학』에 그의 「성변측후단자」 열람기가 서술되어 있고, 또한 1664년 대혜성의 『천변등록』 사진 네 장이 실려 있기 때문이다. 루퍼스 박사의 『고대 한국의 천문학』이라는 책은 귀한 문헌인데, 일반 독자들은 구하기도 힘들 뿐만 아니라 영어로 되어 있으므로 편의를 위해 여기에 관련 부분을 번역해 소개하고자 한다.

> 제물포 기상 관측소에 관상감의 「성변측후단자」의 일부가 보존되어 있다. 예전 관상감 입구에 걸려 있었던 "觀象監"이라고 적힌 현판은 인천 측후소의 2층 복도에서 볼 수 있다. 부서진 해시계와 측우기는 그 앞마당을 장식하고 있다. 많은 기록이 유실되었지만 다음 연도들의 기록은 살아남았다. 1661년, 1664년, 1668년, 1695년, 1702년, 1723년, 1759년, 1760년. 특히 관심을 끄는

것은 1664년 대혜성의 관측 결과와 스케치이다.

손으로 그린 많은 삽화들과 함께 수록된 관측 결과들은 혜성이 음력 10월 9일부터 발견되어 약 80일 후에 사라질 때까지 기록되었다. 이러한 관측들은, 구름이 낀 며칠을 빼고는, 매일 밤 규칙적으로 이루어졌다. 상단의 그림(이 책 126쪽 — 필자)은 음력 10월 27일과 28일 연 이틀 동안 혜성의 위치와 크기를 나타냈는데, 혜성의 코마는 진수(軫宿), 즉 까마귀자리에 있었고 꼬리는 익(翼), 즉 주작의 날개 또는 컵자리까지 뻗어 있었다. 이 짧은 시간 간격에도 코마의 위치가 약간 변했음을 분명히 알 수 있다. 그러나 혜성의 형태는 별로 변하지 않았다. 혜성의 위치, 코마의 형태, 꼬리의 길이가 변한 것은 하단의 그림(이 책 126쪽 — 필자)들에서 볼 수 있다. 그때 혜성의 코마는 장수(張宿)의 아래에 있었고 꼬리는 북동쪽으로 각각 25도와 30도를 뻗어서 바다뱀자리 알파별인 알파르드 별을 지나고 있다. 이날 이후에는 빠르게 후퇴해 점점 어두워지다가 음력 12월 29일에 사라졌다.

천문학자들의 탁월한 관측 작업에도 불구하고, 1664년 혜성은 지나친 공포와 경악을 자아냈다. 이것은 분명 한꺼번에 두 혜성이 나타났기 때문에 더 증폭되었던 것이다. 난파당한 네덜란드 인 헨드리크 하멜(Hendrik Hamel, ?~1692년)이 그 효과에 대한 흥미로운 설명을 해 주고 있다. "불타는 듯한 별이 나타났고, 그 다음에 한꺼번에 두 혜성이 나타났다. 하나는 동남쪽에 약 2개월 동안 나타났고 나머지 하나는 서남쪽에 나타났는데, 꼬리들이 서로 반대쪽을 향했다. 조정에는 비상이 걸렸고, 국왕은 모든 항구와 함선의 수비병을 두 배로 늘렸다. 부대들은 훈련을 했고 적의 침입에 대비 태세가 취해졌다. 바다 근처의 집들은 밤에 불이나 등불을 켜는 것이 허락되지 않았다."

여기서 소개된 1664년 혜성에 대한 내용과 하멜의 경험담은 루퍼스 박

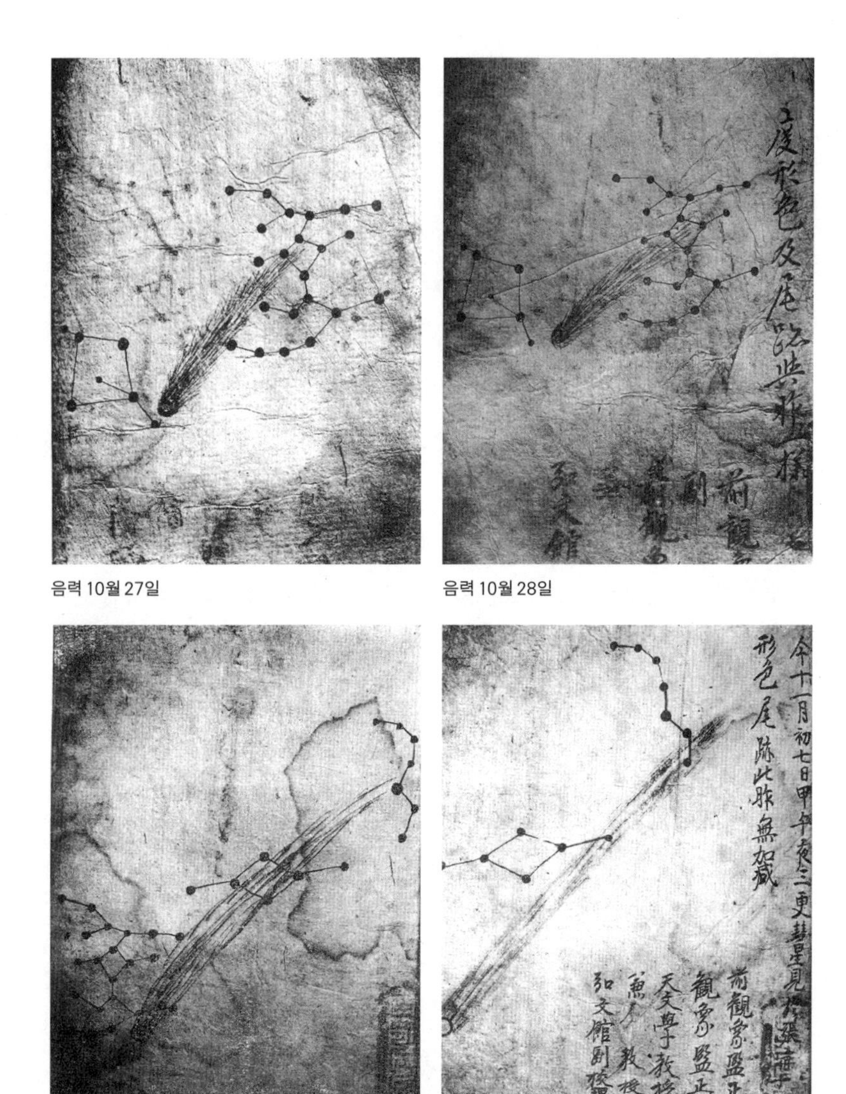

음력 10월 27일

음력 10월 28일

음력 11월 5일

음력 11월 7일

그림 3-5. 1664년 혜성의 스케치를 모아 놓은 『천변등록』. 1936년에 발간된 칼 루퍼스의 『고대 한국의 천문학』에 실려 있는 삽화. 왼쪽 위부터 1664년 음력 10월 27일, 음력 10월 28일, 음력 11월 5일, 음력 11월 7일의 관측 기록이다.(니덤 연구소 제공)

사에 의해 1939년도 미국 천문학회 회보에도 소개되었다. 이로써 우리는 1664년 대혜성을 기록한 『천변등록』의 사진이 적어도 다섯 장 남아 있음을 알 수 있다. 와다 유지의 1910년도 논문에 11월 5일 것 한 장, 1917년 『조선고대관측기록조사보고』에 11월 10일 것이 한 장, 그리고 루퍼스 박사의 『고대 한국의 천문학』에 10월 27일, 10월 28일, 11월 5일, 11월 7일 이렇게 네 장이 있는데, 그중 11월 5일 것이 와다 유지의 것과 중복된다.

한편 루퍼스 박사가 1936년에 쓴 『고대 한국의 천문학』의 앞부분을 보면, 조선 시대에는 조정에서 강화도 마니산 참성단에 관상감 천문학자를 파견해 지평선 근처에 보이는 천체를 관찰하게 했음을 「성변측후단자」를 근거로 설명하고 있다. 그런데 그 각주에 따르면 「성변측후단자」는 제물포 기상 관측소의 도서관에 있다고 적어 두었다. 여기와 위에 소개한 원문에 모두 "제물포 기상 관측소"라고 표현했는데, 공식 명칭은 "조선 총독부 관측소"로 인천에 있었다. 루퍼스 박사는 또한 옛 관상감의 현판이 관측소의 2층 홀에 걸려 있다고 했다. 그러므로 『천변등록』과 관상감의 현판은 적어도 루퍼스 박사가 열람한 1936년경까지는 인천에 있었던 조선 총독부 관측소의 도서관에 있었음이 확인된다.

125쪽에서 루퍼스 박사는 난파를 당해 조선에 표착했던 네덜란드 인 하멜에 대한 이야기를 하고 있다. 얼핏 허무맹랑한 이야기처럼 들리는데, 『하멜 표류기』의 영문판을 찾아보니, 당시 조선 사람들은 병자호란과 임진왜란 직전에 나타났던 혜성들을 매우 불길한 조짐으로 알고 있었음을 확인할 수 있었다. 이러한 사실은 『조선왕조실록』에서도 찾아볼 수 있다.

> ① 이조 참판 이상진이 임금의 뜻에 응하여 상소를 했는데 그 대략에, …… 정책 제안 세 건을 하고 나서 ……

“또 신이 삼가 생각컨대 혜성이 진성(軫星)의 도수 안에 나타났는데 진성은 사지(巳地)에 해당되므로 바로 우리나라의 동남방입니다. 해도(海島)의 사정을 분명히 알 수는 없으나 반드시 일이 없으리라고 보장하기 어렵습니다. 임진·정유년이 점차 멀어지자 국가가 남쪽 변경의 걱정을 잊음으로 해서 수군과 산성이 하나도 믿을 만한 것이 없습니다. 환란은 소홀히 하는 데에서 생긴다고 옛사람이 깊이 경계했습니다. …… 이에 감히 재변을 걱정하고 환란을 염려한 나머지 다시 망령스러운 발언을 합니다.” 하니, 상이 너그럽게 답하고 그 상소를 비변사에 내렸다. —『조선왕조실록』, 현종 5년(1664년) 10월 16일(갑술)

② 임금께서 홍문관에서 소대(召對)[40]를 하셨다. 조복양이 『심경』을 강독하고 송준길이 글의 뜻을 강론했다. 강론을 마친 뒤에 대신과 비변사의 신하들을 불러보았다. 좌의정 홍명하가 아뢰기를,

“삼가 듣건대 함경도의 백성들이 (혜성 때문에) 몇 년 안에 변고가 있을 것이라고 여겨 무척 두려워하는 마음을 품고 있다고 하니, 매우 염려스럽습니다. 함경도는 평안도와는 형편이 달라서 저들(청나라)이 알게 될 걱정은 그다지 없으니, 성지(城池)를 미리 고쳐 쌓게 하소서.” 하니, 상이 그렇게 하겠다고 했다. 송준길이 아뢰기를,

“신이 삼가 노인들의 말을 듣건대, 임진왜란이 있기 10년 전부터 요사스런 혜성이 나타나더니 끝내 임진왜란과 정유재란이 일어났으며, 무오년(1618년)에 치우기가 나타나더니 북쪽 오랑캐가 그해에 쳐들어왔다고 합니다. 그런데 지금 또 혜성이 나타나고 심지어 금성이 몇 해째 늘 나타나고 있으니, 어찌 이런데도 시절이 무사하리라고 보장할 수 있겠습니까. …… ” 하니, 박장원이 (…… 평안도 지방에 무비를 강화하고, 흉년이라 능행하실 때 농작물을 짓밟지 않도록 조심하시라는 충고를 하니……) 상이 따랐다. —『조선왕조실록』, 현종6년(1665년) 8월 13일(병인)

③ 김응남이 아뢰기를,

"(혜성의 위치가) 자미원 근처(북극성 주변)라고 했는데, 오늘 새벽에 보니 이미 정성(井星, 쌍둥이자리) 근처였습니다. 이미 그러한 자취가 분명하다면 임금께서 수성(修省)하시지 않을 수 없습니다. 신이 정축년(1577년)에 관측할 때에 보니, 치우성이 기성(箕星, 궁수자리)과 미성(尾星, 전갈자리) 사이 즉 (별점이 우리나라에 해당하는) 연나라의 분야에 나타났는데, 그 길이가 10여 자였습니다. 사람들이 다 '20년 뒤에 반드시 큰 재앙이 있을 것이다.'라고 했는데, …… '기묘년(1579년) 9월 사이에 장성(長星, 혜성)이 기성과 미성 사이에 나타났는데, 그것에 응함이 이때에 나타난 것이 아닌가?' 하니, (명나라의) 섭 유격이 손을 올리고 말하기를 '그렇다.' 하고 ……." —『조선왕조실록』, 선조 29년(1596년) 6월 26일(임술)

④ 치우기가 미성(尾星)·기성(箕星) 사이에 나왔는데, 그 빛발의 길이가 하늘을 다하고 서남으로부터 동쪽으로 향했는데 여러 달 동안 사라지지 않았다. 기성·미성은 본래 연(燕)의 분야이며 우리나라도 여기 속하는데 치우기는 전쟁을 상징하는 것이다. 이해에 일본의 도요토미 히데요시가 비로소 조선을 침범할 꾀를 두었다 한다. —『지봉유설』, 지봉(芝峯) 이수광(李睟光, 1563~1628년)

⑤ 정묘년 여름에 혜성이 북쪽에 나타났는데 태복시(太僕寺)의 말을 맡은 관리가 죽는다는 점괘가 나왔고, 금년 봄에는 토성이 태성(台星)에 들어갔는데 이는 재상에게 재앙이 있을 조짐이라고 태사(太史)가 아뢰었었다. 그런데 신흠(申欽)이 재상으로서 태복시의 제조를 맡아 오래도록 말을 관장하는 일을 책임졌으므로 사람들이 매우 걱정했는데, 6월 11일에 이르러 등창이 발병했다. 이때 크게 가뭄이 들었으므로 공이 상차해 허물을 스스로 책임졌는데, 상이 남쪽 교외에서 친히 기도드릴 때 공이 또 병으로 따라가지 못하게 되었다. 임금

이 어의를 보내고 어약을 하사했으나, 29일 무오에 마침내 일어나지 못하게 되었다. 임금이 예물을 갖추어 조문했다.

①의 기록에서는, 혜성이 위치한 진성(軫星)이 12진으로는 사(巳)에 속하고 그것은 곧 동남쪽을 뜻하는데, 그쪽에는 일본이 있으므로 그쪽의 해안 경비를 강화하자는 건의를 하고 있다. 북쪽은 자(子)요 남쪽은 오(午)이니, 남북을 머리위로 지나는 선을 자오선이라고 부른다. 또한 동쪽은 묘(卯)이고 서쪽은 유(酉)가 된다. ② 기록에서 혜성 때문에 함경도 백성들이 불안해 하니 그 지방에 성을 쌓자는 제안을 하고 있다. 이러한 생각의 근거는 ③ 기록에 나타나 있다. 임진왜란이 일어나기 10년 전에는 혜성이, 또한 청나라가 침략해 오기 전에는 치우기가 나타났기 때문이었다. 여러 사료를 조사해 보면, 그 당시에, 이러한 미신은 나라의 지도자들부터 일반 백성까지 광범위하게 퍼져 있었음을 알 수 있다.

④ 기록에 나오는 미성(尾星)은 전갈자리의 꼬리에 해당하는 별들이고, 기성(箕星)는 궁수자리를 이루는 일부의 별들로 이루어진 별자리이다. 이런 것들을 이십팔수(二十八宿)라고 하는데, 중국 별자리에서 하늘의 적도와 황도 부근에 정해 놓은 28개의 별자리들이다. 이 별자리들은 각기 중국 각지의 땅과 기운이 연결되어 있다고 보았는데 그것이 바로 분야설이다. 그중에서 미수와 기수는 오늘날의 북경 지방을 말하는 연나라와 연결되어 있다고 본 것이다. 조선이 연나라와 접해 있었기 때문에 별점도 연나라의 분야에 해당한다고 보았던 것이다. 혜성은 혁명이나 전쟁을 상징하고, 더군다나 치우기는 큰 전쟁을 암시한다고 생각했으므로, 그러한 치우기가 우리나라를 나타내는 미성과 기성에 나타났다는 것은, 우리나라에 큰 전쟁이 일어날 것을 암시한다고 이해했던 것이다

⑤의 이야기는 상촌 신흠(申欽, 1566~1628년)의 죽음이 정묘년에 혜성이 나타나고 토성이 삼태성을 침범했기 때문이라는 이야기이다. 여기서 정묘년은 1627년이다. 이 혜성은 그해 후금이 조선을 침입한 정묘호란의 조짐이었다고 이야기되기도 하는데, 여기서는 궁궐의 말을 관리하는 사복시의 책임자가 죽을 것이라는 점괘로 이해되었다. 태성(台星)이란 삼태성을 말하니, 이 별자리는 세 명의 정승을 상징한다. 삼태성은 우리 머리 위에 떠오르는 별자리로서, 황도에서 상당히 멀기 때문에 토성이 삼태성을 침범한다는 것을 사실상 불가능하다. 어쨌든 점괘를 종합하면 말을 맡은 관리이자 재상이 죽을 것이라고 해석이 되니, 마침 사복시를 책임지고 있고 정승이었던 신흠이 위험하다고 걱정들을 했다는 이야기이다.

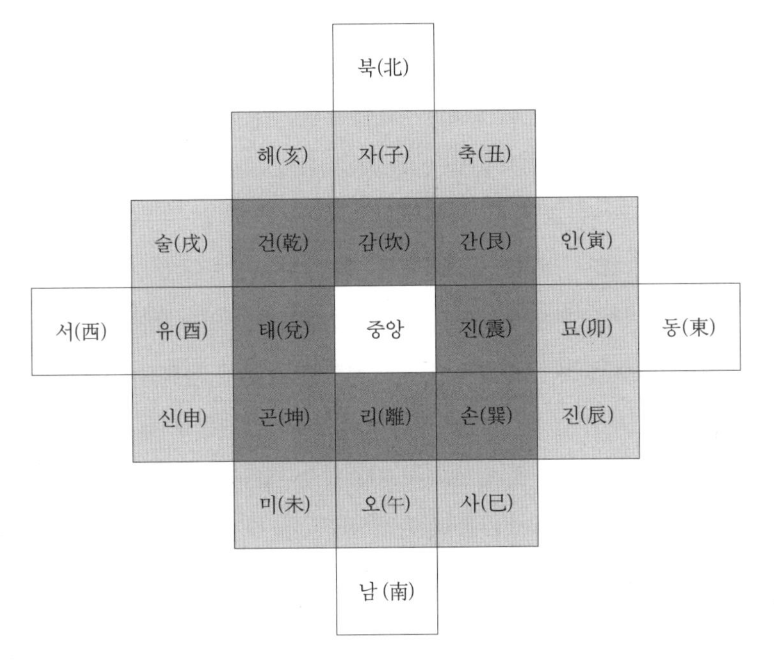

그림 3-6. 여러 가지 방위 표시 방식. 안으로부터 팔괘, 십이지, 사방을 가지고 방위를 표시했다.

조선의 문화재를 탐낸 와다 유지

측우기는 한국 과학사의 자랑거리 가운데 하나이다. 『조선왕조실록』 세종 23년(1441년) 음력 4월 29일자 기록에는 "근년 이래로 세자(世子)가 가뭄을 근심하여, 비가 올 때마다 땅을 파고 빗물이 젖어 들어간 깊이를 알아보았으나 비가 온 양을 정확하게 알 수 없으므로, 구리로 주조해 그릇을 만들고는 궁중에 두어 빗물이 그릇에 괴인 양을 시험했다."[41]라는 말이 있다. 약 100일이 지난 세종 23년(1441년) 음력 8월 18일에는 드디어 청계천의 수심을 측정하는 수표와 더불어 강우량을 측정하는 측우기라는 이름이 등장하며, 원리, 제작 방법, 구체적인 운용 방법이 서술되어 있다. 세자 이향(李珦)의 강우량 측정법에 대한 개인 연구가 성공을 거두어 마침내 국가 사업으로 발전한 것이다. 이 세자가 세종대왕의 뒤를 이어 임금 자리에 오른 문종이다.

측우기는 구리로 만든 통을 말하고, 그 측우기를 올려놓는 돌로 만든 받침대를 측우대라고 한다. 지금 현재 남아 있는 측우기는 단 하나에 불과하다. 측우대도 겨우 다섯 기만 남아 있는데, 기상청에 두 기가 있고, 국립고궁박물관에 한 기, 국립중앙과학관에 한 기, 그리고 창경궁 연경당에 한 기가 있다. 세종대왕 때 전국적인 행정망을 통해 운용된 측우기에 의한 강우량 측정 제도는 임진왜란을 겪으면서 사라졌다. 영조 임금이 1770년에 이 제도를 부활시켰으며, 그래서 현존하는 측우기나 측우대들은 대개 1770년 이후에 만들어진 것들이다.

지금 하나만 남은 측우기는 대한민국 기상청에 보관되어 있다. 이것은 헌종 3년(1837년)에 제작된 것이다. 충청도 관찰사가 주재했던 공주 감영에서 사용하던 측우기라서 '금영 측우기'라고 한다. 공주에는 금강이 흐르니까 금영이라 한 것이다. 와다 유지는 함흥, 대구, 공주, 춘천의 측우기 등을 확인하고 이것들을 인천의 조선 총독부 관측소로 옮겼다. 그는 관측소장을 퇴직하고 1915년 일본으로 돌아가면서 그중에서 금영 측우기를 무단으로 빼돌려 내갔다. 이 측우기는 개인 소장품이 되어 있다가, 그가 죽자 도쿄의 중앙기상대로 옮겨졌다. 1971년 4월 3일에 일본 기상대로부터 이 측우기를 돌려받아 지금까지 대한민국 기상청에서 보관해 왔다.[42] 이 측우기는 그 중요성을 인정받아 1971년 12월 21일에 보물 제561호로 지정되었다.

대구의 경상 감영에 있던 선화당 측우기는 1909년경에 당시 경상관찰사였던 박중양이 와다 유지에게 선물해 인천의 조선 총독부 관측소의 정원에 있었다. 잃어버릴 것을 염려해 측우대는 정원에 그대로 두고 측우기는 안으로 옮겨 두었는데, 측우기는 한국 전쟁 때 사라지고 지금은 측우대만 보물 제842호로 지정되어 기상청에 보관되어 있다. 서울의 관상소에 있던 측우기도 한국 전쟁 중에 분실되었다. 이러저러하게 측우기들이 다 사라지고 지금은 국내에 단 하나 와다 유지가 빼돌렸다가 반환된 것만 남아 있게 된 것이다. 그런데 그가 빼돌려 일본으로 내어간 문화재가 이것뿐일까?

나는 요즘 흔한 주말부부로 매주 주말 대전에서 춘천으로 간다. 춘천의 집 앞에는 국립춘천박물관이 있다. 박물관에는 상당히 인상 깊은 하얀 불상이 하나 있다. 이른바 백옥불(白玉佛)! 사실은 백옥이 아니라 흰 대리석을 조각해 만든 불상이다. 원래는 강릉의 한송사(寒松寺)에 있던 두 보살상 가운데 하나인데 다음과 같은 비화가 있었다.

한송사는 신라 화랑들의 흔적이 남아 있는 동해안의 승경들 가운데 하나이다. 강원도 강릉시 병산동 남항진리에 있고, 한때 유명한 가람이었으나 지금은 터만 남았으며, 최근에는 근처에 비행장까지 들어서 있다고 한다. 한송사에는 문수보살상과 보현보살상이 있었으므로 원래 절 이름은 문수사였다고 한다. 1911년 3월 어느날 터만 남은 한송사를 찾아온 일본인이 하나 있었다. 바로 와다 유지였다. 인천에 있어야 할 그가 왜 여기에 나타났을까? 그는 마침 강릉에 새로 측후소를 건립하는 일 때문에 파견을 나와 있다가, 한송사 터에 고려 시대 초기의 흰색 대리석 보살 좌상이 둘이나 있다는 소문을 들었던 것이다. 절터에서 그가 발견한 것은 머리와 팔 두쪽이 떨어져 나간 불상 하나였지만, 남아 있는 흉부의 상식과 옷무늬만 봐도 명품임이 틀림없었다. 불상이 하나 더 있다는 주민들의 말을 듣고, 와다는 수소문을 부탁하고 그곳을 떠났다. 반년 뒤 온전한 보살상이 한송사지에서 개울을 따라 3리를 올라가면 있는 칠성암에 보관 중이라는 소식이 들렸다. 와다가 가 보니, 그 불상은 불두가 분리되어 있을 뿐 상당히 완전한 상태의 명품이었다. 흰색 대리석으로 만든 데다가 조형미가 있는 아주 훌륭한 작품이었던 것이다. 칠성암 주지의 말에 따르면, 이 불상은 오래전 경주에서 발굴한 두 불상 가운데 하나로 30년 전쯤 칠성암에 안치했다고 한다. 불상을 넘기라고 와다가 요구하자, 주지는 "불상을 다른 곳으로 옮기려면 후하게 재를 지내야 한다."라고 말했다. 이에 와다는 그 요구에 응해 푼돈을 치르고 석불을 넘겨받았다. 1911년 10월의 일이다.

그는 불상을 강릉 관측소의 정원으로 옮겨 놓았다가, 이듬해인 1912년에 주문진 항구를 통해 반출하여, 1912년 12월에 도쿄 제실 박물관 (현 도쿄 국립 박물관)에 헌상품으로 기증했다. 그후 55년간 도쿄 국립 박물관에 "조선에 있는 와다가 기증함"이라는 패찰과 함께 전시되다가, 한일 국교 정상화 및 문화재반환 협정이 발효되면서, 1966년 5월 27일 다른 문화재들과 함께 한국에 반환되었다. 이 작품은 문화재로서의 귀중한 가치가 인정되어 1967년 6월 21일에 국보 제124호로 지정되었다. 국립중앙박물관에 보관해 오다가 2002년 국립 춘천박물관이 개관하면서 거기에 모셔져 있다.

한편 손상이 심했던 나머지 다른 불상은 어떻게 되었을까? 기록을 추적해 보면 1917년 이전에 강릉군청으로 옮겨졌고, 1934년 조선 총독부 고시 제430호에 의해 보물 제123호로 지정되었다. 지금은 대한민국 보물 제81호로 지정되어 강릉 오죽헌에 있는 강릉시립박물관에 소장되어 있다.

일본에서 근세 조선사를 연구하고 있는 남영창(南永昌) 씨의 글에 따르면, 와다 유지가 제실 박물관에 백옥불을 기증한 내역을 적은 문서가 있다고 한다. 와다가 기증한 사실은 1912년 12월 27일자로 제실박물관장이 붓글씨로 쓴 기증원서에 "조선 총독부 관측소장 정5위 훈4등 와다 유지

그림 3-7. 한송사석조보살좌상. 국보 제124호. 강릉 한송사지에 전해오던 석조보살좌상으로, 우리나라 불상으로는 드물게 대리석으로 만든 것이다. 고려 전기에 제작된 강원도 불상 양식을 대표한다.(국립춘천박물관 소장)

로부터 대리석보살 한 점, 그밖에 물품 두 가지를 우리 박물관에 기증하기를 원합니다."라고 적혀 있다고 한다. 거기에 첨부되어 있는 문서에 '그 밖의 물품 두 가지', 즉 『석수민묘지(石受珉墓誌)』 하나와 『팔대인각경석각(八大人覺經石刻)』 4매가 수록되어 있다고 한다.

석수민[43]은 1077년에 태어나서 1160년에 죽은 고려의 장군이다. 그 묘지의 탁본만 미국 캘리포니아 대학교 버클리 캠퍼스의 도서관에 있는 아사미 문고에 소장되어 있고, 묘지명 자체는 일본 도쿄 국립박물관에 소장되어 있는 것이다. 『팔대인각경』은 대인(大人), 즉 부처와 보살이 깨달음에 이를 수 있었던 여덟 가시 방법을 밝힌 불경으로, 2세기 중엽에 중국 후한의 안세고(安世高)가 번역했다. 그 경전을 돌에 새긴 것이 4매가 있었다는 것이다. 이 두 가지도 한송사 백옥불과 마찬가지로 와다 유지가 한국에서 반출해 일본 제실 박물관에 기증한 것이다. 전후를 살펴 이것들도 한국으로 반환되어야 할지 판단해야 할 것이다.

와다 유지는 1904년 러일 전쟁을 대비하기 위한 기상 관측의 임무를 띠고 처음 한반도로 건너왔다. 그리하여 약 10년간 한국 땅에서 살게 되었는데, 조선의 귀중한 천문학 및 기상학 관련 유물과 관측 기록을 접하고, 그것을 수집하고 정리해 몇 편의 논문을 쓴 것은 사실이다. 그러나 와다 유지 덕분에 한국이나 한국인이 천문학이나 기상학의 발전에 도움을 받은 바가 전혀 없다. 한국인들에게 기상학이건 천문학이건 가르치지도 않았고, 한국 땅에 설치된 모든 기상 관측소들의 전문직들은 모두 일본인들 차지였기 때문이다. 와다 유지의 눈에는 한국은 그저 놀라운 연구 자료가 많은 땅이었을 뿐이다. 와다 유지에게 한국은 그저 학문적인 욕망의 대상에 불과했다. 더군다나 그는 천문학 전문가도 아니었고, 그의 논문도 수준이 그리 높지 않으며, 한국의 역사에 대한 이해도 피상적이었다. 어떤 글들을 읽어 보면, 마치 와다 유지 덕분에 우리 조상들이 남긴 귀중한 유물과 기록이 살아남아 빛을 본 것처럼 이야기하는데, 그것은 사실을 왜곡한 말이다. 와다 유지는 약간의 학문적 업적은 인정이 되나, 한국의 문화재를 탈취해 자기 나라로 빼돌린 점은 용서받을 수 없다. 다음에 이야기할 루퍼스 박사와 비교하면 그 차이가 뚜렷해질 것이다.

구글에서 "和田雄治"를 검색하다가 우연히 흥미로운 글을 발견했다. 와다 유지가 획득한 조선의 보물들을 어떻게 했는지에 대한 단서이다. 『첩해신어(捷解新語)』는 조선 숙종 때의 역관인 강우성(康遇聖)이 일본어 학습을 위해 편찬한 책이다. 이 책의 중간개수본의 판목이 남아 있다는 사실은 이미 일본인 문헌학자 신무라 이즈루(新村出)가 1918년에 쓴 논문에 의해 알려져 있었다. 그런데 이 책의 판목이 와다 유지가 조선에서 가져온 것이라는 말이 적혀 있었다.

> 옛날 조선에서 통역관들이 사용하던 일본어, 만주어, 몽골 어 학습서의 고판목이 남아 있는 것. 그 수효는 각종을 합해 28개인데(양면에 조각함), 그것들은 지금 교토 제국 대학 문과 대학에 소장되어 있다. 일찍이 (다이쇼 3년) 고(故) 이학사 와다 유지(인천의 관측소장) 씨가 기증한 것인데, 일한병합 이전에 오래되어 산일될 뻔한 것을 발견해 보존한 것이라 한다.

『첩해신어』는 어학과 관련된 책이므로 교토 대학교 문과 대학에 소장되게 되었을 것이다. 그런데 와다 유지가 그 판목만 기증했을까? 분명히 한국에서 빼내간 책들도 많이 포함되어 있을 것이다. 앞으로 조사가 요청된다.

■ 윌리엄 마틴 베어드 일대기

그림 3-8. 윌리엄 마틴 베어드의 초상. (『숭실대학교 100년사』, 숭실대학교 한국기독교 박물관)

1862년 6월 16일 출생

1885년 하노버 대학(Hanover College) 졸업

1888년 매코믹 신학 대학(McCormick Seminary) 졸업

1890년 애니 로리 애덤스 베어드(Annie Laurie Adams Baird)와 결혼

1891년 3월 미국 북장로교 선교사로 내한해 선교 사업 시작

1897년 10월 숭실학당 건립, 교장 역임(~ 1915년 3월)

1903년 하노버 대학 철학 박사

1908년 『천문략해』 저술

1913년 하노버 대학 신학 박사

1916~1917년 주일학교 공과 교재 번역 및 편집 발간

1918년 시카고에서 페터로프(R. M. Fetterolf)와 재혼하고 방한

1918~1931년 기독교서회 편찬 위원, 문서 선교 및 성서 번역 사업

1931년 11월 28일 평양에서 별세

한국에 근대 천문학을 전한 칼 루퍼스 박사

2010년은 한일 강제 병합 100주년, 광복 65주년이었다. 또한 대한민국의 달력과 시간의 표준을 법적으로 정하는 '천문법'이 부활해 시행된 첫 해였다. 이를 기념하기 위해 구한말과 일제 강점기 동안의 한국 천문학의 역사를 국립천문대의 주요 기능인 역서 편찬 및 천문 관측의 관점에서 조명해 보려고, 한국천문연구원의 동료들과 함께 작은 책자를 하나 만들었다. 그해 봄에는 과거 조선 총독부 관측소였던 대한민국 기상청 인천 기

상대에서 초청을 받아 그곳을 방문하기도 했다. 그 책자에서 나는, 구한말과 일제 강점기 동안의 한국 천문학사를 '시련의 극복과 정통성의 계승'이라고 요약했다. 이 과정을 통해, 우리나라에 근대 천문학을 가르쳐 준 윌리엄 마틴 베어드(William Martyn Baird, 배위량), 아서 린 베커(Arthur Lynn Becker, 백아덕)와 칼 루퍼스(Carl Rufus) 등의 스승들을 만나게 되었다.

구한말과 일제 시대에 우리나라 천문학의 근대화에 있어서 미국인 선교사 베커와 루퍼스는 가장 중요한 역할을 했다. 베커는 1903년에 내한해 평양 숭실학교에서 과학을 가르쳤다. 대학 친구였던 루퍼스는 1907년에 합류했다. 1913년 잠시 요양하던 틈에 루퍼스는 『천상열차분야지도』에 관한 논문을 썼으며 1913~1915년에 미시건 대학교에서 천문학으로 박사 학위를 취득했다.

베커와 루퍼스는 1915년에 서울의 연희 전문으로 자리를 옮겨 천문학, 수학, 물리학 등을 가르쳤다. 이때 연희 전문 수학물리학과(수물과) 1회로 입학한 이원철(李源喆)은 이들의 가르침을 받았고 이들의 도움으로 미국으로 유학을 떠났다. 일제는 1910년 한국을 병합하고 교육령을 반포해 각급 학교에서 일본어 교육을 실시하고 한국어는 차별했으며 교육의 목표를 "충성스러운 국민을 육성한다"로 내세웠다. 이에 루퍼스는 일제의 조선인 교육 정책에 대해 다음과 같이 말했다. "시간만이 한국인을 위한 일본의 교육 정책의 잘못을 평가하게 될 것이다. 일본어와 수신(修身) 과목과 (과학 교육이 아닌) 산업 교육만을 강조하는 것은 아마도 일본화된 국민을 길러 낼 수는 있을지 모르지만 능동적이고도 인격을 갖춘 세계 시민을 길러 낼 것이라고는 결코 기대할 수 없을 것이다. …… 그들은 진리와 정의보다도 그들의 천황에게 충성할 것을 강조하며, 범세계적인 이타주의보다 이기적인 애국심에 목적을 두고 있다."[44] 루퍼스는 이렇게 일제의 식민지 교육 정

■ '지치지 않는' 아서 린 베커 일대기

그림 3-9. 아서 린 베커의 초상.(연세 대학교 박물관)

1879년 5월 12일 미국 인디애나 주 레이 출생

1899~1903년 미국 앨비언 대학 수학 전공(학사)

1903~1905년 미국 감리교 교육 선교사로 내한 평양에서 선교 활동

1905년 9월 1일 일본 요코하마에서 루이즈 앤 스미스(Louise Ann Smith)와 결혼

1905~1907년 숭실학당에서 과학을 가르침.

1910~1911년 미국 앨비언 대학 화학 전공(석사)

1911~1914년 숭실 중학교 교장

1914년 배재 대학 학장

1915~1919년 연희 전문 대학교에서 과학을 교육함.

1919~1921년 미시건 대학교 물리학 전공(이학 박사)

1921~1926년 연희 전문 대학교에서 과학을 가르침.

1926~1928년 미시건 대학, 조지아 공과 대학 교수

1928~1933년 연희 전문 대학교 수물과 학과장

1933~1934년 미시건 대학교(안식년)

1935~1940년 연희 전문 대학교

1946~1948년 내한해 연희 대학교 설립 이사 역임

1946~1947년 부산 대학교 총장(당시 사정으로 초대 총장으로는 인정되지 못하고 있음.)

1978년 별세(향년 99세)

책을 비판하고 이에 항거해 교수직을 사직한 다음, 1917년에 미국으로 돌아가서 학문 연구와 그의 친구인 베커를 물심양면으로 지원하는 길을 택했다.

미국 유학길에 오른 이원철은 스승인 루퍼스의 지도를 받아 1926년에 미국 미시건 대학교에서 「변광성 독수리자리 에타(η)별의 분광관측」이라는 논문으로 천문학 박사 학위를 받음으로써 한국인 최초의 이학 박사가 되었다. 그는 즉시 귀국해 연희 전문에서 천문학을 강의했다. 그러나 1938년 흥업구락부 사건을 빌미로 해 일제가 탄압을 함으로써 이원철은 연희 전문 교사 자리를 사퇴할 수밖에 없었다. 교단을 떠난 그는 기독청년회(YMCA) 등에서 대중을 상대로 강연을 열심히 하기도 했다.

1935년 루퍼스는 안식년을 이용해 다시 한국을 방문했다. 이때 그는 제자인 이원철과 함께 조선의 천문학과 관련된 유물과 유적들을 둘러보았다. 그들의 연구 결과는 『고대 한국의 천문학』과 「한국의 시각제도」 등의 논문으로 출간되었다. 이러한 경험을 통해 이원철 박사는 관상감의 전통에 대한 깨달음을 얻은 것으로 여겨진다.

1945년에 고대하던 광복이 되자 이원철은 미군정청으로 달려가 관상감의 전통을 부활하자고 주장해 국립중앙관상대를 설립했다. 그리고 마침내 1907년에 일제에게 빼앗겼던 역서 편찬의 정통성을 되찾아 1946년의 역서, 즉 『세차병술역서』를 국립중앙관상대의 이름으로 출간했다. 그러나 이해의 역서는 새로 계산할 시간적 여유가 없었으므로 아마도 일본인들이 이미 작업해 놓은 것에 의존했을 것으로 생각된다. 그러나 1947년 역서부터는 일제의 구태를 완전히 벗어나서 일본식 역서의 세로쓰기 대신 가로쓰기를 도입하고 일제 시대에 발행되던 『조선민력』의 한자 숫자 대신에 아라비아 숫자를 도입했다.

■ '학자다운' 칼 루퍼스 일대기

그림 3-10. 칼 루퍼스의 초상.(미시건 대학교)

1876년 7월 1일 캐나다 온타리오 주 체텀 출생

1902년 미국 앨비언 대학에서 학사 학위 취득

1902년 9월 29일 모드 스콰이어(Maude Squire)와 결혼

1908년 미국 앨비언 대학에서 석사 학위 취득

1907~1911년 미국 감리교단에서 한국에 파견한 교육 선교사로 내한, 평양 숭실학당에서 수학 및 천문학을 가르침.

1908년 배재학당에서 수학과 대수학 지도

1911~1913년 배재학당 교육이사

1913년 「천상열차분야지도」 논문 발표

1915년 미국 미시건 대학교에서 천문학으로 박사 학위

1915~1917년 연희 전문 수학 및 천문학 교수

1915년 「한국의 소중한 천문도」 논문 발표

1917년 미시건 대학교 강사

1921~1946년 레비 바버(Levi L. Barbour) 장학회 운영 이사. 동양계 여성 교육에 이바지함.

1926~1927년 세계 크루즈 대학교(University World Cruise)에서 수학 및 천문학을 가르침.

1929~1930, 1942~1945년 미시건 대학교 천문대 대장 역임

1935~1936년 안식년 동안 한국을 다시 찾음. 『고대 한국의 천문학』 집필.

1936년 이원철 박사와 「한국의시보제도」 논문 발표

1946년 7월 1일 70세로 은퇴

1946년 9월 21일 미국 미시건 주 앤아버의 크룩트 레이크 자택에서 별세

그가 관상대장으로 일하던 기간 동안은 무엇보다도 한반도 기상 관측 체계를 확립하는 일이 중요했다. 턱없이 부족한 기술 인력을 양성해야 했고, 일상생활에서 필요한 기상 정보를 생산해야 했다. 게다가 역서는 해마다 제시간 안에 출간해야 했다. 전공인 천문학의 발전은 뒤로 미뤄질 수밖에 없었다. 이원철은 1961년 국립관상대장직에서 물러나기까지 16년 동안 재직했다.

이원철은 여러 사람들과 함께 일제로부터 연희 전문을 접수하여(1945년 9월) 연희 대학교를 부활시켰다. 그는 1946년 8월 연희 대학교에 이학원을 창설하고 그 안에 수학과, 물리 기상학과, 화학과 등을 창립했다. 그는 바쁜 시간을 쪼개 연희 대학교에서 강의를 하기도 했다. 이때 북한의 김일성 종합 대학을 다니다 도망쳐 월남한 조경철(1929~2010년)은 연희 대학교 물리학과에 입학하여, 이원철로부터 천문학 강의를 수강한다.

그 후 조경철은 한국 전쟁에 참전하는 등 우여곡절 끝에 1954년에 미국으로 유학해 정치학을 공부하던 중, 스승인 이원철로부터 천문학을 계속 공부하라는 당부가 담긴 편지 한 통을 받고, 천문학 공부를 다시 시작해 마침내 1959년에 미국 펜실베이니아 대학교에서 「식쌍성 β Persei, RZ Draconis, BX Pegasis의 광전 측광」이라는 논문으로 박사 학위를 받았다. 천문학 박사이자 이학 박사 1호인 스승 이원철에 이어 그는 한국인 천문학 박사 2호가 되었던 것이다. 그는 텔레비전 방송에 출연해 아폴로 우주선이 달에 착륙하는 장면을 해설했다. 이때 국민들에게 깊은 인상을 심어 주었으므로 '아폴로 박사'라는 별명을 얻었다.

급한 불을 끄느라 자신의 전공인 천문학을 잠시 보류하고 기상학 정립에 노력했던 이원철은 1963년 영면했다. 이때 《동아일보》는 "이(李) 박사는 끝내 소원이던 천문대의 건립을 자기 손으로 이루지 못하고, 미망인과

■ **이원철 일대기**

그림 3-11. 이원철의 초상.(기상청)

1896년 8월 19일 서울 다동(현재 서울시 중구 다동)에서 이종억 씨의 넷째 아들로 출생

1915년 4월 연희 전문 학교 수물과 1회 입학

1917~1918년 연희 전문 학교에서 통계학 강의

1918년 아서 베커로부터 천문학 과목 수강

1919년 3월 연희 전문 학교 수물과 1회 졸업

1919~1921년 연희 전문 학교 수물과에서 수학 강의

1922년 1~6월 미국 미시건 앨비언 대학에서 학사 학위 취득

1922년 9월~1926년 5월 미시건 대학교에서 천문학 박사 학위 취득

1926~1937년 연희 전문 학교 수물과 교수

1937년 흥업구락부 사건으로 투옥 및 파직

1945~1961년 국립중앙관상대 대장

1961~1963년 연세 대학교 재단 이사장

1963년 3월 14일 서울 용산구 갈월동에서 별세

양자 그리고 많은 제자만을 남긴 채, 양주군 금곡리에 묻히게 된 것이다." 라고 적었다. 그의 못 다한 꿈은 후배들에 의해 이루어졌다. 1967년 5월말 한국의 과학기술처는 국립 천문대 설치 추진 위원회를 구성했고, 1967년 8월에 조경철 박사가 미국에서 귀국하여 천문대 설치 계획에 참여했다. 1968년에 천문학계에서도 국립 천문대를 설립할 필요성을 제기했다. 그 결과 1974년 9월 13일에 대통령령으로 국립천문대가 발족되고, 1978년 9월에 국립천문대 소백산 관측소가 준공되었다. 이것이 현재의 한국천문연구원으로 발전했다.

루퍼스 박사의 한국 사랑을 잘 보여 주는 글이 있다. 1945년 1월 17일자 저널《극동 연구(*Far Eastern Survey*)》에 타일러 데닛(Tyler Dennett)이 한국의 삼일 만세 운동에 대해 설명하면서 "봉기는 분명히 평화적인 운동이었고, 잘 조직되었다기보다는 비무장한 한국인들에 의해서 자발적으로 일어났지만, 한국의 지도자들이 이들을 잘 이끌지 못했다."라고 폄하했다. 이에 대해 루퍼스는 1945년 3월 28일자 컬럼에서 반론을 펼쳤다. 그는 1919년 3월 1일에 민족 대표 33인이 발표한 「독립 선언서」를 발췌해 소개한 다음, 그가 경험한 만세 운동을 회상하고, 이 만세 운동이 우발적으로 이루어진 것이 아니라 희생 정신이 투철한 한국 지도자들의 치밀한 사전 계획과 한국인들의 열성적인 참여로 전국적이고 조직적으로 전개되었음을 설명했다.

> 1919년 3월 1일 33인의 한국 지도자들이 서울에 있는 명월관이란 식당에서 만나, 독립 선언서를 발표했다. 그것은 잘 준비되었고, 절제되어 있으면서도 위엄 있는 문서였다. 여기에 서문과 발췌문을 실어도 충분할 것이다.
>
> "우리 하나된 2천 만 한국인들의 대표자들은 여기서 한국의 독립과 한국민의 자유를 선언한다. 이 선언은 모든 나라는 평등하다는 것에 기초하며, 우리는 이것을 우리 후손들에게 양도할 수 없는 권리로 전해 주려 한다. 우리 한국은 수천 년 동안의 독립적인 문명을 이뤄왔으나, 지난 14년 동안 타국의 압제를 겪었다. 그 압제는 우리로 하여금 사상의 자유를 부정하게 했고, 우리가 살고 있는 시대의 지적 진보를 함께 누릴 수 없게 했다. 우리는 영원한 축복과 행복을 쟁취함은 물론이고 우리와 우리의 아이들에게 장래에 있을 그 압제를 없애기 위해, 그리고 국가적인 열정을 최대한 발휘할 수 있도록 하기 위해, 우리나라의 독립를 되찾는 것을 '최우선의 정언 명령'으로 삼는다."(「독립 선언서」)

한국의 지도자들은 동지들에게 요청했다. "폭력을 사용하지 맙시다. 그래서 우리의 행위가 끝까지 명예롭고 정의롭게 되도록 합시다." 오후 2시, 전국적인 시위의 시간에, 그 33인의 불사신들은 일본 경찰에 전화를 걸었다. 일본 경찰은 즉각 달려와 그들을 체포했다. 홀연 서울의 주요 거리들마다 수천 명의 애국적인 외침이 모여들었다. "만세, 만세!" 다른 도시들과 작은 마을들에서도 같은 시각 같은 시위가 벌어졌다. 서울에서는 시위가 진압되고 군중이 해산되었다. 그러고 나서 외곽의 산 쪽에서 여러 만세 소리가 울려 퍼졌다. 경찰들이 언덕을 오르자 군중은 흩어졌다. 그리고 시위는 도시의 반대편에서 수천 명에 의해 계속되있다.

투옥과 죽음도 이 시위를 그치게 할 수 없었으며, 무자비한 탄압에도 불구하고 시위는 몇 달이나 계속되었다. 서울 남쪽에 있는 작은 마을에서는 모든 남자들과 나이든 소년들이 정부의 중요한 발표를 들으라는 명령에 한 초가집 감리교회 안에 모였다. 명령을 듣지 않는 것은 체포, 고문, 죽음을 뜻했다. 사람들이 모이자 문을 자물쇠로 잠그고 건물에 불을 놓았다. 그러나 새까맣게 탄 뼈들은 세계의 나라들에게 외친다. (그 뼈의 한 조각을 내(루퍼스)가 갖고 있음을 자랑스럽게 생각한다.) 속박 받는 사람들이 자유를 열망하고 있다고.

시위가 "헛되고 잘못 이끌어졌다."라는 데닛 씨의 군국주의적 표현과는 정반대였다. 독립 선언은 육신을 자유롭게 하지는 않았지만 한국인들의 정신을 자유롭게 했다. 33인의 지도자들은 몇 년간 투옥되었다가 일본 천황의 사면을 받았다. 1935년에서 1936년 사이에 나는 한국을 방문했는데, 그때 그 지도자들 중 생존자 세 분을 그들의 집으로 찾아가 보았다. 그들은 육신도 정신도 모두 자유로웠으며, '적절한 때에' 한국이 다시금 자유와 독립의 나라가 될 그날이 오기를 열망하고 있었다.

바람과 구름의 기록, 「풍운기」

루퍼스 박사의 『고대 한국의 천문학』에는 「풍운기」에 관한 언급이 주목된다. 「풍운기」는 관상감 천문학자들이 매일 밤낮으로 관측한 사실을 요약 정리해 작성한 일종의 관측일지이다. 이것에 관해서는 와다 유지가 일본기상학회의 학술지인 《기상집지》 29년 제11호에 「조선 고대의 관측 기록」이라는 제목의 짧은 보고서에 전말을 소개했다.

1905년 8월 일본기상학회는 본 학술지(《기상집지》) 제24년 제8호의 부록으로 나(와다 유지)의 원고 「경성기상일반(京城氣象一班)」이라는 소책자를 하나 발행했는데, 그 서문에 "「풍운기」의 가장 오래된 것을 열람시켜 달라고 요청하니, 1896년 이전의 것은 있다고 대답하기에, 나는 이돈수 소장에게 부탁해 현존하는 일지를 전부 빌려 왔다."라고 썼다.

그 후 5년, 한국은 우리 제국에 병합되어 조선 총독부의 소관으로 돌아가니 모든 제도가 장차 일신되려는 즈음이라, 나는 구정부 시대의 관상소에 보관되던 관측 기구 따위가 흩어져 사라질 것을 우려하여, 옛날에 교섭했던 일을 바탕으로, 그것을 조선 총독부 관측소에 인계해 달라고 했다. 그러나 인계 목록 중에는 앞에 실은 「풍운기」를 기록하지 않았고 그 유명한 측우기도 누락되었으므로, 재차 교섭을 거듭한 결과, 마침내 히즈메 경성 관측소장으로 하여금 몸소 창고에 가서 수색을 하도록 했으나, 구하고자 했던 「풍운기」 9책도 측우기도 얻지 못했다. 비록 그 수색은 결국 헛일이 되었지만, 자못 귀중한 자료를 발견하게 되었으니, 그 자료란 곧 (1) 조선 고대의 관측 기록으로서 가장 오래된 것은 1664년의 혜성 관측 기록, 그 다음으로는 (2) 1743년(건륭 8년) 이래 1843년(도광 23년)에 이르는 101년간의 「풍운기」를 뽑아 베낀 것이다. 그 사이에는 비록 결본도 약간 있지만 개월 수로 계산하면 실로 630개월에 이른다. 4, 5년 연속된 것도 역시 적기는 하지만, 특히 1770년(건륭 35년) 이래의 것에는 비 오는 날도 우량도 기재했는데, 그 개월 수는 468개월의 분량이니, 실로 세계 유수의 진귀한 자료라고 믿는다. 건륭 35년은 사실은 영조왕이 세종왕의 측우 제도를 부활시킨 해인데(『한국관측소학술보문』 제1권 제28쪽 참조), 능히 『국조보감』이 기록한 바와도 부합한다고 한다. 그 초년부터의 우량 관측 기록을 얻

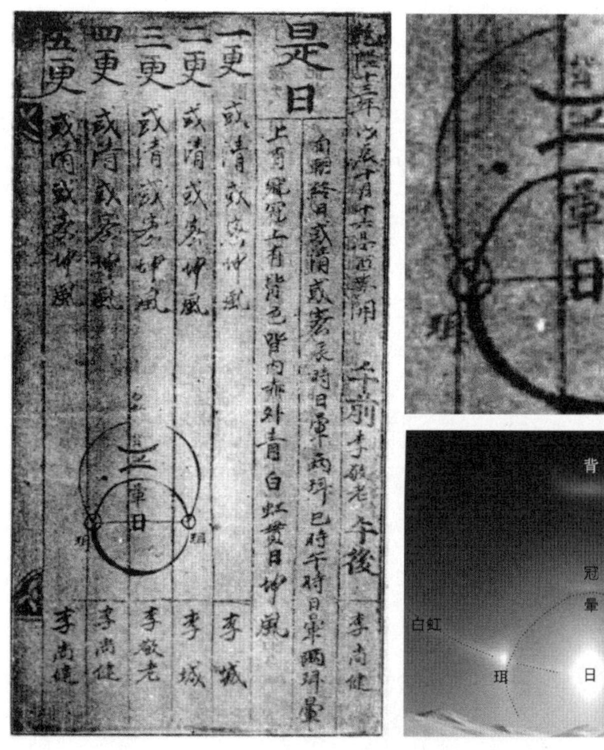

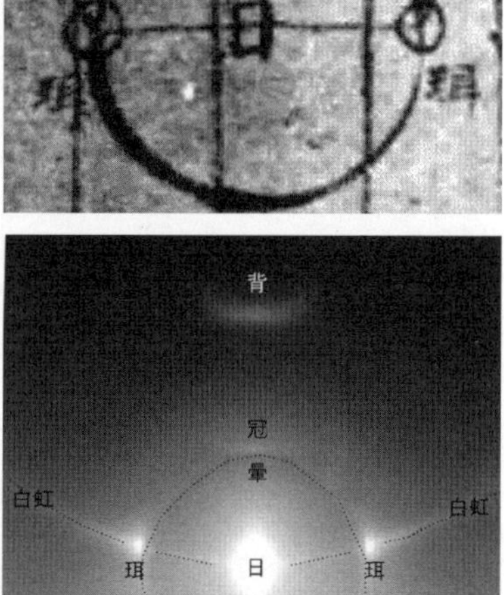

그림 3-12. 1748년 음력 10월 16일의 「풍운기」에 그려진 백홍관일 스케치와 실제 해무리 현상. 훈(暈)은 테두리란 뜻이고, 이(珥)는 귀걸이, 관(冠)은 모자, 그리고 배(背)는 등을 뜻한다.(니덤 연구소 소장 『조선고대관측기록조사보고』)

었음도 매우 특이하다고 할 수 있다. 기타 건륭 13년 이래의 「풍운기」, 곧 관측 일지도 비록 다수가 있지만, 벌레 먹고 물에 젖는 등이 심해 지금 직공 2명을 시켜 관측소 내의 한 방에서 소독, 배접, 개장(고쳐 꾸밈)에 종사시키고 있거니와, 그 조사 결과는 다른 날을 기약해 보고할 것이다. 지금은 단지 견본으로 복사판 3매를 부쳐 보내는 데 그친다.

와다 유지가 관상소를 처음 방문한 것은 그 전인 1905년 3월 29일이었다. 그해 11월 17일에 대한 제국은 외교권을 일제에게 넘기고 보호국이 된다는 이른바 을사 보호 조약이 체결되었다. 한국은 사실상 일본 제국주의의 손아귀에 들어간 것이다. 5년 후인 1910년 8월 22일에 대한 제국은 일본의 식민지가 된다. 위의 와다 유지의 글에는 한일 강제 병합 직후 일본인으로서의 그의 기분이 잘 드러나는 것 같다. 그가 학부 관상소 창고를 뒤져서 차지한 방대한 천문 기상 관측 자료는, 그가 제대로 표현했듯이 세계에서도 손꼽는 보물과도 같은 자료이다. 그가 인천의 조선 총독부 관측소로 옮겨온 자료는 크게 두 가지였다. 하나는 천문 관측 자료로서 『천변등록』과 『천변초출』이며, 또 하나는 해와 달에 나타나는 이상 현상과 기상을 관측한 자료인 「풍운기」이다. 이것들은 모두 관상감 학자들이 직접 관측해 기록한 관측일지이다.

지금 남아 있는 「풍운기」는 와다 유지의 보고서에 실려 있는 단 한 장의 사진이 유일하다. 이 「풍운기」는 건륭 13년(1748년) 음력 10월 16일의 관측 기록이다. 내용을 읽어 보면, 『서운관지』의 「번규」에 규정된 근무 규칙대로 세 사람이 번갈아 가며 관측을 했음을 알 수 있다. 근무자들의 시간 배분 규칙을 『서운관지』 「번규」와 비교해 보면, 이 「풍운기」는 3일 주기 중에서 '가운데 날'에 해당함을 알 수 있다. 또한 이경로(李敬老)가 상번, 이상

건(李尙健)이 중번, 이성(李城)이 하번임을 알 수 있다. 관상감 복무 규정에 따르면 이경로는 관상감정이나 관상감부정이고, 이상건은 종3품에서 6품 사이의 관직을 가졌고 이성은 7품 이하의 관직을 갖고 있었을 것이다. 이날은 흰 무지개가 해를 뚫는 현상, 즉 백홍관일(白虹貫日)이 일어났다. 『진서(晉書)』「천문지」나 『천문류초』에는 백홍관일에 대한 점괘가 다음과 같이 설명되어 있다. "백홍관일이 일어나면 임금 곁의 신하가 반란을 일으키거나, 그렇지 않으면 제후들 중에 반란자가 있을 것이다." 『서운관지』에 백홍관일이 일어나자마자 임금에게 보고해야 하는 1급 천변으로 분류되어 있는 까닭을 알 수 있다.

그림 3-12의 「풍운기」에 나타난 것은 한 겨울 오전에 나타난 해무리다. 스케치까지 그려 놓았다. 실제로 촬영된 해무리 현상과 비교하면 상당히 유사함을 알 수 있다. 해를 중심으로 동그란 모양의 해무리가 해무리, 즉 훈(暈)이고, 해무리의 좌우에 약간 밝은 부분이 해귀고리, 즉 이(珥)이다. 또한 훈의 윗부분에 가까이에 있는 것이 해모자, 즉 관(冠)이며, 그 위에 뒤집혀 있는 것이 배(背)이다. 훈(暈)은 테두리란 뜻이고, 이(珥)는 귀걸이, 관(冠)은 모자, 그리고 배(背)는 등을 뜻한다. 실제 관측된 해무리 사진을 보면, 배(背)의 안쪽은 붉고 바깥쪽은 푸르다는 「풍운기」의 관측 기록이 사실과 부합함을 알 수 있다.

와다 유지는 『조선고대관측기록조사보고』에 「조선상위고(朝鮮象緯考)」, 즉 조선의 천문학사를 서술하면서, 1745년부터 1904년까지의 「풍운기」, 1737년부터 1844년에 걸친 『천변등록』, 1660년부터 1701년에 걸친 「성변측후단자」, 1723년부터 1759년 사이의 『성변등록』 등을 활용했다. 모두 그가 관상소에서 손에 넣은 것들이다. 그는 이 자료들을 전문가들이 직접 상당히 오랜 동안 작성한 기록이기 때문에 무척 중요시했다.

표 3-3. 건륭 13년 음력 10월 16일자 백홍관일기록. 와다 유지의 논문에 남아 있는 단 한 장의 「풍운기」 사진에 들어 있는 내용과 그것을 수록한 『승정원일기』와 『조선왕조실록』의 기록이다.

「풍운기」	『승정원일기』	『조선왕조실록』
自朝終日, 或清或密.		
辰時, 日暈兩珥.	辰時, 日暈兩珥.	
巳時午時, 日暈兩珥.	巳時午時, 日暈兩珥.	
暈上有冠, 冠上有背.	暈上有冠, 冠上有背.	
色背內赤外青.	色皆內赤外青.	
白虹貫日.	白虹貫日.	白虹貫日.
坤風.		
아침부터 종일 맑다 구름끼다 함.		
진시(오전 8시경)에 해무리(暈)가 생기고 양쪽에 해귀고리(珥)가 있었다.	진시(오전 8시경)에 해무리(暈)가 생기고 양쪽에 해귀고리(珥)가 있었다.	
사시(오전 10시경)와 오시(정오 무렵)에 해무리(暈)와 양쪽에 해귀고리(珥)가 있었다. 해무리 위에는 해모자(冠)가 있었고, 해모자(冠) 위에는 해등(背)이 있었다. 해등의 안쪽은 붉은색이고 바깥은 파란색이었다.	사시(오전 10시경)와 오시(정오 무렵)에 해무리(暈)와 양쪽에 해귀고리(珥)가 있었다. 해무리 위에는 해모자(冠)가 있었고, 해모자(冠) 위에는 해등(背)이 있었다. 해등의 안쪽은 붉은색이고 바깥은 파란색이었다.	
흰 무지개(白虹)가 해를 꿰뚫었다. 곤방(서남쪽)에서 바람이 불었다.	흰 무지개(白虹)가 해를 꿰뚫었다.	흰 무지개(白虹)가 해를 꿰뚫었다.

지금 특히 「풍운기」에 대해 서술하자면, 매일의 기록은 낮과 밤의 두 항목으로 나누었는데, 낮에는 두 사람, 밤에는 5경으로 나누어 매 경마다 한 사람의 숙직을 두고, 맑고 흐림, 비와 눈, 서리와 안개는 물론이고, 풍향, 번개와 우레, 우박과 싸락눈, 지진, 별똥, 혜성, 해무리와 달무리, 금성, 해의 빛깔, 구름의 빛깔에 이르기까지 모두 빠짐없이 적어 넣었다. 특히 눈과 비, 서리와 안개에는 강약의 정도를 규정했고, 지진의 방향을 적어 넣은 것도 많다. —『조선고대관측기록조사보고』, 「조선상위고」

와다 유지는 1905년에 이논수 관상소장으로부터 1896년부터 1904년 사이의 「풍운기」 9권을 빌려다 서울의 월별 강우량표를 만들어 논문으로 발표했다. 9년 동안 「풍운기」가 9권의 책으로 정리되어 있다면, 그것은 매년마다 관측 기록을 한 권의 책으로 정리했음을 뜻한다. 와다 유지가 이것을 『풍운기초록』이라고 부른 것을 보면, 아마도 『천변초출』과 같이 『풍운기초출』쯤 되는 문건이 아닐까 생각된다. 그 후 와다는 이 책을 관상소에 반납한 것이 분명하다. 왜냐하면 1910년에 다시 그것을 찾으려고 하고 있기 때문이다. 그는 1910년에 다시 관상소에서 「풍운기」 아홉 권을 찾아보았으나, 이미 사라지고 없었다. 만일 이 책을 관상소의 누군가가 빼돌린 것이라면, 이 아홉 권은 지금 어딘가에 있을 가능성도 있다.

앞서 와다 유지가 조사한 조선의 『풍운기초록』은 1743년부터 1843년까지의 것인데, 630개월치가 남아 있었다고 한다. 그런데 1770년 이후의 「풍운기」에는 비가 왔는지 여부와 비의 양을 측우기로 측정한 값도 적혀 있었다고 한다. 그 까닭은 1770년에 영조 임금이 "세종대왕 때의 옛 제도를 모방해 측우기를 만들어 창덕궁과 경희궁에 설치하고, 팔도(八道)와 양도(兩都, 강화와 개성)에도 모두 측우기를 설치해 빗물의 양을 살피도록 하고,

측우기의 빗물 높이가 얼마인가를 말을 달려 보고하도록 하라."라고 명했기 때문이다. 빗물의 양이 적혀 있는 「풍운기」만 해도 468개월에 달했다고 한다.

현존하는 『천변등록』

조선 시대 내내 관상감의 천문학자들이 관측해 남긴 방대한 관측 기록들은 1905년에 일본인 와다 유지가 일부를 열람했고, 1910년에는 그에 의해 그가 근무하던 인천의 조선 총독부 관측소로 옮겨져 정리된 다음 그 도서관에 소장되었다. 1936년경에는 한국에 근대 천문학의 씨앗을 심은 미국인 칼 루퍼스에 의해 인천에 있던 조선 총독부 관측소의 도서실에서 목격되었다. 그 관측 기록은 크게 두 가지로 나눌 수 있다. 천문 현상의 관측 기록은 「성변측후단자」, 『천변등록』, 『천변초출』 등의 이름으로 남았는데, 세키구치 리키치가 1917년에 쓴 글에 소개되어 있듯이 최소한 『천변등록』 여덟 책과 『천변초출』 네 건이 남아 있었음을 알 수 있다. 또 다른 한 가지는 「풍운기」라는 관측 보고서인데, 조선 후기 약 200년 동안의 관측 자료가 남아 있었던 것으로 확인되며, 1896년부터 9년간의 「풍운기」는 1905년에는 관상소에 보관되어 있었으나, 1910년에는 이미 종적을 감추었음을 확인할 수 있었다. 그리하여 「풍운기」는 현재, 와다 유지와 세키구치 리키치 등의 일본인들이 논문에 자료를 어느 정도 정리한 것만 남아 있고, 원본은 단 하루치의 「풍운기」만이 그 논문에 사진으로 남아 있을 뿐 나머지 전체는 행방이 묘연하다. 지금 어느 소장가의 문갑 속에서 잠자고 있을지도 모른다.

「성변측후단자」나 『천변등록』, 『천변초출』도 「풍운기」만큼이나 많았을 것이다. 『서운관지』에 정해진 관측 규정과 절차에 따르면, 「풍운기」와 마찬가지로 날마다 작성했던 문서였기 때문이다. 세키구치의 1917년 글에 명시된 여덟 책의 『천변등록』과 네 건의 『천변초출』은 1936년 루퍼스 박사가 최후로 그 존재를 증언한 이래 약 40년간 행방이 알려지지 않고 있었다. 천문학사를 연구하는 학자들은 애타게 자료가 다시 등장하기를 학수고대하고 있었다. 그러던 중, 1978년 11월 25일에 연세 대학교 국학연구원이 주최한 "17, 18세기 한국의 역산가들"이라는 제2회 학술 세미나에서 나일성 교수가 조선 시대의 「성변측후단자」에 대해 발표를 할 때, 학회에 참석하고 있던 역사학자 손보기 교수가 놀라운 사실을 학계에 알렸다. 즉 연세 대학교 도서관이 1978년 천안 지방에서 「성변측후단자」의 일부를 사들였다는 것이다!

이 「성변측후단자」는 사실 『천변등록』이라 해야 하는데, 지금 남아 있는 세 점은 모두 혜성 기록이며, 경종 3년(1723년) 음력 9월의 『성변등록』, 영조 35년(1759년) 음력 3월의 『성변등록』, 영조 35년 12월(1760년 1월)의 『객성등록』 등이다. 이 세 점의 『천변등록』은 2007년 3월 22일 서울특별시 유형문화재 제222호로 지정되었다. 중요성을 감안한다면 국보나 보물로 지정되어도 좋을 것이다.

연세 대학교에 소장되어 있는 『천변등록』들 가운데 1759년 3월의 『성변등록』은 바로 핼리 혜성을 관측한 기록이다. 영국의 에드먼드 핼리는 이 혜성이 주기 혜성이라는 사실을 최초로 알아냈다. 그가 예측한 시기에 예측한 위치에 이 혜성이 나타났으므로 이 혜성은 첫 번째 주기 혜성으로서 핼리의 이름이 헌정되었다. 이 혜성을 영조 때 최고의 관상감 천문학자인 안국빈과 그의 후계자라고 할 수 있는 천문학자 김태서가 관측했다. 이에 관해서는 조금 뒤에 자세하게 소개할 것이다.

이 세 『천변등록』들은 모두 세키구치의 목록에 들어 있음이 확인된다. 그러나 세키구치의 목록에 수록되어 있는 나머지 다섯 건의 『천변등록』과 네 건의 『천변초출』의 행방은 여전히 오리무중이었다. 그런데 1999년 말 일본의 와타나베 이치로(渡辺一郎) 교수가 현종 2년의 『성변등록』, 현종 5년의 『천변등록』, 그리고 현종 9년의 『성변등록』 등을 제록스 복사한 것을 나일성 교수에게 전해 주었다. 와타나베 교수가 이것을 어디서 어떻게 구했는지는 알려지지 않았다. 이 등록들은 모두 세키구치의 목록에 있는 것들이었다.

와타나베 이치로 교수가 공개한 『천변등록』들 중 1661년의 『성변등록』은 혜성을 관찰한 기록이다. 그러나 안타깝게도 혜성의 위치와 모양을 그린 스케치는 빠진 상태이다. 『승정원일기』를 찾아보면, 관상감의 천문학자들은 이 혜성을 1661년 음력 1월 6일에 처음 발견했다. 양력으로는 1661년 2월 4일이었다. "객성(客星) 같은 기운이 허수(虛宿)와 위수(危宿) 사이에 나타났다." 처음에는 혜성인지 판가름이 안 되어 객성(客星)으로 분류되었다. 그 후 이틀은 날씨가 좋지 않아서 관측을 못하다가, 드디어 음력 1월 9일과 10일에 관측을 해 본 결과, "객성의 모습은 어제와 다름이 없으나, 하고(河鼓) 쪽으로 조금 옮아간 것 같고 꼬리의 흔적이 보이므로 혜성 같다."라고 판단되었다.

혜성이 나타나자, 음력 1월 11일(양력 2월 9일)에 영의정 정태화(鄭太和)는 천문 관측에 능숙한 이광보(李光輔)와 송이영(宋以穎)을 관측에 참여시키자고 추천했고, 돈녕부 영사 이경석(李景奭)은 감독을 철저하게 하기 위해 문신 세 사람을 더 파견하자고 하여, 국왕의 승인을 얻었다. 이 내용은 『승정원일기』와 『성변등록』에 모두 실려 있다.

이때 혜성 관측에 참여한 송이영은 나중인 1669년에 서양식 자명종의 원리를 응용해 혼천시계를 만든 관상감의 천문학자이다. 한국은행 1만 원 지폐에 있는 혼천의는 이 혼천시계의 일부분이다. 또한 이때 파견된 문관 세 사람은 홍문관 교리 이민적(李敏迪), 이조정랑 남구만(南九萬), 홍문관 부수찬 김만기(金萬基)[45] 등이었다. 남구만은 호가 약천(藥泉)이며 나중에 영의정에 오르는데, 숙종 14년(1688년)에 몸소 터를 살펴서 창경궁 금호문 밖에 관상감을 중건했다고 한다. 그의 문인으로는 천문학과 수학에 조예가 있었던 최석정(崔錫鼎)[46]이 있다. 김만기는 호가 서석(瑞石)이다. 소설 『구운몽』의 저자인 서포(西浦) 김만중(金萬重)의 형님이며, 숙종의 비인 인경왕후(仁敬王后)의 아버지이며, 그의 아들 진규(鎭圭), 손자 양택(陽澤) 등 3대가 모두 홍문관 대제학, 즉 문형(文衡)을 지냈다.

그 이후 음력 1월 30일(양력 2월 28일)까지 날씨가 좋지 않아도 관측은 계속되었다. 무슨 까닭인지는 모르겠으나 측후관(사실은 감독관)으로 선정된 문관 세 사람 중에서 김만기는 음력 1월 13일에 단 한 차례만 관측했고, 주로 남구만과 이민적이 교대로 관측했는데, 관측이 거의 끝나갈 무렵인 1월 26일에 남구만이 병으로 관측에 참여하지 못했다. 승정원에서 국왕에게 이를 고발했고, 국왕은 사헌부와 형조에 이를 조사하도록 지시했다. 이러한 내용도 『성변등록』에 기록되어 있다.

이 혜성은 발견된 뒤로 점점 커졌다가 다시 작아져서 음력 1월 17일에는 아주 희미해졌고 꼬리도 보이지 않았다. 그 후로도 거의 열흘이 넘게 관측을 했으나, 혜성은 더 이상 관찰되지 않았다. 마침내 음력 1월 29일이 되자 달도 뜨지 않아 밤하늘이 캄캄했고 또한 날씨도 맑은데도 혜성은 볼 수가 없었다. 관측자들은 마침내 혜성이 사라졌다고 판단하고, 그 이튿날 혜성이 사라졌다는 내용의 보고서를 작성했다. 그러므로 관상감 천문학자들이 혜성을 마지막으로 본 것은 음력 1월 17일(양력 2월 15일)이었다.

와타나베 이치로 교수가 공개한 1661년 『성변등록』은 바로 이케야-장 혜성의 관측 기록이다. 2002년 무렵에 지구를 찾아온 이케야-장 혜성의 관측 기록을 바탕으로 혜성 궤도를 계산해 보니, 이 혜성은 1661년에 지구를 찾아왔던 것으로 밝혀졌다. 이 혜성은 조선의 관상감 천문학자들도 관측했지만, 유럽의 유명한 천문학자인 요한네스 헤벨리우스(Johannes Hevelius, 1611~1687년)도 자세히 관측해 기록을 남겼으며 헤벨리우스가 관측한 것으로 공인되어 C/1661 C1(Hevelius)라는 이름이 붙어 있다. 이처럼 이케야-장 혜성은 과거의 관측 기록으로 주기 혜성임이 검증되어 지금은 '153P/Ikeya-Zhang'이라는 주기 혜성의 이름이 붙어 있다.

헤벨리우스는 1661년 2월 3일부터 3월 28일까지 이 혜성을 매우 꼼꼼하게 관측해 그 결과를 『코메토그라피아』에 실었다. 그의 저서 『코메토그라피아』에는 날짜 별로 혜성의 모양 변화를 스케치한 것이 있다. 관상감의 1661년 『성변등록』에는 혜성 그림이 빠져 있어서 좋은 참고가 되겠다. 『코메토그라피아』에는 모두 35회의 관측 자료가 남아 있는데, 관측 오차가 적경은 ±0°.33, 적위는 ±0°.10로 상당히 정밀한 관측치라고 한다. 물론 최근 2002년의 관측치는 훨씬 더 정밀하다. 일본의 하세가와 이치로와 나카노 슈이치는 2002년과 1661년에 관측한 혜성의 위치들로부터 보다 정밀한 혜성의 궤도를 구할 수 있었다. 이렇게 구한 혜성의 궤도로부터 이 혜성이 과거의 위치를 계산해 역사 속에 기록되어 있는 혜성과 비교해 보았다. 그 결과 877년에 일본과 유럽에서 관측된 혜성이 바로 이케야-장 혜성으로 판명되었다.

겐케이(元慶) 원년 음력 정월 25일(877년 양력 2월 11일) 유각(酉刻, 저녁 6시무렵)에

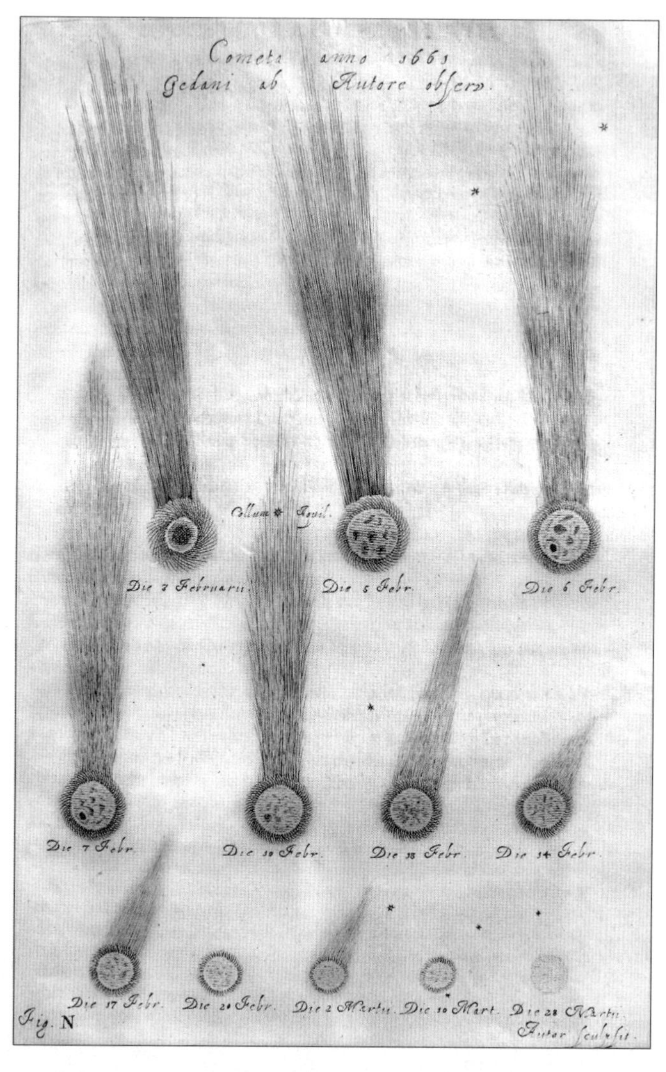

그림 3-13. 1661년 혜성의 스케치. 헤벨리우스의 『코메토그라피아』. 케임브리지 대학교 휘플 과학사 도서관 (Whipple Library, University of Cambridge) 제공.

객성이 벽수(壁宿)에 나타났다. —『삼대실록(三代實錄)』,『일본기략(日本紀略)』,『일대요기(一代要記)』,『명월기(明月記)』

그런데 일본의 관측 기록에 혜성의 위치가 별들과의 상대적인 위치로 비교적 정확하게 기록되어 있으므로, 이 사실을 만족하는 혜성의 궤도를 구함으로써 궤도가 좀 더 확실해졌다. 이렇게 개선된 궤도 값을 가지고 추적해 본 결과, 1273년에 일본과 고려에서 관측된 혜성도 이케야-장 혜성으로 확인되었다. 일본에서는 1273년 양력 2월 5일 저녁에 서쪽 하늘에서 관측되었고, 고려에서는 1273년 양력 2월 17일 새벽에 동쪽 하늘에서 혜성이 관측되었다. 그들은 이 모든 혜성 기록들을 만족하는 좀 더 정밀한 혜성의 궤도를 계산해 냈다. 이것으로부터 그들은 이 혜성이 과거 역사 속에서 77년과 459년에도 나타났어야 한다고 예측했다. 이 두 번의 혜성 귀환은 아직 역사 기록에서 확인되지 않고 있다. 또한 그들은 앞으로 2362년에 이 혜성이 다시 근일점으로 돌아오므로 우리가 관측이 가능하리라고 예측했다.

혜성의 위치를 측정해 그 자료로부터 궤도를 추산하고 옛날에 혜성이 어디에 있었는지를 정확하게 계산하는 일은 쉽지 않다. 그 까닭은 다음과 같다. 혜성은 태양계에서도 작은 천체이기 때문에 해와 행성들의 중력에 민감하게 영향을 받는다. 주로 해의 영향을 많이 받고 목성과 토성이 큰 영향을 준다. 혜성이 과거에는 어디에 있었는지를 계산하려면 이러한 태양계의 주요 천체들의 중력적 영향을 모두 고려해 주어야 한다. 혜성의 궤도가 황도면에 가까우면 행성들의 중력 효과가 혜성의 궤도에 더 큰 영향을 미친다. 그런데 이러한 것을 잘 고려하더라도 혜성의 궤도 계산을 어렵게 하는 점이 있다.

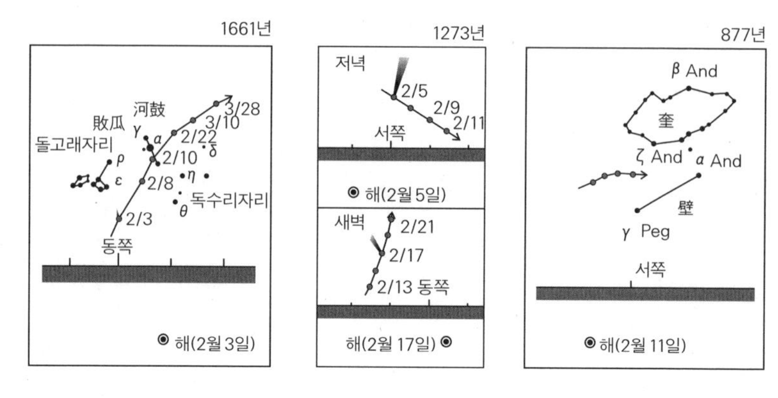

그림 3-14. 1661년, 1273년, 877년에 회귀한 이케야-장 혜성. 일본의 하세가와 이치로와 나카노 슈이치가 계산한 혜성의 궤적이다. 역시 기록을 이해하는 데 편리하도록 하고(河鼓), 패과(敗瓜), 규(奎), 벽(壁) 등의 중국 별자리로 나타냈다.

1950년에 휘플이 제안한 더러운 눈덩이 모형에서는 혜성이 근일점에 다가올수록 혜성핵의 표면에서 가스 분출이 일어난다. 그 반작용으로 혜성이 약간씩 궤도가 변하는데, 이러한 효과를 '비중력 효과'라고 한다. 이 효과를 감안하면 혜성의 궤도를 좀 더 정밀하게 계산할 수 있다. 천문학자들이 1910년에 회귀한 핼리 혜성의 궤도를 계산했을 때 핼리 혜성의 실제 근일점 시각이 계산된 것과 약 3일 차이가 났는데, 이 차이를 설명할 길이 없었다. 휘플의 '더러운 눈덩이 모형'이 나오고 '비중력 효과'를 계산에 첨가하고 나서야 그 차이가 해결되었다.

이케야-장 혜성

2002년 2월 1일 저녁에 중국 허난 성 카이펑 시에서 아마추어 천문가 장다칭(張大慶)이 구경 20센티미터 반사 망원경으로 밤하늘을 관찰하고 있었다. 그는 고래자리에서 9등급 밝기를 가진 희미한 혜성을 발견하고 국제천문연맹에 보고했다. 그런데 알고 보니 그보다 1시간 30분 전에 그 혜성을 먼저 발견한 사람이 있었다. 이케야 가오루(池谷薫)라는 일본의 혜성 탐색가가 시즈오카 현에서 25센티미터 반사 망원경으로 혜성을 발견했던 것이다. 미국 보스턴의 케임브리지에 있는 천문 전신 중앙 사무소(CBAT)는 즉각 이 혜성에 C/2002 C1(Ikeya-Zhang)이라는 이름을 붙여 주었다. 이 혜성은 주기 혜성임이 밝혀져 153P/Ikeya-Zhang이라는 정식 명칭이 주어졌다. 이케야가 먼저 발견했지만, 단순히 경도 차이 때문에 일본이 해가 먼저 지기 때문이지 같은 날 서로 독자적으로 발견했다고 볼 수 있다. 이런 경우 천문학계에서는 두 발견자의 이름을 공동으로 붙이는 것이 관례다.

『코메토그라피아』와 헤벨리우스

헤벨리우스는 1611년에 폴란드 그단스크(현재 항구 도시로 조선소가 유명하며 폴란드 민주화를 이끈 레흐 바웬사(Lech Wałęsa, 1943년~)가 이 조선소를 거점으로 자유 노조 운동을 일으켰다.)에서 태어났다. 맥주 양조 사업을 하는 부유한 가문 출신인 그는 1630년에 네덜란드의 라이덴에서 법률을 공부하고 스위스, 런던, 파리 등지의 천문학자들을 방문했다. 1634년 고향에 정착해 이듬해 이웃에 살던 부인을 만나 결혼했다.

그는 평생을 도시 행정가로 살았고 시장을 역임했지만, 1639년부터 최대의 흥미는 천문학이었다. 1641년에 집 옥상에 천문대를 세워 '별의 성'이라는 이름을 붙였다. 1647년에는 달, 해, 토성, 목성 등을 정밀하게 관측해 『셀레노그라피아(*Selenographia*)』를 출간했다. 라틴 어로 '셀레노'는 달을, '그라피아'는 그림을 뜻하므로 '달 그림책'이다. 물론 원래 제목은 훨씬 더 길지만 간단히 『셀레노그라피아』라고 하는 이 책에는 제목대로 달의 정밀한 지도가 들어 있고 초승달부터 그믐달까지 모양에 따라 월면 지도를 수록했다. 그가 '달 지도'에 나타낸 여러 지형물에 나름대로 붙인 이름들은 오늘날까지 살아남지 못했고, 다만 달 표면의 어두운 부분을 '바다'라고 부른 것만 살아남았다. 현재 사용되는 달의 지형들의 이름은 이탈리아의 천문학자이자 예수회 신부인 조반니 리키올리(Giovanni Riccioli, 1598~1671년)가 지은 이름으로 모두 대체되었다. 달의 지형에 역사상 유명한 천문학자들과 수학자들의 이름을 붙인 것이 인기의 비결이 아니었나 싶다.

나는 케임브리지 대학교 휘플 도서관에서 헤벨리우스의 저서 원본들을 조사할 기회가 있었다. 특히 『셀레노그라피아』는 350년이 된 책이라고는 믿어지지 않을 정도로 종이가 깨끗했다. 나무 펄프로 제작한 종이가 아니라 옷감을 만드는 섬유로 만들었기 때문인데, 책장 넘김이 매우 부드러웠다. 삽화들은 정교하게 인쇄되어 있었다. 이 모든 것들이 17세기 당시의 장인들의 손길로 만들어진 것이다.

헤벨리우스는 1668년에 『코메토그라피아(*Cometographia*)』를 출간했다. '코메토'는 혜성을 뜻하는 라틴 어로, 간단히 말해 '혜성 그림책'이라는 뜻이다. 이 책에서 헤벨리우스는 땅위에서 위로 던져 올려진 물체가 포물선을 그린다는 점에서 착안하여, 혜성도 포물선 궤도를 따라 움직인다고 제안했다.

『코메토그라피아』의 맨 앞에는 그의 이론을 한눈에 보여 주는 삽화가 있다. 가운데에 앉아 포물선 궤도를 손가락으로 가리키고 있는 사람은 헤벨리우스 자신이다. 다만 그가 가리키고 있는 도면에는 혜성이 목성으로부터 나선 운동을 하

그림 3-15. 『코메토그라피아』. 케임브리지 대학교 휘플 과학사 도서관(Whipple Library, University of Cambridge) 제공.

면서 튀어나온 것으로 그려져 있다. 물론 이러한 생각은 잘못된 것이다. 헤벨리우스의 왼쪽에 있는 사람은 대기 중을 제멋대로 날아다니는 혜성 그림을 들고 있다. 프톨레마이오스 혹은 아리스토텔레스로 볼 수 있다. 직선 궤도를 그린 그림을 손에 들고 오른쪽에 서 있는 사람은 케플러이다. 그 그림에는 혜성의 궤도가 직선으로 그려져 있는데 혜성의 꼬리가 전부 해의 반대쪽을 향해 방사상으로 뻗어 있다. 이 사실은 페트루스 아피아누스(Petrus Apianus, 또는 Apian, 1495~1552년)가 발견한 것으로 태양풍이 존재한다는 과학적 증거이다.

삽화를 다시 보면, 하늘에 혜성이 있다. 아마도 헤벨리우스의 '별의 성'으로 보이는 집의 저택의 옥상에서는 사람들이 몇 가지 관측 기구를 가지고 그 혜성을 관찰하고 있다. 기다란 장대에 망원경을 매달아 놓은 것이 보이는데, 이것이 헤벨리우스가 만든 유명한 아주 기다란 케플러식 망원경이다.

그는 커다란 망원경들과 정교한 관측 장비들을 여럿 만들어서 천체를 관측했다. 그는 직접 망원경을 설계하고 제작했으며, 직접 천체를 관측해 스케치를 하고 그 정체를 궁리했다. 이런 일을 해 본 사람은 알겠지만, 상당히 복잡한 프로젝트를 잘 수행한 것이다. 그의 책에 그려 놓은 망원경 렌즈를 연마하는 기계와 공방을 나타낸 그림을 보면 치밀함과 장인 정신이 느껴지기도 한다. 그러한 그의 관측 기구 제작에 관한 내용은 1673년에 출간된 그의 저서 『마키나 첼레스티스(*Machina Coelestis*)』에 매우 자세히 서술되어 있다. '마키나'는 영어로 기계를 뜻하는 머신(machine)을 가리키고 '첼레스티스'는 영어로 하늘을 뜻하는 셀레시얼(celestial), 즉 '하늘의 기계'라는 뜻이다.

1690년에 그는 『프로드로무스 아스트로노미애(*Prodromus Astronomiae*)』를 출간했다. 물론 상당히 긴 라틴 어 제목을 짧게 줄인 것인데 우리말로 번역하면 '초급 천문학' 정도가 된다. 여기에는 1564개의 별을 담은 항성 목록이 수록되었고 50개의 아름다운 성도가 들어 있다. 이 가운데 11개가 헤벨리우스가 새로 정의한 별자리들로 그중에서 7개가 지금도 사용되고 있다.

그는 별빛의 경로가 지구 대기에 의해 굴절되는 양을 측정했고, 태양 흑점에 반영부(penumbra), 그리고 해의 표면에 밝은 반점이 있음을 발견했다. 그가 이 흰 반점에 붙인 패큘래이(faculae)라는 이름은 지금도 사용되고 있다.

4장

「성변측후단자」 속 핼리 혜성

에드먼드 핼리

영국의 에드먼드 핼리는 1656년에 런던 북동부 해거스톤에서 태어났다. 그의 아버지는 비누 제조업으로 성공한 사업가였다. 어린 핼리가 천문학에 관심을 갖게 된 까닭은 확실히 알려져 있지 않다. 아마도 1664년과 1665년에 나타났던 대혜성을 본 것이 일부 동기가 되었을 수도 있다. 그가 1673년에 옥스퍼드 대학교에 들어갔을 때, 이미 천문학자가 되기로 마음먹고 있었던 것이다. 옥스퍼드에서도 그는 똑똑한 학생이었다. 영국의 제1대 왕실 천문학자인 존 플램스티드가 그를 알아보고 방학 때 그리니치 천문대로 핼리를 초청해 함께 천체를 관측하기도 했다.

핼리는 옥스퍼드 대학교를 졸업하기도 전에 아버지를 졸라 경비를 지원 받아 2년 동안 남반구 하늘이 보이는 세인트 헬레나 섬으로 관측 여행을 갔다. 당시 플램스티드는 북반구 하늘의 별들의 위치를 측정해 성표를 작성하고 있었다. 역사상 처음으로 망원경을 사용해 맨눈으로는 보이지 않는 별들까지 위치를 매우 정밀하게 측정한 대사업이었다.[47] 핼리는 똑같은 작업을 남반구의 별들에 대해서 수행할 결심이었다. 19세 풋풋한 청년의 도전 정신이 빛이 나는 순간이다. 마침내 핼리는 1678년에 작업을 완수하고 귀국했다. 그의 업적은 영국 왕립 학회의 인정을 받았으며, 학회의 후원자인 영국 국왕 찰스 2세도 감명을 받아 옥스퍼드 대학교로 하여금 졸업을 하지 못한 핼리에게 석사 학위를 수여하도록 했다.[48]

1680년에 새벽에 혜성이 하나 나타났는데 마침 그때 핼리는 파리로 가는 중이었다. 그가 파리에 도착했을 때 이번에는 저녁 하늘에 혜성이 나타났다. 그 혜성은 파리 시민들의 입에 오르내리고 있었지만, 그 혜성이 얼마 전 새벽에 동쪽 하늘에 나타났던 혜성과 같다는 사실은 알지 못했다. 케임브리지에서 혜성을 관찰한 뉴턴도 두 혜성은 별개의 천체라고 생각했다. 핼리는 혜성의 궤도를 계산해 보기 시작했다. 그는 혜성이 직선 운동을 한다는 케플러가 주장을 받아 들여 계산을 해 보았지만, 관측 결과와 맞지 않았다.

세월은 흘러 1682년에 런던으로 돌아온 핼리는 결혼을 했다. 그때 또 다른 혜성이 나타났다. 그의 관측 노트에 따르면 그는 1682년 8월 31일에 목동자리 근처에서 혜성을 발견했다. 이 혜성은 또 다시 그의 관심을 자극했다. 1684년에도 핼리는 혜성의 궤도에 대해 고민하고 있었다. 그해에 그는 케임브리지에 있는 뉴턴을 방문했다. 핼리는 거기서 당대의 대학자가 20년 동안 혼자서 행성들과 혜성의 궤도를 설명할 수 있는 중력 이론을 연구하고 있음을 보고 깜짝 놀랐다. 영국 왕립 학회의 임원이었던 핼리는 뉴턴의 연구 결과를 책으로 출판할 것을 종용했다. 그러나 영국 왕립 학회는 출판 비용을 대지 않았으며, 출판 비용은 결국 핼리가 댔다.

이렇게 해서 1687년에 세상에 빛을 본 책이 과학사에 길이 남을 『프린키피아』이다. 라틴 어 원제목은 『필로소피애 나투랄리스 프린키피아 마테마티카(*Philosophiae Naturalis Principia Mathematica*)』, 즉 『자연 철학의 수학적 원리』이다. 책의 제목에서 우리는 프랑스의 수학자이자 철학자인 르네 데카르트(René Decartes, 1596~1650년)가 1644년에 출간한 『철학의 원리(*Philosophiae Principia*)』의 영향을 받았음을 짐작할 수 있다.

데카르트의 『철학의 원리』는 당시 유럽 학계에 큰 반향을 불러일으켰고, 뉴턴도 그 책을 읽고 깊은 영향을 받은 것이 분명하다. 그는 데카르트의 책 제목에다 자연(Naturalis)과 수학(Mathematica)이라는 수식어 둘을 덧붙인 것으로 생각된다. 더군다나 두 책 모두, 유클리드의 『기하원론』과 마찬가지로 13개의 장(章)으로 되어 있고 '공리 체계'에 따라 서술되었기 때문이다.

핼리 혜성

뉴턴은 모든 천체가 서로 끌어당기며 상호 작용한다는 만유인력, 즉 중력을 발견했다. 그는 이것을 바탕으로 1680년에 나타난 혜성의 궤도를 계산해 보고 그 혜성이 포물선 궤도를 갖는다고 결론을 내렸다. 케플러의 직선 궤도 이론이 종지부를 찍는 순간이었다. 핼리는 뉴턴의 연구에 고무되어 자신이 직접 혜성의 궤도를 살피기 시작했다. 그런데 어떤 혜성들은 포물선 궤도가 아니라 타원 궤도인 것 같았다. 몇 년 뒤에 뉴턴이 계산한 것을 검산하던 핼리는 뉴턴이 부정확한 관측 자료를 사용했음을 발견했다.

정확한 관측치를 집어넣자, 1680년 혜성은 타원 궤도를 돌고 있음이 드러났다.

계속해서 핼리는 역사상 나타났던 여러 혜성들의 관측 기록을 분석했는데, 1682년 혜성이 매우 흥미를 끌었다. 그의 계산이 맞는다면, 1682년에 나타났던 혜성은 1607년에 케플러가 관측했고 좀 더 거슬러 올라가 1531년에 아피안이 관측했던, 바로 그 혜성과 궤도 요소가 너무나 비슷했다. 물론 그가 궤도를 계산하는 데 사용한 1682년 혜성의 위치 측정값들은 플램스티드라는 탁월한 관측 천문학자가 망원경으로 측정한 것이므로 관측값에 대해서는 의심의 여지가 없었다.

핼리가 10년 넘게 치열하게 연구한 결과는 1705년에 라틴 어로는 『시놉시스 아스트로노미아 코메티캐(*Synopsis Astronomia Cometicae*)』, 우리말로는 『혜성 천문학 개요』라는 책으로 출판되었다. 그 안에는 24개의 혜성들의 궤도를 구한 결과가 하나의 표로 압축되어 있다.

표 4-1에서 혜성들의 궤도 요소를 보면 1531년, 1607년, 그리고 1682년에 나타난 혜성들의 궤도 요소가 서로 매우 비슷함을 알 수 있다. 그래서 핼리는, 이 역사 속의 혜성들은 사실은 하나의 혜성이 아주 길쭉한 타원 궤도를 돌면서 약 76년의 주기로 회귀하는 것이라고 주장했다. 그리고 후세의 천문학자들에게 1758~1759년에 그 혜성이 다시 돌아올 것이니 잘 관측해 줄 것을 제안했다. 마침내 이 혜성은 그가 예측한 무렵에 다시 나타났고, 그 혜성은 "핼리의 혜성"이라는 이름이 붙었다.

이 혜성은 '1P/Halley'라는 식별 부호를 갖고 있다. 맨 앞의 1은 일련번호이니, 이 혜성이 맨 처음 궤도가 알려진 주기 혜성임을 뜻한다. 또한 핼리(Halley)라는 이름은 그 혜성의 정체를 밝힌 에드먼드 핼리를 기념해 붙인 이름이다. 핼리는 핼리 혜성의 발견자로서 유명하지만 그뿐만이 아

표 4-1. 에드먼드 핼리가 계산한 역사 속의 혜성들의 궤도 요소들. 1531년, 1607년, 그리고 1682년에 나타난 혜성들은 모두 엇비슷한 궤도 요소를 갖는다. 이 사실로부터 핼리는 이 세 혜성이 사실은 한 혜성이 대략 76년마다 회귀하는 것으로 파악했다.

연도	승교점 위치				궤도경사			근일점 위치				근일점 거리	근일점 통과 시각			
		°	′	″	°	′	″		°	′	″		월	일	시	분
1337	Gem	24	21	0	32	11	0	Tau	7	59	0	0.40666	6	2	6	25
1472	Cap	11	46	20	5	20	0	Tau	15	33	30	0.54273	2	28	22	0
1531	Tau	19	25	0	17	56	0	Aqr	1	39	0	0.56700	8	24	21	18.5
1532	Gem	20	27	0	32	36	0	Cnc	21	7	0	0.5091	10	19	22	12
1556	Vir	25	42	0	32	6	30	Cap	8	50	0	0.46390	4	21	20	3
1577	Ari	25	52	0	74	32	45	Leo	9	22	0	0.18342	10	26	18	45
1580	Ari	18	57	20	64	40	0	Cnc	19	5	50	0.59628	11	28	15	00
1585	Tau	7	42	30	6	4	0	Ari	8	51	0	1.09538	9	27	19	20
1590	Vir	15	30	40	29	40	40	Sco	6	54	30	0.57661	1	29	3	45
1596	Aqr	12	12	30	55	12	0	Sco	18	16	0	0.51293	7	31	19	55
1607	Tau	20	21	0	17	2	0	Aqr	2	16	0	0.58680	10	16	3	50
1618	Gem	16	1	0	37	34	0	Ari	2	14	0	0.37975	10	29	12	23
1652	Gem	28	10	0	79	28	0	Ari	28	18	40	0.84750	11	2	15	40
1661	Gem	22	30	30	32	35	50	Cnc	25	58	40	0.44851	1	16	23	41
1664	Gem	21	14	0	21	18	30	Leo	10	41	25	1.025755	11	24	11	52
1665	Sco	18	02	0	76	05	0	Gem	11	54	30	0.10649	4	14	5	15.5
1672	Cap	27	30	30	83	22	10	Tau	16	59	30	0.69739	2	20	8	37
1677	Sco	26	49	10	79	03	15	Leo	17	37	5	0.28059	4	26	00	37.5
1680	Cap	2	2	0	60	56	0	Sgr	22	39	30	0.006125	12	8	00	6
1682	Tau	21	16	30	17	56	0	Aqr	2	52	45	0.58328	9	4	07	39
1683	Vir	23	23	0	83	11	0	Gem	25	29	30	0.56020	7	3	2	50
1684	Sgr	28	15	0	65	48	40	Sco	28	52	0	0.96015	5	29	10	1
1686	Psc	20	34	40	31	21	40	Gem	17	00	30	0.32500	9	6	14	33
1698	Sgr	27	44	15	11	46	0	Cap	00	51	15	0.69129	10	8	16	57

니다. 1718년에 그는 별들이 고유한 운동을 하고 있음을 발견했다. 그는 아랍 어와 고대 그리스 어를 배워서 아폴로니우스가 쓴 『원뿔 곡선』이라는 기하학의 고전을 영어로 번역하기도 했다. 1719년 12월 31일에 제1대 왕실 천문학자인 플램스티드가 죽자, 1720년에 핼리가 그 자리를 이어받아 영국의 제2대 왕실 천문학자가 되었고 1742년에 85세를 일기로 운명할 때까지 그 자리에 있었다.

핼리의 지성은 천문학에만 국한되지 않았다. 그는 심지어 국민 연금 설계에 필수적인 생명표를 작성하는 데 필요한 통계학과 수학적 기법도 개발했다. 이러한 수학적 근거가 없었다면, 국민 연금, 생명 보험, 화재 보험 등은 시행되기 힘들었다. 정확한 통계가 있어야만 연금 납부자인 개인과 연금 지급자인 나라가 모두 손해를 입지 않을 것이기 때문이다. 이와 같이 통계학이란 수학의 분야는 나라(state)에 관한 학문이라는 뜻으로 스태티스틱스(statistics)라는 이름이 붙었다.

세계에서 가장 먼저 연금 제도를 시행한 나라는 독일이다. 독일은 우체국 제도가 발달했으므로 시골 산간 마을까지 우체국 망이 뻗어 있었다. 독일의 비스마르크는 이 장점을 활용해 국민 연금 제도를 실시했다. 영국은 독일의 연금 제도가 잘 운영되는 것을 확인하고 자국의 연금 제도를 시행했다. 이와 같이 유럽의 선진국들은 수학이 국가 경영에 매우 중요하다는 것을 역사적으로 체험했던 것이다. 한국은 후발 주자로서 이러한 역사적 경험이 부족하므로 수학에 대한 전반적인 인식이 크게 높아져야 할 필요성이 있다.

과학의 언어인 공리 체계

공리 체계는 수학과 과학의 기본 언어요 과학적 사고방식의 핵심이다. 이 개념을 이해하는 것은 매우 중요하다. 논리학에서는 우리가 언어(즉 말과 글)로 표현한 주장을 "언명(statement)"이라 한다. 그중 참과 거짓을 분명하게 가릴 수 있는 것들을 "명제(proposition)"라고 한다. 예를 들어 "n이 자연수일 때, n^2이 홀수면 n은 홀수다."나 "이율곡은 사람이다."라는 언명은 명제다. "그녀는 예쁘다."나 "김밥이 맛있다."라는 언명은 참이냐 거짓이냐를 따지기 힘든 주관적인 판단에 대한 것이므로 명제가 아니다. 또한 참인지 거짓인지를 따져보는 과정을 "증명"이라고 한다.

여기까지는 비교적 이해가 쉽다. 그런데 고대 그리스의 철학자들은 한걸음 더 나아갔다. 즉 명제들 중에는 증명이 필요 없거나 증명할 수 없는 것들이 존재함을 깨달은 것이다. 이것을 "공리(axiom)"라고 부른다. 또한 공리를 근거로 참이라고 "증명된(proved)" 명제를 "정리(theorem)"라고 한다. 그리고 이러한 공리와 정리들을 체계적으로 엮어서 서술된 커다란 논리 체계를 우리는 "이론(theory)"이라고 한다. 우리는 '아는 것이 힘이다.'라는 프랜시스 베이컨의 말에 익숙한데, 이때 "아는 것(knowledge)", 즉 지식이란 이러한 정리들과 이론들을 뜻한다.

이 말들이 새롭고 어렵게 느껴질지도 모르겠다. 우리는 모두 이것을 중학교 수학 시간에 접했음에도 불구하고 그 내용이 얼마나 중요한 것인지 배우는 사람도 가르치는 사람도 알지 못했던 것 같다. 수학 시간에 배운 평면 기하학은 바로 그리스의 수학자 유클리드가 저술한 『기하원론』의 핵심 내용 가운데 하나다. 가장 클라이맥스는 피타고라스의 정리, 즉 "빗변의 길이를 제곱한 것은 나머지 두 변의 길이 각각을 제곱해 합한 것과 같다."라는 정리를 증명하는 것이다.

사람은 인생을 살면서 여러 가지 시행착오를 통해 지식을 얻는다. 열 살 남짓인 중학생들도 그동안 경험 지식을 많이 얻어 왔다. 그런데 유클리드 기하학을 배우면서 어린 학생들은 "우리 우주에는 경험적인 지식이 아닌 선험적으로 참인 지식 즉 절대 진리가 존재한다."라는 사실을 접하게 된다. 이러한 공부는 감수성이 예민한 중학생들에게는 지적 충격으로 다가와야 옳다. 그러나 대부분의 경우 지적 충격은커녕 악몽이 되는 까닭은 교육 방법이 좋지 않았거나 입시 위주의 교육 때문에 문제만 풀었지 그 참뜻을 되새길 기회가 없어서일 것이다. 분명히 유클리드의 기하학은 인류가 지난 2000년 역사에서 발견한 지식들 가운데 가장 중요한 것 중 하나이며, 그것의 바탕이 되는 공리 체계는 '과학적 마인드'의 핵심이다. 이러한 과학적 마인드는 대화를 통해 문제를 해결하는 기본 바탕이 되므로 민주주의를 행하는 데도 무척 중요하다. 그래서 우리는 학생 때 수학을 배우는 것이다.

『기하원론』의 제1장에 따르면, 공리(axiom)에는 정의(definition), 상식(common senses), 그리고 공준(postulates) 등 세 가지 종류가 있다. 『기하원론』의 맨 앞부분에 나오는 정의 가운데 세 가지만 살펴보면 다음과 같다.

정의 ① 점이란 부분이 없는 것이다.

정의 ② 선이란 너비가 없는 것이다.

정의 ③ 면이란 길이와 너비만을 갖는 것이다.

이것들은 점, 선, 면 등의 기하학적 개념들을 정의한 것이다. 정의하는 언명 자체에 정리가 들어 있거나 순환적 구조를 가지고 있으면 안 된다. 정의에 쓰인 '부분'이라는 용어는 전체의 일부분을 뜻하므로 따로 증명할 필요가 없다. 순환 구조를 갖는 정의를 예를 들면, "입헌 정치란 헌법에 의해 행해지는 정치이다."라고 서술하는 것 따위이다. 이것은 입헌 정치를 정의한 것이 아니라 설명한 것이다.

『기하원론』에 나오는 상식의 예를 들어 보자.

상식 ① 그 같은 것과 같은 것들끼리는 서로 같다.

상식 ② 같은 것들에 같은 것이 더해져도, 그 모두는 같다.

상식 ③ 전체는 부분보다 크다.

상식 ①을 다시 말하면, A=B이고 C=B이면, A=C라는 것이다. 상식 ②를 다시 말하면, A=B이면, A+C=B+C이라는 것이다. 이와 같이 상식이란 우리가 일상적으로 참임을 확신하는 말들이다. 증명할 수도 없고 증명할 필요도 없다.

이제 『기하원론』에 나오는 공준들을 살펴볼 차례이다. 공준은 제멋대로 그렇게 생각하는 것을 표현한 것이 아니라, 수많은 관찰과 직관을 통해 얻어진다. 잠시만 생각해 보면, 이것들은 증명할 수 없음을 알 수 있다.

공준 ① 두 점을 잇는 하나의 직선을 그을 수 있다.

공준 ② 하나의 직선 안에서 연속적으로 하나의 유한한 직선을 생성할 수 있다.

공준 ③ 어떤 중심과 거리를 가진 하나의 원을 그릴 수 있다.

공준 ④ 모든 직각은 서로 동일하다.

공준 ⑤ 한 직선이 두 직선과 만날 때 그 같은 쪽에 놓인 내각의 합이 두 개의 직각보다 작으면, 그 두 직선들을 무한히 연장할 경우 그 쪽에서 만난다.

공준 ⑤에는 약간의 설명이 필요하다. 그림 4-1에서 보듯이 세로로 놓인 한 직선이 가로로 누운 두 직선과 만날 때, 같은 쪽에 놓인 내각 a와 b가 생기는데, 이 각의 합이 직각의 두 배보다 작으면, 즉 $a+b<180°$이면, 선분 *de*를 연장한 직선과 선분 fg를 연장한 직선이 결국 *c*에서 만나게 된다는 말이다. 이것은 일상생활에

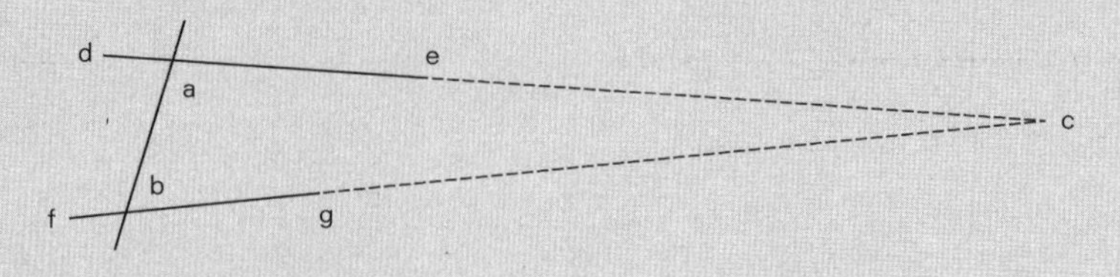

그림 4-1. 『기하원론』의 평행선 공준

서 매우 자명한 일로 받아들여진다.

유클리드의 『기하원론』에서는 '평행하다'는 개념을 설명하고 있다. 그림 4-1에서 a+b= 180°이면 선분 de와 선분 fg를 양쪽으로 무한히 연장해도 양쪽 어디에도 두 직선이 만나는 점은 존재하지 않는다. 이것을 일컬어 선분 de와 선분 fg는 서로 평행하다고 한다. 그래서 위의 공준을 흔히 '평행선 공리'라고 부른다. 그러나 이 평행선 공리는 공리가 아니라 정리가 아닐까 의심되었으며, 많은 수학자들이 유클리드의 다른 공리들로부터 이것을 증명해 보려고 시도했다.

유클리드의 평행선 공리를 다르게 표현하면, "한 직선과 그 직선에 있지 않은 한 점이 있을 때, 그 점을 지나면서 직선과 만나지 않는 직선은 단 하나만 존재한다."라고 쓸 수 있다. 19세기에 이르러 독일의 수학자 게오르크 리만(Georg Riemann, 1826~1866년)은 "타원면 위에서 성립하는 기하학에서는, 한 직선과 그 직선에 있지 않은 한 점이 있을 때, 그 점을 지나는 모든 직선은 주어진 그 직선과 만난다."라는 사실을 알아냈다. 타원면의 한 가지 예는 구의 표면이다. 이러한 타원면 상에서의 기하학을 리만 기하학이라고 한다. 또한 니콜라이 로바체프스키(Nikolai Lobachevsky, 1792~1856년)는 "쌍곡면 위에서 성립하는 기하학에서는, 한 직선과 그 직선 위에 있지 않은 하나의 점이 있을 때, 그 점을 지나면서 그 직선과 만나지 않는 (즉 평행한) 직선이 적어도 두 개가 존재한다."라는 사실을 알아냈다. 이러한 쌍곡면 위에서의 기하학을 로바체프스키 기하학이라고 부른다.

유클리드는 『기하원론』을 공리 체계에 맞추어 저술했다. 공리 체계를 건축에 비유하자면, 주춧돌에 해당하는 공리들을 바탕으로 명제들을 증명해 정리를 알아내고 공리와 정리를 벽돌로 삼아 커다란 하나의 지식 체계를 건축하는 것이다. 우리는 앞에서 그러한 지식 체계를 '이론'이라고 한다고 배웠다. 유클리드는 당시까지 알려져 있던 고대 이집트의 기하학 지식을 그리스의 논리학(공리 체계)으로 질서를 잡아 『기하원론』을 저술했던 것이다. 다시 말하면, 유클리드는 공리 체계를 기하학에 적용해 『기하원론』을 저술했다고도 말할 수 있다.

모든 학문 분야들 중에서 기하학 다음으로 공리 체계가 적용된 분야는 천문학이었다. 2세기에 공리 체계로 쓰인 『알마게스트』에서 프톨레마이오스는 태양계의 구조와 행성들의 운동을 설명하기 위해 수정체구 모형을 도입했다. 『알마게스트』도 『기하원론』과 같이 13개의 장으로 되어 있다.

유럽은 로마 제국이 동로마와 서로마로 나뉘었다가 서로마와 동로마가 차례로 멸망 후 고대 그리스의 지혜가 빛을 보지 못하던 중세 암흑 시대가 계속되었다. 그러나 14~16세기 르네상스 시대를 맞으며 아랍에 보존되어 있던 고대 그리스의 저술들이 라틴 어로 번역되어 유럽에 소개되었다. 『기하원론』이나 『알마게스트』가 부활하고, 고대 그리스의 학문에 영향을 받은 철학과 사상이 출현했다.

그중에서 프랑스의 수학자이자 철학자인 데카르트는 공리 체계를 철학에 적용해 삼라만상에 대한 이론을 구축하려 했다. 그는 철학에서는 무엇이 공리인지 고심을 거듭해 마침내 "코기토 에르고 숨(Cogito ergo sum).", 즉 "(나는) 생각한다. 그러므로 존재한다."라는 유명한 공리를 발견해 냈다. 내가 철학의 근원적인 공리가 무엇인지 의심하고 생각하는 순간, 적어도 그 순간만큼은 내가 존재하고 있다는 이 언명은 의심의 여지가 없이 참임을 발견했던 것이다. 이때 데카르트가 공리를 찾아내는 방법으로 제시한 것이 바로 '방법적 의심'이라는 것이다. 더 이상 의심할 것이 없을 때까지 의심에 의심을 거듭해 궁리해 나가면 마침내 더 이상 의심할 여지가 없는 공리를 찾아낼 수 있다는 것이다. 그가 제시한 공리를 보면, '생각한다'는 부분이 바로 근대 철학의 인식론에 해당하는 문제이고, '존재한다'는 부분은 근대 철학의 존재론에 해당하는 것임을 알 수 있다.

데카르트는 이렇게 구축한 철학의 이론을 『철학의 원리』에 담았다. 이 책은 유럽의 학계에 큰 영향을 끼쳤다. 그의 영향을 깊이 받은 한 사람이 바로 영국의 수학자이자 물리학자인 뉴턴이다. 그는 데카르트의 접근 방식을 자연 현상을 설명하는 부분에만 적용했다. 그렇게 해서 탄생한 것이 위대한 『자연 철학의 수학적 원리』, 즉 『프린키피아』이다. 『기하원론』, 『알마게스트』, 『철학의 원리』 등과 마찬가지로 『프린키피아』도 모두 13개의 장으로 이루어져 있으며 서술 방식도 공리 체계를 사용하고 있다. 지연을 수학적으로 서술하려는 목적을 갖고 쓰인 이 책에서 뉴턴은 운동 법칙과 만유인력의 법칙을 제시하고 케플러가 발견한 행성 운동의 규칙을 증명해 냈다. 이것은 굉장한 성공을 거두었다. 이에 자극을 받아 스피노자의 『윤리학(*Ethica*)』과 같이, 다른 학문 분야에서도 공리 체계를 도입해 학문을 정립했다. 이와 같이 공리 체계를 사용해 정립된 학문에는 "-logy"나 "-science", 우리말로는 "-학"이라는 이름이 붙는다.

공리 체계는 학문에만 적용된 것이 아니다. 미국의 국부(國父)인 토머스 제퍼슨이 초안을 작성하고 1776년 7월 4일 대륙 회의에 의해 채택되어 반포된 미국의 「독립 선언문」도 공리 체계로 기술되었다.

> 우리는 다음과 같은 사실을 자명한 진리로 받아들인다. 모든 사람들은 평등하게 태어났고, 그들은 창조주에게서 몇 가지 양도할 수 없는 권리를 부여받았으며, 그러한 권리들 중에는 생명과 자유와 행복을 추구할 권리 등이 있으며, 이러한 권리를 확보하기 위해 정부는 인민의 동의로부터 그 권력이 유래한 사람들로 구성되며, 또 어떤 형태의 정부이든 이러한 목적을 파괴할 때에는 언제든지 정부를 개혁하거나 폐지하여, 인민의 안전과 행복을 가장 효과적으로 가져올 수 있는 그러한 원칙에 기초를 두고 그러한 형

태로 그 권력을 조직화한 새로운 정부를 조직하는 것은 인민의 권리이다.

모든 사람이 평등하다는 말과 양도할 수 없는 권리를 갖고 있다는 말은 공리이다. 여기서 언급된 창조주가 부여한 인간의 양도할 수 없는 권리를 우리는 '기본권' 또는 '인권'이라고 한다. 또한 인민의 동의를 얻은 사람들에 의해 정부가 구성되는 정치 체제를 우리는 민주주의라고 한다. 인권을 파괴하는 정부는 폐기된다는 말은 영국의 식민 착취에 대한 반대로 언급된 것이다. 서양의 지적 사고에 수학적 사고방식이 얼마나 깊게 자리하고 있는지를 보여 주는 사례이다.

뉴턴이 태어난 집

뉴턴은 영국 링컨셔의 한 농촌 마을에서 태어났다. 아버지는 양을 키워 부자가 된 중산층 자유 농민, 즉 여오맨(yeoman) 계층이었고 마을 이름도 '양모의 마을'이라는 뜻의 울스소프(Woolsthorpe)이다. 나중에 뉴턴이 영국 조정으로부터 작위를 받을 때 그의 가문이 양으로 흥했으므로 양뼈 두 개가 엇갈린 모습을 문장으로 하사했다. 그리 멋져 보이지는 않지만 가문의 기원을 되새길 수는 있을 것 같다.

그림 4-2. 뉴턴 가문의 문장

뉴턴은 1642년 12월 25일 크리스마스에 태어났다. 그의 아버지는 그가 태어나기 3개월 전에 세상을 떠났다. 그는 미숙아여서 살아날 수 있을지조차 의문이었었다고 한다. 뉴턴이 세 살이

그림 4-3. 뉴턴이 태어난 집

되었을 때 그의 어머니는 아이를 친정 어머니에게 맡기고 재혼해 버렸다. 뉴턴은 나중에 이때 버림받은 기분이 평생 상처로 남았다고 고백했다. 뉴턴이 12세가 되었을 때,그의 어머니는 재혼한 남편이 죽자 뉴턴의 이복 동생들 셋을 이끌고 뉴턴을 찾아왔다. 뉴턴은 같은 링컨셔에 있는 도시 그랜탐에 있는 왕립 학교에 다니고 있었다. 이 도시는 영국의 진 수상이었던 고 마기릿 대치(Margaret Thatcher, 1925~2013년)의 고향이기도 하다. 그는 그 고장의 약재상과 함께 하숙을 하고 있었는데, 그로 인해 화학의 세계에 빠져들었다. 그러나 그의 어머니는 그를 농장주를 시키기 위해 학교에서 끌어냈다. 그렇지만 농장주는 뉴턴의 적성에 맞지 않았다. 다시 학교로 돌아간 그의 지적 능력을 알아본 것은 케임브리지 대학교 트리니티 컬리지 출신인 그의 삼촌이었다. 뉴턴은 1661년에 트리니지 컬리지로 진학했고, 1665년에 거기서 학사 학위를 받았다.

1664년 말에서 1665년 초에 대혜성이 나타났다. 중간에는 월식까지 일어났다. 점성술적으로는 몹시 좋지 않은 조짐이었다. 그래서인지 몰라도 1665년에 유럽 대륙에 흑사병이 크게 번졌고 케임브리지까지 밀려 왔다. 대학은 문을 닫았으므로 뉴턴은 울스소프에 있는 집으로 돌아와 혼자서 공부했다. 바로 이 18개월 동안을 흔히 뉴턴의 기적의 해, 라틴 어로는 '아누스 미라빌리스(Annus Mirabilis)'라고 부른다. 이때 뉴턴은 빛의 본질, 미적분학, 그리고 중력 등을 발견했다.

뉴턴이 태어난 집에는 그 유명한 뉴턴의 사과나무가 있다. 뉴턴이 우연히 사과나무 밑에 앉아서 달이 지구 둘레를 도는 까닭을 궁리하다가 나무에서 사과가 떨어지는 것을 보고 사과가 저절로 땅으로 떨어지듯이 달도 지구로 떨어지고 있다는 착상을 하게 되었다는데, 후세의 호사가들이 지어 낸 이야기일 것이라고 들 한다. 그 사과나무가 실제로 있었다고 한들 350년이 지난 지금까지 살아남아 있을 턱은 없다. 지금 거기에 있는 사과나무들은 뉴턴 당시의 사과나무들의 후손들이라고 한다. 그 사과 밭의 한 그루에는 울타리가 쳐 있고 특별히 동판에 뉴턴의 사과나무라고 적혀 있는데, 이것은 엘리자베스 2세 영국 여왕의 즉위 50주년 기념일인 주빌리를 맞아 영국을 대표하는 사과나무의 하나로 지정된 것이라고 한다. 영국의 사과는 크게 두 가지 종류가 있다. 하나는 날로 먹을 수 있는 단 사과이고, 나머지 하나는 쪄서 먹어야 하는 요리용 사과이다. 뉴턴의 사과는 요리용 사과라고 한다. 뉴턴 사과나무의 후손 한 그루는 뉴턴의 모교인 케임브리지 대학교 인근에 있는 식물원에도 있다. 한국에도 대전에 있는 한국표준연구원 앞마당에 있고, 이 나무에서 접목한 나무 한 그루가 국립중앙과학관에 있다. 뉴턴을 기리기 위해서 심은 것이다.

뉴턴의 모교이자 근대 물리학의 발상지인 케임브리지 대학교 트리니티 컬리지의 채플(예배당)에 들어서면, 컬리지를 빛낸 위대한 인물들의 흉상과 명패가 새겨져 있다. 사상가 프란시스 베이컨(Francis Bacon, 1561~1626년), 시인 알프레드 테니슨(Alfred Tennyson, 1809~1892년), 그리고 물리학자 아이작 뉴턴(1642~1727년) 등이 있다. 뉴턴의 학문적 업적은 워낙 뛰어나고 그 파급 효과가 커서, 최소한 나의 느낌으로는, 케임브리지에서의 뉴턴은 학문의 신과도 같은 존재가 아닌가 싶다. 19세기 초반까지 케임브리지에는 이른바 '뉴턴 학파'가 있었다. 뉴턴은 죽은 뒤에 영국을 위해 큰 업적을 남긴 인물들이 묻힌다는 런던의 웨스트민스터 사원에 안장되었다.

그림 4-4. 뉴턴의 사과나무

안국빈과 관상감 천문학자들이 관측한 핼리 혜성

뉴턴이 『프린키피아』를 발표하고 핼리가 혜성의 궤도를 연구한 지 50여 년이 지난 1759년 음력 3월 6일이었다. 유라시아 대륙의 반대편 조선에서는 안국빈이라는 천문학자가 임금의 부르심을 받고 관복을 차려입고 있었다. 그렇지 않아도 새벽에 관상감으로부터 객성(客星)이 나타났다는 소단자(小單子)를 받았다. 오전에 손자인 안사행(安思行)으로부터도 전날 밤에 일어난 일을 전해 들었던 터라 임금의 부르심이 있을 줄 예상하고 있었다. 천문에 밝은 천문학자들은 승진을 해서 벼슬이 높아지면 서울 주변에 있는 고을에 지방관으로 임명해 두었다가 하늘에 천변이 일어나면 바로 불러서 천문을 관측하도록 했었다. 안국빈도 공적을 쌓아 벼슬이 높아져서 황해도 장련(長連)이라는 고장의 현감이 되었다가 환갑이 넘은 지금은 현직에서 물러나 도성에서 지척인 강화도에 살고 있었다. 60년 전인 1699년에 태어난 그는 자(字)를 관보(觀甫)라 했고, 이미 15세에 일찌감치 천문학 취재에 합격해 지금까지 오랜 동안 천문학자의 길을 걸어왔다.

궁궐로 가는 도중에 안국빈은 그의 육십 평생을 떠올렸다. 그가 이루어 낸 많은 일들이 병풍에 그려진 그림처럼 머릿속을 지나쳐 갔다. 지금 주상(영조)의 재위 18년인 1743년에는 청나라에서 도입한 신법 천문도를 커다란 병풍으로 만드는 일에 참여했다. 이듬해인 1744년에는 청나라에서 구해온 일식과 월식 계산법을 깊이 연구해 조선에서도 서양의 방법으로 일식과 월식을 계산할 수 있게 만들었다. 그 공적으로 그는 승진했으니 이때 그의 나이는 45세였다. 그 이듬해 5월에는 북경에 가서 청나라의 왕실 천문대인 흠천감의 서양인 대장인 쾨글러 신부 등에게 그 동안 계산법을 이해하지 못해 책력에 넣지 못했던 부분까지 완전히 배워 왔고, 그 공로로 또 한 번 벼슬을 높여 받았다. 그해 7월에는 북경에서 구해 온 『중성신법』[49]을 연구하여, 낮에는 해의 그림자를 관측하고 밤에는 남중하는 별들을 관측해 그것으로 시간을 정확하게 재는 방법을 터득했다. 그는 이미 역법과 천문 관측에 모두 능통한 사람으로 인정받고 있었던 것이다. 그 이듬해에는 다시 북경에 가서 신법 천문학에 대한 많은 것을 배워왔다. 그의 나이 56세가 되던 해(1755년)에는, 그 직전에 청나라에서 새로 바꾼 수거성[50] 체계에 따라 항성의 위치를 새로 관측해 이를 검증했다. 이렇게 많은 공로를 쌓았음은 물론이고, 지금 주상의 재위 30년이 되던 해(1756년)에 해와 별을 이용해 시간을 정하는 방법을 자세히 밝혀서 『누주통의』라는 책을 쓰기도 했다. 그 와중에 그는 황해도 장련(長連) 현감을 지내기도 했는데, 지금은 그 자리에서 물러나 있었던 것이다.

『승정원일기』 영조 35년(1759년) 음력 3월 6일(병술) 신시(오후 4시경)

(안국빈은 임금께서 납시어 계신 숭문당(崇文堂)으로 갔다.)

임금 가주서는 나가서 관상감 측후인들을 불러오라.(이성수(李性遂)가 합문 밖으로 나가서 측후원 세 사람을 불러서 다시 입시했다.)

임금 측후인은 잠시 뜰 주변에 머물러 있으라.(이조판서 조운규와 대화를 마치고 나서) (측후인들에게) 요새 혜성의 모습이 어떠한가?

측후인 안국빈 형체가 약간 커졌습니다.

임금 금성만 한가?

안국빈 그 모양은 같지 않습니다.

임금 그것이 (인간사에) 영향을 미칠지의 여부는?

안국빈 이른바 (혜성의) 영향이라는 것은 점성술서에 적혀 있습니다만, 전후에 이러한 성변이 미치는 영향은 매번 점성술서와 같지는 않다고 합니다. 점성술서에 쓰여 있는 것들도 역시 하나하나 믿을 바는 못 됩니다.

임금 측후인은 먼저 나가거라.

안국빈은 관상감으로 발걸음을 옮겼다. 관상감에 도착하니 천문학 겸교수인 박재소[51]와 전 첨사인 김태서[52]가 이미 출근해 있었다. 그들은 오늘밤 안국빈과 함께 천문을 관측하게 되어 있었다.

"두 분 오랜만입니다. 새벽에 혜성을 발견하셨다고요?"

김태서가 공손하게 인사를 하며 그를 맞았다. 그는 안국빈이 천문학 취재에 합격한 해에 태어났는데, 천문과 역법에 일가견을 가지고 있었고, 안국빈의 손자인 안사행의 장인이기도 했다.

"사돈 어르신, 덕분에 평안합니다. 물론 보고 드렸습니다. 어젯밤 관측하던 관원들이 어제 새벽 5경에 파루[53]가 울린 후, 동쪽 하늘 위수[54]에 혜성인 듯한 천체를 발견하고, 그 즉시 임금이 계신 대궐 문 밖에서 문틈으로 주상전하의 비서실인 승정원과 세자 저하의 교육을 맡은 시강원에 구두로 보고했고, 또 그 즉시 관상감 제조와 정승 분들 댁으로 연락 드렸습니다. 그리고 아침이 되어 대궐 문이 열리자 글로써 보고했습니다. 대감께서도 아시다시피 요성이 나타나면 그 즉시 보고해야 하니까요."

관상감의 책임자인 영사를 영의정이 맡아볼 정도로 나라에서는 천문을 매우 중요시하고 있었다. 영사 밑에 제조 두 사람이 있는데, 모두 높은 벼슬아치들로서 되도록이면 천문과 역법에 일가견이 있는 사람들이 임명되었다.

박재소가 미소를 머금고 공손하게 대답했다.

"전례를 따라 문관들 중에서 세 사람을 뽑아 혜성 관측에 동참하도록 주상께서 이미 윤허하셨습니다. 또한 각 관청으로부터 관측에 필요한 물품도 지급 받았고 필요한 군사들과 사환 등 사람들도 배치받았습니다."

안국빈이 방안을 둘러보니, 황초불이 방안을 밝히고 있었고, 온돌도 따뜻하게 데워져 있었다. 관측에 필요한 물품에 보고서 작성용 종이나 붓은 물론이고 촛대며 초, 등잔 기름, 장작까지 매일 지급되도록 관상감의 규정은 세심하게 마련되어 있었다.

그날 관측에 참여하게 되어 있는 봉상시정 박성원이 당도했다. 이윽고 날 저물기 전 유시(오후 6시경)가 되어 낮 근무를 마친 관상감 관원들과 얼굴을 마주 대면해 근무 교대를 했다. 관상감에서는 낮에는 해무리, 백홍관일, 바람과 비와 같은 기상 현상 등을 관측해 「풍운기」라는 보고서를 작성해 보고했다. 관상감 천문학자들은 주로 밤에 천문을 관측했는데, 밤마다 3명이 교대로 관측하게 되어 있었다. 또한 안국빈과 같은 장기 근속자(구임자)나 삼력관[55], 지리학[56]과 명과학[57]의 우두머리인 수당(首堂) 2명, 연경에 다녀온 관상감 관원, 교수, 겸교수 등은 이러한 근무에서 제외되었다. 그러나 이번처럼 비상사태에 해당하는 천변이 발생하면 천문에 밝은 노련한 관측자들을 반드시 관측에 참여시켰다.

혜성이 나타날 시간은 새벽 동트기 전이라서 아직 시간이 많이 남았으나, 안국빈은 오랜만에 관상감 후배들이 관측하는 것을 살펴보고 싶었다. 혜성은 퍼진 천체라서 제아무리 관상감 관원이라고 하더라도 그 위치나 밝기, 움직임 등을 제대로 관측하려면 매우 세심한 노력이 필요할 뿐만 아니라 노련한 선배 천문학자들의 지도가 필요했다. 관상감 첨성대[58]에 올라 자정무렵까지 후배들에게 천문에 대한 이런저런 지식을 이야기해 주던 안국빈은 내당으로 들어와 휴식을 취했다.

한참이 지나 마침내 혜성이 나타날 시각이 다가왔다. 안국빈은 일찌감치 첨성대로 가서 혜성이 나타날 동쪽 하늘을 응시하기 시작했다. 눈은 이미 어둠에 익숙해진 상태였다. 은하수는 이미 서쪽 하늘로 지고 있었고, 봄이라도 아직은 새벽의 찬 기운이 느껴졌다. 동쪽 하늘이 약간 부옇게 되기 시작할 무렵, 마침내 김태서가 혜성을 발견했다. 김태서가 가리키는 쪽을 보니 혜성이 위수의 아래(물병자리)에 있었다.

박재소는 소간의(小簡儀)라는 관측 기구를 열심히 움직여 가며 혜성의 위치를 측정하고 있었고, 김태서는 그 옆에서 혜성의 모양을 열심히 그리고 있었다. 안국빈은 이 천체가 분명히 꼬리가 있으므로 혜성으로 판단했다. 청백색을 띠고 있는 혜성이 앞으로 얼마나 더 커질지 궁금했다.

점점 부옇게 밝아오는 하늘 속에서 별들도 숨을 죽였고, 이윽고 혜성의 흔적이 보이지 않게 되었을 무렵에는 이미 묘시(오전 6시경)가 되었다. 물시계에 의해서 시간을 재는 일을 끝낸다는 파루가 울린 지도 이미 오래되었다. 관상감의 규칙에 따라 묘시에 낮 근무자들과 교대하고 사무실로 돌아온 안국빈과 김태서, 박재소, 박성원 등은 새벽에 보았던 혜성이 꼬리가 있었으므로 혜성이 분명하다는 데 의견을 모았다.

그들은 「성변측후단자」를 작성하기 시작했다. 위수(危宿)와 분묘(墳墓) 별자리를 그리고 혜성의 중심과 꼬리를 그려 넣었다. 박재소가 측정한 혜성의 좌표도 적어 넣고 혜성의 위치 및 변화, 색깔, 꼬리의 길이 등을 규정에 따라 글로 적었다. 마지막으로 관측에 참여한 관측자들의 이름을 썼다.

관상감의 운영 규칙에 따르면, 똑같은 「성변측후단자」를 2장 만들어 하번 관원이 대궐 문이 열리기를 기다려 승정원과 시간원에 제출하게 되어 있었다. 또한 간략 보고서인 소단자 4부를 만들어 2부는 승정원에, 1부는 시강원에 제출하며, 나머지 1부는 관보와 함께 규장각에 제출했다. 뒷날 승정원에 제출된 천문 관측 기록은 『승정원일기』에 남게 되고, 역사 서술을 맡은 춘추관에 보내진 관측 기록은 『조선왕조실록』을 편찬할 때 다른 자료들과 함께 참조하게 된다. 안국빈은 사환들이 분발(分發)하는 것까지 살피고, 집으로 향했다. 이미 환갑의 몸이라서 피곤이 물밀듯이 밀려왔다. (이상은 『승정원일기』, 『서운관지』, 『성변등록』 등을 참고로 해 소설적으로 재구성해 본 것이다.)

『승정원일기』 영조 35년(1759년) 음력 3월 7일(정해) 진시(오전 8시경)

임금 내가 객성을 보았다는 보고를 듣고, 그것이 혜성이 아닌가 의심했었는데, 과연 그렇구나. 관상감 관원은 나와서 아뢰어라. 이 사람이 지방 수령을 지냈다고? 그 사람이 자못 지식이 있구나.

성명이 무엇이냐?

김상로 안국빈이라 합니다. 강화에 사는데 때마침 서울에 올라왔습니다.

임금 무슨 까닭으로 수령을 했느냐?

안국빈 인사 고과가 세 번 을(乙)을 맞아 사분(四分)을 얻었습니다.

임금 그래 (혜성은) 어떻더냐?

안국빈 왕성하지는 않사오나 붉은 꼬리는 분명히 보입니다.

신만 어제 오늘 관찰한 것을 들어 보면, 2~3도 움직여 갔다고 합니다. 앞으로 어느 구역에 이르게 될지 모르겠습니다. 참으로 우려가 됩니다.

임금 오늘밤에 보면, 그것이 왕성해질지 아니면 오그라들지 알겠지. 한 사람은 나가서 『천원옥결(天圓玉玦)』을 가지고 오라.

안국빈 일찍이 저희 관상감에 있던 것은 안으로 들여가셨으니 또 달리 소장하고 있는 것은 없습니다.

임금 꼬리는 어느 방향을 가리키는가?

안국빈 머리는 동쪽에 있고, 꼬리는 서쪽에 있습니다.

『승정원일기』 영조 35년(1759년) 음력 3월 9일(기축) 미시(오전 10시경)

임금 혜성의 빛은 어떠하냐?

심이지(측후관) 평범한 별들과는 다릅니다.

임금 이것은 무심할 게 아니니다.

안국빈 혜성의 빛은 창백색(푸르스름한 흰색)이오나, 다만 형체가 있사옵니다.

임금 이것이 참으로 혜성이냐?

심이지 혜성인 것 같습니다.

임금 (꼬리가) 서남쪽을 가리키는구나.

안국빈 그렇사옵니다.

임금 측후관들은 장차 돌아가며 복무하게 되는가?

심이지 만약 하룻밤만 돌아가며 숙직하게 되면, 혜성의 빛이 창백한 것과 형체가 커지는지 작아지는지 상세히 측후하지 못할 것입니다. 그래서 신이 곧 계속 3, 4일 동안 숙직한 뒤에 윤직하게 됩니다.

임금 그렇구나. 내가 부덕하여 즉위한 지 30년이 되었어도 정치의 은혜가 백성들에게 미치지 못하니 성변이 이와 같구나. 이는 실로 과인의 허물이다.

심이지 천도(天道)는 현묘하고 아득하오니, 송나라 경공의 한 마디 말에 혜성과 패성이 3도를 옮아갔듯이, 전하께서 몸소 이렇게 걱정하시므로 (하늘도) 반드시 감동해 효험이 있을 것입니다.

임금 오늘 새벽에는 (혜성의) 형체는 볼 수 없었지만 그 빛과 색깔은 먼저 쏘았다는 것인가? (혜성의 머리는 보이지 않는데 꼬리만 보였다는 것인가?)

안국빈 처음에는 구름과 안개에 가려서 자세히 볼 수 없었사온데, 오늘 새벽에 형체와 빛깔이 완연했습니다.

그로부터 27일 후, 혜성이 더 이상 보이지 않게 될 때까지 관측은 계속되었다. 심지어 흐린 날과 비온 날에도 혜성을 관측하려 노력했음이 「성변측후단자」에 기록되어 있다. 안국빈이 관측에 참여한 날에는 하늘에 구름이 끼거나 달빛이 밝아서 안타깝게도 관측하지 못한 날이 많았다. 그러나 그는 관측에 참여한 사람 중에 가장 여러 번 관측한 사람이었으며, 혜성이 희미해질 무렵에는 노련한 관측가로서 이를 확인해 주는 노릇을 한 것 같다. 혜성을 발견한 후 28일째 되던 날, 안국빈은 혜성이 사라졌다고 판단하고, 그 동안 관측에 참여한 사람들을 모두 불러서 회의를 했다. 그 이튿날 혜성이 보이지 않음을 확인한 다음에야 혜성이 소멸했다는 보고서를 작성했다.

핼리 혜성의 공전 궤도

핼리 혜성은 공전 주기가 약 76년이다. 그러나 매번 돌아오는 시간 간격은 이것보다 약간 길거나 짧을 수 있다. 예컨대 1835년 11월에 근일점을 통과한 다음, 그 다음 근일점 통과는 1910년 4월이었는데 그 시간 간격은 74.4년이었다. 451년 6월에 근일점을 통과한 다음 530년 9월에 다시 근일점을 통과했는데, 그 시간 간격은 79.25년이었다. 핼리 혜성은 해에서 가장 멀리 떨어졌을 때, 즉 원일점에 있을 때, 해로부터 5억 3000만 킬로미터 떨어져 있는데 이것은 해왕성 궤도보다 먼 곳이다. 또한 핼리 혜성이 해에 가장 가까울 때, 즉 근일점에서는 8800만 킬로미터 떨어져 있는데 이것은 수성과 금성의 공전 궤도 사이에 있는 것이다. 핼리 혜성이 원일점에 있을 때는 시속 3280킬로미터로 움직이지만, 근일점에서는 시속 19만 6000킬로미터로 움직인다. 물론 매 바퀴마다 이 값들은 조금씩 변한다.

핼리 혜성이 궤도를 공전하면서 흩뿌린 먼지 티끌들이 지구 대기로 돌진하면서 생기는 별똥비가 봄철의 물병자리 에타 별똥비와 가을철의 오리온자리 별똥비이다. 이러한 별똥비가 존재한다는 사실은 핼리 혜성의 공전 궤도가 지구의 공전 궤도와 가까운 위치에서 만난다는 것을 뜻한다. 그렇다면 핼리 혜성과 지구가 충돌할 수도 있을까? 그러나 핼리 혜성이 지구에 가장 가까이 다가올 때라도 1000만 킬로미터 떨어져 있다. 핼리 혜성의 공전 궤도를 보여 주는 그림을 미국 항공 우주국의 제트 추진 연구소에서 제공하고 있다.(http://ssd.jpl.nasa.gov/sbdb.cgi?sstr=1p;orb=1)

유럽의 핼리 혜성 관측기

에드먼드 핼리는 『혜성 천문학 개요』라는 책에서, 1531년, 1607년, 1682년에 나타난 혜성들이 같은 혜성이 주기적으로 돌아오는 것이라 결론짓고, 1758년 말에 그 혜성이 다시 나타날 것이라고 예측했다. 그러나 혜성의 귀환을 관찰하기에 인간의 수명은 너무나 짧았다. 핼리는 1742년 1월에 세상을 떠났다.

핼리 혜성이 되돌아오리라고 예측된 바로 그 전해에 프랑스의 세 천문학자들이 목성과 토성이 핼리 혜성에 미치는 작은 영향(섭동)을 고려해 혜성이 나타날 시기를 자세히 계산했다. 천문학자 랄랑드와 클레로가 참여했고, 르포트라는 여성 천문학자도 참여했다. 핼리는 자신이 예측한 혜성의 근일점 통과 시각이 몇 달 정도 오차가 있을 수 있음을 알고 있었다. 왜냐하면 그는 목성이 혜성에 미치는 영향만을 대략 계산했을 뿐 토성에 의한 영향은 고려하지 못했기 때문이었다. 랄랑드와 클레로는 1758년 11월에, 목성과 토성의 중력 때문에 혜성의 근일점 통과 시각이 늦어져서 핼리 혜성이 1759년 4월 중순에 근일점을 통과할 것이라고 예측했다.

유럽의 수많은 천문학자들과 아마추어 천문가들은 눈이 빠져라 이 혜성을 찾고 있었다. 그러나 모두들 혜성을 발견하지 못하고 있었고, 의구심이 표면 위로 떠오를 무렵, 1758년 12월 25일 성탄절에 마침내 요한 팔리치(Johann Palitzsch, 1723~1788년)라는 독일 농부가 핼리가 예측한 그 혜성을 발견했다. 이 열성적인 아마추어 천문가는 자작 망원경으로 핼리 혜성을 발견했다. 핼리가 예측한 혜성은 양력 3월 13일에 근일점을 통과했다. 랄랑드와 클레로가 계산한 1759년 4월 중순보다 1개월 정도 이른 시각이었다. 1개월의 차이가 난 것은 당시에는 알려져 있지 않았던 천왕성과 해왕성이 혜성에 미치는 중력 효과 때문이었다. 이제 핼리가 돌아올 것이라 예측한 이 혜성은 드디어 태양계의 식구로 인정받게 되었다.

안국빈과 핼리 혜성

안국빈이 관측한 혜성은 「성변측후단자」로 작성되었고, 이 보고서들을 베껴서 『천변등록』(『성변등록』)이 만들어졌다. 현재 연세 대학교 학술정보원 국학자료실에 1759년 혜성의 『성변등록』이 남아 있다. 총 25일에 걸친 관측 기록이 한 권의 책으로 엮어져 전해 오는 것이다. (198쪽 표 4-3 참조)

과연 이 혜성이 핼리 혜성인지 확인해 보자. 그러기 위해서 먼저 혜성

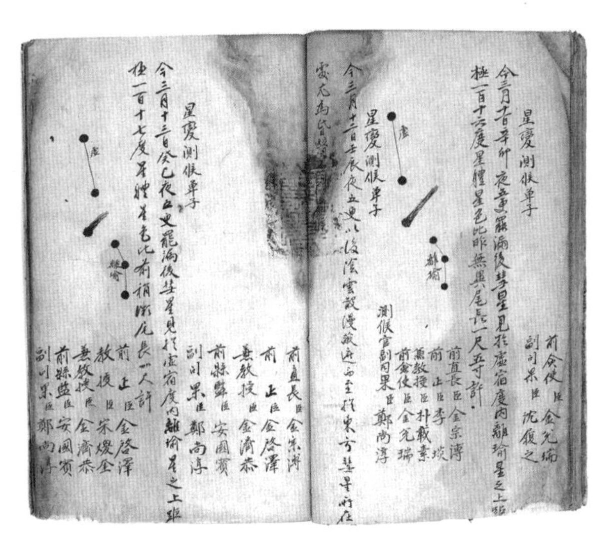

그림 4-5. 안국빈의 핼리 혜성 관측 기록이 담겨 있는 『성변등록』. 연세 대학교 학술정보원 국학자료실 소장

의 움직임을 계산해야 하는데, 그러려면 매우 어렵고 복잡한 계산이 필요하다. 왜냐하면 혜성은 매우 작은 천체라서 행성이나 해의 작은 섭동에도 쉽게 궤도가 조금씩 변하기 때문이다. 요즘은 컴퓨터가 성능이 좋고, 여러 차례에 걸친 우주 탐사를 통해 행성들의 위치, 속도, 질량 등을 잘 알고 있기 때문에, 이러한 계산이 가능하다. 그러나 혜성의 표면에서 제트 분출이 일어나기 때문에 생기는 혜성의 비중력 효과에 의한 궤도 변화는 계산

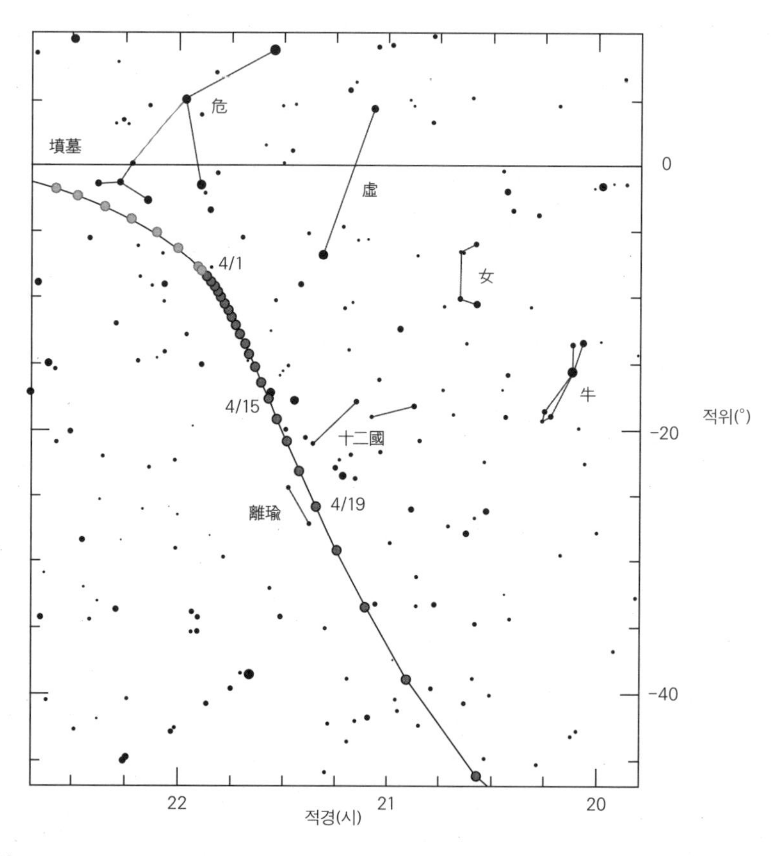

그림 4-6. 계산으로 재현해 본 1759년 봄의 핼리 혜성 궤적

하기가 쉽지 않다. 그래서 가능한 몇 번에 걸친 회귀에 대해서 혜성의 궤도를 관측해 그 관측들과 가장 잘 맞는 비중력 효과의 모형을 선택하는 방법을 사용한다.

미국 항공 우주국의 제트 추진 연구소에는 천체 역학 연구실이 있다. 이 연구실은 태양계의 온갖 천체들의 궤도를 정밀하게 계산해 그 위치를 예측하는 임무를 맡고 있다. 미국의 우주 탐사 위성들은 이곳에서 계산한 궤도를 기준으로 항로를 잡아 천체들을 향하게 된다. 또한 우주 탐사선이 받는 섭동으로부터 행성들의 위치, 속도, 질량 등을 얻고, 그것으로 다시 천체 역학 계산을 수정하고 있다. 계산 프로그램의 일부는 '호라이즌(Horizons)'이라는 이름으로 인터넷 웹사이트를 통해 일반인들에게도 일부 공개되어 있다.[59] 이 프로그램은 태양계를 구성하는 해와 행성들은 물론, 소행성과 혜성, 그리고 각 행성들을 돌고 있는 달들의 움직임도 계산해 알려 준다. 특히 궤도가 알려져 있는 혜성들에 대해서는 임의의 시각에 그 천체의 위치를 구할 수 있게 해 두었다.

나는 핼리 혜성이 1759년 3~4월경에 하늘의 어디에 보였는지 호라이즌을 이용해 알아보고 결과를 성도에 그려 보았다. 그 결과 안국빈 등이 관측한 혜성의 위치와 호라이즌으로 계산해 본 핼리 혜성의 위치는 대체로 일치했다. (표 4-3 참조)

그런데 한 가지 이해할 수 없는 것은 「성변측후단자」에 기록된 혜성의 거극도 값이다. 거극도는 천구의 북극에서 수직으로 잰 각거리인데, 그 각도를 오늘날 쓰는 적위로 바꿔 보니 혜성의 위치가 호라이즌으로 계산한 위치와 비교할 때 차이가 크게 났다. 아마도 그 까닭은 혜성의 거극도를 측정하는 데 사용된 소간의(小簡儀)라는 관측 기구 자체에 오차가 있기 때문이 아닌가 생각되었다.

핼리가 돌아오리라 예측했던 그 혜성을, 이역만리 조선의 천문학자들도 관측해 그 기록을 남겼다. 비록 천체 망원경을 이용해 관측한 것도 아닌 맨눈으로 관측한 것이었지만, 그림을 그려 가며 정성을 들인 일이었다. 안국빈과 관상감 천문학자들의 핼리 혜성 관측이 있었기에 우리도 핼리 혜성의 관측 기록을 남긴 매우 자랑스러운 역사를 갖게 되었던 것이다.

천문가 가문

규장각에 소장되어 있는 『삼력청 선생안』, 『삼력청 허참록』, 『운관 과목안』 등에서 옛날 관상감에서 근무한 천문학자들의 이력을 찾아볼 수 있다. 『삼력청 선생안』이란 삼력청의 역대 선생들을 기록해 둔 명부이다. 삼력청은 칠정산 내편, 칠정산 외편, 시헌력 등의 세 가지 역법으로 일식과 월식을 계산할 수 있는 삼력관(三曆官)들이 모인 부서이다. 처음으로 삼력관이 된 천문학자들이 선배들을 대접하는 것을 허참례라고 한다. 일종의 신고식인데, 『삼력청 허참록』은 바로 이 허참례에 참석한 사람들의 명부이다. 『운관 과목안』은 서운관(관상감)에 들어가기 위한 음양과 시험에 합격한 사람들의 명부이다. 이러한 기록들을 참고해 안국빈 가문의 족보를 재구성해 보면 그림 4-7과 같다. 숫자는 태어난 해와 관상감 취재에 합격한 해이다. 또한 '의(醫)'라고 표시한 사람은 의관이 된 사람을 뜻한다. 안국빈의 아들과 손자는 물론이고, 그 후손들까지 모두 9대에 걸쳐 천문학자를 배출했다.

안국빈의 5대조 할아버지는 군인이었고, 고조 할아버지는 내의원의 의관이었다. 안국빈 가문이 천문학과 인연을 맺은 것은 그의 할아버지인 안필원(安必遠)에서 비롯되었다. 그리고 그의 아버지인 안중태(安重泰)[60]는 서양의 천문학을 받아들여 청나라에서 만든 시헌력을 도입하는 데 공헌을 한 천문학자였다. 안국빈의 자(字)는 관보(觀甫)이고, 본관은 순흥이다. 그는 1699년에 태어났고, 16세인 1714년에 음양과 시험에 수석으로 합격해 천문학자가 되었다. 1721년에는 관상감정을 역임하고, 삼력관(三曆官)과 관상감의 수당(首堂)을 역임했다. 또한 무과(武科)에도 합격해 동지중추부사(同知中樞府事)와 황해도 장련(長連) 현감을 역임했으며 품계는 숭정대부(崇政大夫)까지 승진했다. 안국빈의 천문학 업적을 『조선왕조실록』, 『승정원일기』, 『비변사등록』, 『운관 과목안』 등에서 찾아 연표를 만들어 보면 표 4-2와 같다.

안국빈의 아들인 안성신도 관상감 천문학자였는데, 그의 아들들은 네 명이나 천문학자가 되었다. 그 가운데 안사행(安思行)은 당대의 유명한 천문학자인 김태서(金兌瑞)의 사위가 되었다. 이러한 천문 가문의 전통은 언제까지 지속되었을까? 『삼력청 선생안』, 『삼력청 허참록』, 『운관 과목안』 등의 문헌을 조사해 보면, 안국빈의 후손들 중에서 천문학자가 된 사람은 1844년에 태어난 안정호(安定浩)가 1876년에 천문학 훈도란 직책을 맡은 것까지 확인된다. 그의 조카인 안병립(安秉立)이 1858년에 음양과에 합격해 관상감에 들어갔다. 결국 안국빈의 집안은 9대에 걸쳐 약 200년을 관상감에서 일한 천문학자 가문이었다.

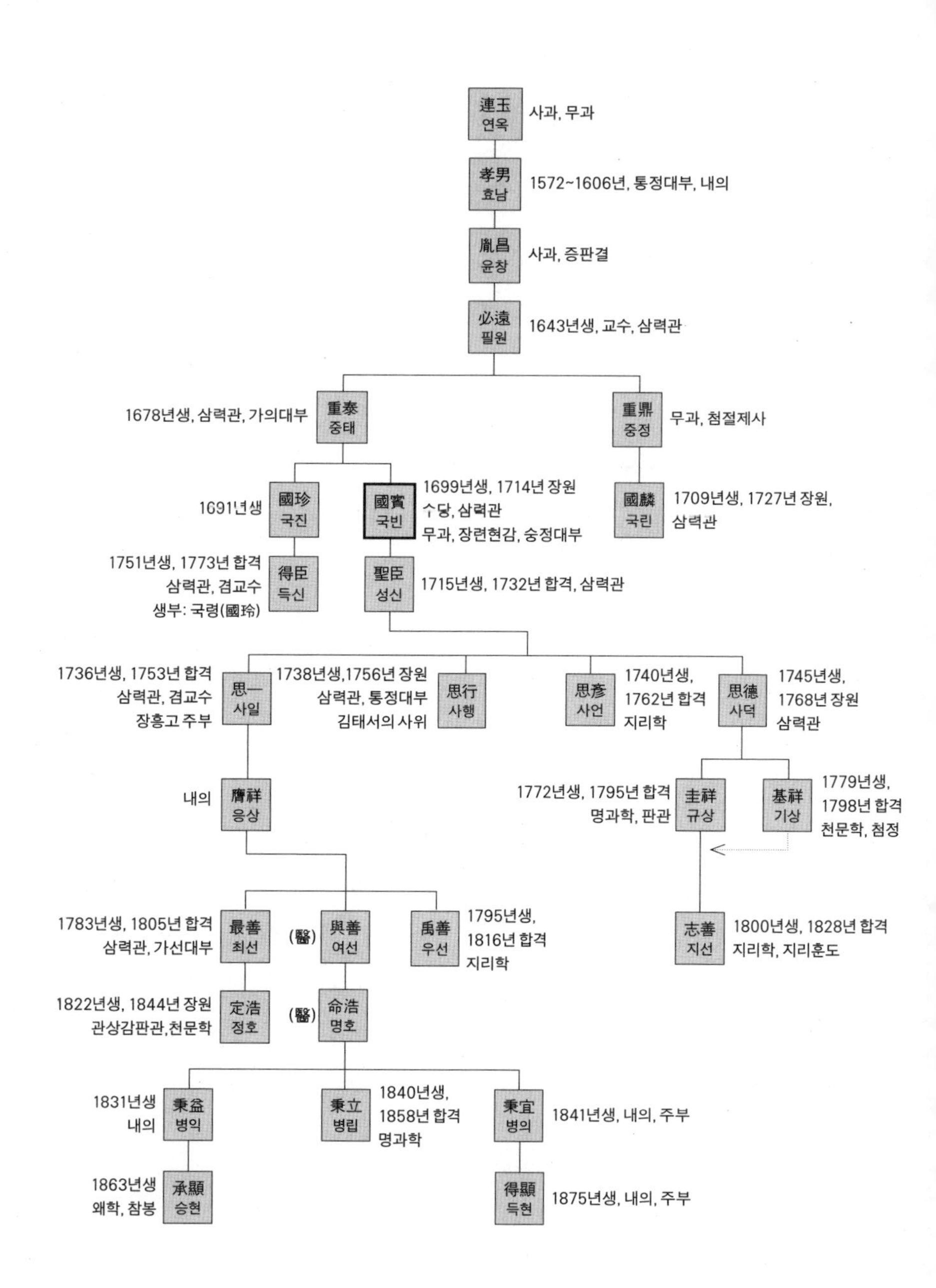

連玉 연옥
사과, 무과
孝男 효남
1572~1606년, 통정대부, 내의
胤昌 윤창
사과, 증판결
必遠 필원
1643년생, 교수, 삼력관
1678년생, 삼력관, 가의대부
重泰 중태
重鼎 중정
무과, 첨절제사
1691년생
國珍 국진
國賓 국빈
1699년생, 1714년 장원
수당, 삼력관
무과, 장련현감, 숭정대부
國麟 국린
1709년생, 1727년 장원,
삼력관
1751년생, 1773년 합격
삼력관, 겸교수
생부: 국령(國玲)
得臣 득신
聖臣 성신
1715년생, 1732년 합격, 삼력관
1736년생, 1753년 합격
삼력관, 겸교수
장흥고 주부
思一 사일
1738년생,1756년 장원
삼력관, 통정대부
김태서의 사위
思行 사행
思彥 사언
1740년생,
1762년 합격
지리학
思德 사덕
1745년생,
1768년 장원
삼력관
내의
膺祥 응상
1772년생, 1795년 합격
명과학, 판관
圭祥 규상
基祥 기상
1779년생,
1798년 합격
천문학, 첨정
1783년생, 1805년 합격
삼력관, 가선대부
最善 최선
(醫)
興善 여선
禹善 우선
1795년생,
1816년 합격
지리학
志善 지선
1800년생, 1828년 합격
지리학, 지리훈도
1822년생, 1844년 장원
관상감판관,천문학
定浩 정호
(醫)
命浩 명호
1831년생
내의
秉益 병익
秉立 병립
1840년생,
1858년 합격
명과학
秉宜 병의
1841년생, 내의, 주부
1863년생
왜학, 참봉
承顯 승현
得顯 득현
1875년생, 내의, 주부

그림 4-7. 안국빈 가계도

표 4-2. 조선 후기 천문학자 안국빈의 일생

서기	나이	왕력	음력 날짜	내용
1699년	1세	숙종 25		안국빈이 태어남.
1715년	16세	숙종 41		안국빈(16세)이 한 해 미루어져 시행된 갑오년(1714년) 식년시 음양과에 장원 급제.
1741년	42세	영조 17		안국빈의 사촌 동생인 안국린(1709년생, 1727년 관상감 취재 합격) 등이 북경에 파견됨.
1742년	43세	영조 18	4월경	안국린(33세)이 『일월교식표(日月交食表)』·『팔선대수(八線對數)』·『팔선표(八線表)』·『대수천미표(對數闡微表)』·『일월오성표(日月五星表)』·『율려정의(律呂正義)』·『수리정온(數理精蘊)』·『일식산고(日食算稿)』·『월식산고(月食算稿)』 등을 사옴. 특히 쾨글러가 1723년에 출간한 『황성총성도』를 구해 옴.
1743년	44세	영조 19	2월 25일 기유	안국린이 북경에서 돌아온 직후 사망, 청에서 도입한 역법의 일월식 계산법을 이해하는 임무를 안국빈이 맡아 해결한 공로로 승진함. 안국빈, 법주사 『황도남북양총성도』 제작
1744년	45세	영조 20	3월 13일 신묘	안국빈이 충익장[61]에 임명됨.
			5월 15일 임진 5월 24일 신축	안국빈이 청의 『칠정력』을 배워 와서 승진함.
			5월 26일 계묘	안국빈이 병으로 충익위장을 수행 못 해 교체됨.
			6월 25일 신미	안국빈이 『중성신법』을 도입함.
			7월 11일 병술	입추일로부터 숙직하면서 매일밤 관측해 『신법중성』의 정확성을 확인하기 시작함.
1745년	46세	영조 21	7월 13일 계미	안국빈이 『신수제법』을 남김 없이 도입함.
			8월 4일 계미	안국빈이 작년에 연경에서 『신법중성기』와 「오야배시법」을 구해 와서, 작년 입추때부터 올해 입추때까지 절후별로 측후해 물시계와 비교해 보니 10도 남짓이나 차이가 나므로 일일이 실험해 신법에 부합하게 했다. 안국빈이 『누주통의』 1책을 찬술해 냄.
1749년	50세	영조 25	2월 27일 을사	안국빈이 장련(長連) 현감이 됨.
1753년	53세	영조 29	5월 6일 신유	안국빈이 28수 거성을 관측해 좌표를 알아냄.
1754년	55세	영조 30	윤4월17일 병인	안국빈, 이세연, 김태서 등이 『누주통의』를 저술해 품계를 높여 받음.
				을축년(1745년) 사행 때 북경의 천주당에서 『역상고성』을 구매해 오고 일월식 계산법을 공부해 온 일로 품계를 높여 받음.
1759년	60세	영조 35	3월	안국빈 등이 핼리 혜성을 관측함.
1769년	70세	영조 45	5월 1일 임자	70세를 넘은 안국빈이 구식례에 참석한 모습을 보고 영조가 활을 하사함.
			8월	안국빈이 영조와 함께 혜성을 관측함.
1770년	71세	영조 46	5월 1일 정축	구식례를 치름.
			5월 8일 계축	문광도와 안국빈이 영조 임금과 함께 혜성을 관측함. 영조가 임금이 왜 천문을 관측하는지 설명함.

표 4-3. 1759년 핼리 혜성의 관측 자료. 안국빈 등 조선 관상감 천문학자들이 관측한 것이다.

음력			양력		적경			적위			시등급	별자리	성변측후단자			
월	일	간지	월	일	시	분	초	도	분	초	등급		28수 입수도	거극도	밝기	꼬리
3	5	을유	4	1	21	52	09	-8	18	49	4.1	물병	위수		하고	흔적 있음
	6	병술		2	21	51	06	-8	40	23	4.1	물병	허수도내	107	하고대성	1자쯤 창백
	7	정해		3	21	50	04	-9	3	17	4.1	물병	흐리고 비 옴			
	8	무자		4	21	49	02	-9	27	44	4.0	물병	허수도내 이유의 북쪽	111	“	2자쯤 창백
	9	기축		5	21	47	59	-9	53	56	4.0	물병	흐림			
	10	경인		6	21	46	55	-10	22	11	4.0	물병	허수도내 이유의 위	115	“	2자쯤 창백
	11	신묘		7	21	45	49	-10	52	49	3.9	물병	허수도내 이유의 위	116	“	1자5치쯤 창백
	12	임진		8	21	44	41	-11	26	14	3.9	염소	흐림			
	13	계사		9	21	43	30	-12	2	56	3.8	염소	허수도내 이유의 위	117	희미해짐	1자쯤
	14	갑오		10	21	42	15	-12	43	31	3.7	염소	허수도내 이유의 서쪽	118	더욱 희미	있는 듯 없는 듯
	15	을미		11	21	40	55	-13	28	46	3.7	염소	허수도내 이유의 서쪽	119	더욱 희미	더욱 짧아짐
	16	병신		12	21	39	27	-14	19	37	3.6	염소	여수도내	121	어제와 같음	
	17	정유		13	21	37	50	-15	17	18	3.5	염소	여수9	121.5	더욱희미	
	18	무술		14	21	36	01	-16	23	25	3.4	염소	흐림			
	19	기해		15	21	33	57	-17	40	02	3.3	염소	흐림			
	20	경자		16	21	31	31	-19	9	57	3.2	염소	흐림			
	21	신축		17	21	28	36	-20	56	58	3.0	염소	달빛이 밝아서 못 봄			
	22	임인		18	21	25	01	-23	6	23	2.8	염소	달빛이 밝아서 못 봄			
	23	계묘		19	21	20	28	-25	45	37	2.7	염소	달빛이 약간 밝고 구름이 있어 혜성 못봄			
	24	갑진		20	21	14	27	-29	5	24	2.5	남쪽 물고기	흐림			
	25	을사		21	21	6	08	-33	21	08	2.2	현미경	흐림			
	26	병오		22	20	53	51	-38	54	26	2.0	현미경	흐리고 비 옴			
	27	정미		23	20	33	58	-46	12	08	1.7	인디언	달도 어둡고 맑았으나 혜성은 사라진 듯			
	28	무신		24	19	57	11	-55	31	43	1.4	망원경	별 구름이 없었으나 혜성은 소멸한 듯(이날 회의)			
	29	기유		25	18	35	29	-65	48	36	1.2	공작	그믐이라 별이 온전히 보이는데 혜성은 소멸 확실			

5장

핼리 혜성을 환영함

조선 사람들의 혜성관

옛사람들은 혜성 자체가 무엇이라고 생각했을까? 이 질문에 대한 답은 『승정원일기』에 퍼즐 조각들처럼 숨어 있다. 『승정원일기』는 임금과 신하들 사이의 대화를 기록한 것이다. 그래서 이 사료를 읽어 보면 당시 사람들의 생각을 직접 알 수 있다. 조선 영조는 천문학에 관심이 많았다. 그 시대의 『승정원일기』를 펼치면 당시 유명한 관상감 천문학자들을 만날 수 있다. 안국빈, 김태서, 이덕성[62], 문광도 등이 그들이다.

핼리 혜성이 찾아왔던 영조 35년(1759년)에 관상감의 책임자는 서명응(徐命膺, 1716~1787년)이었다. 그는 천문학에 일가견이 있었을 뿐만이 아니라, 그의 가문에는 시와 문학 그리고 천문학과 수학에 일가를 이룬 사람들이 많았다. 그의 아들인 서호수(徐浩修, 1736~1799년)는 『동국문헌비고』의 천문학 관련 부분인 「상위고」를 편집했다. 서호수의 아들들도 유명한 학자들이다. 서명응의 맏아들인 서유본(徐有本, 1762~1822년)은 호가 좌소산인(左蘇山人)이다. 그는 수학과 천문학에 일가견이 있었고 정조 때의 천문학자인 김영(金泳, 1749~1817년)과 교류했다. 서호수의 둘째 아들인 서유구(徐有榘, 1764~1845년)는 호가 풍석(楓石)이며 『임원경제지(林園經濟志)』라는 방대한 저술을 완성했다. 서호수의 동생인 서형수(徐瀅修)는 관상감의 천문학자인 문광도(文光道, 1728~1775년)와 교류했다. 서형수의 문집 『명고집(明皐集)』에는 문광도의 묘지명이 실려 있다. 번역하면 다음과 같다.

문광도 군의 본관은 남평(南平)이고 자(字)는 현도(玄度)이다. 아버지는 문백령(文百齡)이고 어머니는 해주 이씨 부사직 이수견(李壽堅)의 따님이다. 군은 정미년(1727년) 음력 11월 29일(양력 1728년 1월 10일)에 태어났다. 어려서 영특함이 무리들 중에서 뛰어났고 장성한 후에 음양과에 뽑혀 천문학교수에 임명되었다. 그는 우리나라의 책과 중국에서 구해 온 책을 얻어, 문을 닫고 자세히 생각해 홀로 남들이 모르는 것을 알게 되니, 해와 달의 궤도와 행성의 운동으로부터 일식과 월식, 달이 행성을 가리거나 별을 침범하는 현상 등을 계산하는 방법을 모두 장악했다. 영조 임금의 보살핌을 받아 『동국문헌비고』를 편수했다. 천문 계산을 잘해 특별히 의영고주부(義盈庫主簿)로 승진되었다. 함흥감목관(咸興監牧官)으로 나아갔고, 거기서 돌아오자마자 어버이 상을 당하여, 슬픔을 견디지 못하고 을미년(1775년) 윤10월 29일(양력 12월 21일)에 졸했다.

호군(護軍) 벼슬을 지낸 하음 전씨 전덕윤의 딸에게 장가들었다. 아들 유린(有麟)은 어리고 딸들은 정연화(鄭演和)·홍경운(洪慶運)·변치녕(邊致寧)에게 시집갔다. 군이 돌아간 지 몇 년 후에 그의 아들인 유린(有麟)이 나를 찾아와 나와 군 사이에 옛정이 있으므로 군의 비문을 내게 부탁했다. 내가 말했다. "천하의 선비들이 비록 사소한 재주로도 그 지극함을 이룰 수 있다면 그 이름은 반드시 100세까지 전해질 것이다. 혁추(奕秋)의 바둑 기술이나, 웅의료(熊宜遼)의 공놀이 기술은 사실은 세상을 교화하는 데는 별 관계가 없으나, 지금까지도 칭찬받고 있음은 그들이 그 기술을 가장 높은 경지까지 연마했기 때문이다. 하물며 군의 학문은 곧 정치에 필요한 여섯 가지 학문(六藝) 가운데 하나이고, 우리나라의 서운관에서 이 학문에 통할 수 있는 자는 오직 군 한 사람뿐이니, 100년이 지난 후에 만약에 역사가들이 전기를 짓는다면 반드시 군의 이름을 빠트리지 않을 것이다."

유능한 천문학자인 문광도의 이름은 역사에서 빠질 수 없다던 서형수의 바램대로 여기에 그의 일대기를 약간이나마 서술하여 그를 기릴 수 있게 했다. 그는 수학에 능통한 천문학자였다고 한다. (『승정원일기』 영조 45년 음력 5월 3일자) 중인이 자기의 글을 문집으로 후세에 남기기는 힘든 시절이라 그와 같은 사람들은 역사가의 관심을 받지 못해왔다. 이런 역사 왜곡을 바로 잡는 것도 중요한 일이 아니겠는가?

그때 천문학자들은 혜성의 정체와 성질에 대해서 어떻게 생각했을까?

영조 35년(1759년) 음력 4월 9일(기미) 유시(저녁 6시 무렵)

(임금이 (창경궁의 정전인) 명정전의 월대에 납시었다. 관상감의 측후관들이 입시했을 때다. 임금께서 혜성이 있는 곳을 물으셨다.)

안국빈 날마다 구름에 가리거나 그도 아니면 달빛이 밝아서 자세히 관찰하지는 못했습니다. 그러나 어제는 곧 익수(翼宿) 3도에 있었습니다. 형체는 조금 희미해졌고, 꼬리 길이도 또한 분명하지 않습니다.

임금 그 형체의 크기는 어떠한가?

안국빈 처음에 혜성이 나왔을 때, 그 크기는 금성만 했습니다. 그 후에는 목성만 했고, 지금은 대각성(아크루르스)에 비하면 조금 작습니다.

임금 금성이 목성에 비해 큰가?

안국빈 뭇 별들 중에서 금성만큼 큰 것은 없습니다.

임금 장경(長庚)과 계명(啓明)은 모두 금성이냐?

안국빈 저녁에는 장경성이라 하고, 새벽에는 계명성이라 하며, 낮에는 곧 태백(太白)이라 합니다.

임금 임술년(1742년)에 나타났던 혜성과 비교하면 어떠한가?

안국빈 임술년에는 꼬리 길이가 거의 하늘 전체에 걸쳤었으나 이번 것은 그 정도에는 이르지는 않았습니다.

임금 익수의 분야는 어느 곳에 속하는가?

안국빈 오나라와 초나라의 분야입니다.

임금 오나라와 초나라는 지금 어느 성에 속하는가?

안국빈 광동성인 것 같습니다.

임금 일전에 재자관(齎咨官)이 말하는 것을 들으니[63], 요동을 지날 때 혜성을 보았는데 꼬리가 동쪽을 향했다고 하더라.

안국빈 혜성의 꼬리는 햇빛에 기대어 모습을 이루게 됩니다. 그래서 새벽에는 햇빛이 동쪽에 있으므로 꼬리는 모두 서쪽을 가리킵니다. 저녁에는 햇빛이 서쪽에 있어서 꼬리는 모두 동쪽을 가리킵니다.

임금 그런가?

김광국(동부승지) 신도 또한 해서(황해도)에서 혜성을 보았습니다. 혜성은 본디 요성이라서 출몰이 일정하지 않습니다.

임금 하루에 몇 도를 가는가?

안국빈 하루에 1도를 갑니다.

임금 하루에 1도면, 그것이 왜 그렇게 빠른가?

안국빈 그것은 (원래) 운행이 매우 빠릅니다.

임금 너희들은 수성을 본적이 있는가?

김태서 신등은 실은 아직 그것을 못 보았습니다만, 70여 살 먹은 노인들의 말을 들어보면 그들도 끝내 본 적은 없다고 했습니다.

임금 측후관은 먼저 물러가라.

위의 대화에서 영조 임금이 "요동에서 혜성을 관측하니 꼬리가 동쪽을 향했다."라는 군관의 보고를 언급한 까닭이 있다. 혜성의 꼬리가 향하는 방향에 있는 나라는 그 운세가 좋지 않기 때문이다. 혜성의 꼬리가 뻗친 방향을 일컬어 "혜성의 광망(光芒), 즉 빛살이 쏘는(射) 방향"이라고 표현한다. 그런데 1759년에 나타난 핼리 혜성의 꼬리가, 청나라의 땅인 요동에서 봤을 때, 조선이 있는 동쪽을 가리키고 있으니, 조선에 불길한 조짐이 아니냐는 뜻이다. 그러자 천문학자인 안국빈이 냉정하게 답변을 한다. 혜성의 꼬리는 햇빛을 받아서 빛을 내는 것이니, 새벽에는 해가 혜성에 대해 동쪽에 있으므로 혜성의 꼬리는 서쪽을 가리키고, 저녁에는 그 반대로 해가 혜성에 대해 서쪽에 있으므로 혜성의 꼬리가 동쪽을 가리키게 된다는 것이다.

안국빈의 답변은 『진서』의 「천문지」에 적혀 있는 것이다. 조선 천문학자들의 필독서였던 『천문류초』에도 그대로 실려 있으므로, 관상감 천문학자들이라면 아주 잘 알고 있던 내용이다. 당시 천문학자들은 달이 햇빛을 받아 빛나기 때문에 모양이 변함을 알고 있었다. 또한 금성이 햇빛을 받아서 빛난다는 사실도 알고 있었다. 이 천체들과 마찬가지로, 혜성도 해 뜨기 전 동쪽 하늘에 나타나거나 해 진 뒤 서쪽 하늘에 나타난다. 그래서 옛 천문학자들은 혜성도 달이나 금성과 매한가지로 햇빛을 받아서 빛을 낸다고 추론한 것이다. 그러나 조금 더 생각해 보면, 혜성이 햇빛을 받아 빛난다는 사실만으로는 혜성의 꼬리가 어느 쪽을 향하게 되는지 설명하지는 못한다. 유럽의 천문학자인 아피안은 혜성의 꼬리가 항상 해에서 혜성 방향으로 뻗어 나가는 방향으로 생긴다는 사실을 발견했다. 그러나 태양풍 때문에 그렇게 된다는 사실은 1950년경에야 알게 되었다.

『승정원일기』 영조 46년(1770년) **음력 윤5월 7일**(임자) **축시**(밤 2시경)

(임금께서 (경희궁의) 집경당(集慶堂)에 납시었다. 관상감의 판원들이 입시했고, 문헌비고를 교정하는 당상관들이 나아와서 입시했다. 관상감 관원인 안국빈, 이덕성, 문광도, 임세혁이 차례로 나와서 엎드리자.)

임금 (승지 이석재(李碩載)에게 『객성단자』를 읽으라고 명한 뒤에 안국빈 등에게) 이것이 혜성으로 될까?

대답 아닙니다. 거의 솜뭉치 같습니다. (혜성이 되지 않을 것이라는 말.)

임금 언제 그것을 알았느냐?

안국빈 번을 서는 관상감원이 처음 발견했지만 자세히 알 수는 없었습니다. 그래서 어제 모여서 정확하게 파악한 뒤에 보고서를 올렸습니다.

임금 한나라 광무제 때의 객성과 똑같은가?

안국빈 아닙니다. 그때는 (객성이) 자미원(紫微垣)에 들었고 지금은 천시원(天市垣)에 들었습니다. 천시원은 곧 시루(市樓)가 속한 곳입니다.

임금 어찌 혜성이 아님을 아는가?

안국빈 혜성은 꼬리가 있고 객성은 꼬리가 없습니다.

임금 홍계희와 서명응을 입시하라 해라.

홍계희 (입시해 아뢰기를) 서명응은 (관상감 첨성대에서 혜성 관측을 하며) 숙직을 마치고 집에 있는데, 집이 멀어서 아직 들어오지 못했습니다.

임금 경은 이 성변(星變)에 대해서 아오?

홍계희 지금 이 객성은 목성의 나머지 기운인 것 같습니다. 그래서 그 빛이 창백색입니다.

임금 천시원으로 점을 쳐 보면 어찌 전쟁 또는 기근이 들 징조가 아니겠는가?

홍계희 그러나 전하께서 재이를 만나 경계하심이 이처럼 부지런하시고 참되니 어찌 소멸시킬 방도가 없겠습니까?

임금 하늘을 두려워하고 경계하는 것은 내가 제일 힘을 쓰는 곳이니, 성실하게 하면 이르지 못할 것이 무엇이겠소?

김종수 편집당상 서명응이 하교하신 대로 와서 대령했습니다.

임금 서명응은 입시하라. (왕명이 나갔다.)

서명응 (엎드려 아뢰기를) 객성은 모두 오행성이 변한 것이지만, 객성 중에서도 이름과 모습이 같지 않은 것이 있습니다. 그 이름을 갖다가 그 모습을 판단하고 날짜를 생각한 연후에 길흉을 점칠 수 있습니다. 『천시완점(天市玩占)』이 성의백(誠意伯)[64]이 찬한 것이라고 하더라도 확신할 수는 없습니다. 제가 연경(북경)에 사신으로 갔을 때, 천주사(天柱寺)[65]의 유숭릉(兪崇隆)에게 물으니 올 4, 5월 사이에 목성의 식이 있을 것이라 했습니다. 지금 이 객성은 그 빛이 창백색이니 그의 말이 효험이 있는 것 같습니다. 또한 그 운행이 매우 빠르다 들었는데 분명히 빨리 소멸할 것입니다.

이 대화에서 보면, 옛 천문학자들은 객성이 혜성으로 변한다고 생각했으며, 또한 꼬리가 있으면 혜성이고 없으면 객성으로 보았으며, 하늘의 별자리 사이를 옮아 다니면 혜성이고 제자리를 지키면 객성으로 보았음을 알 수 있다. 어떤 혜성은 처음 발견되었을 때에 꼬리가 아직 충분히 발달하지 않은 상태인데다 지구에서 멀어서 그 움직임도 미미할 수 있다. 그러면 이 천체는 일단 객성으로 간주된다. 그러나 혜성이 해에게 다가가면서 꼬리가 발달하고 지구와의 거리가 가까워지면, 지구상의 관찰자는 이것을 혜성으로 판별할 수 있게 된다. 그래서 역사서에 기록되어 있는 혜성 기록들 중에는 처음에는 객성으로 분류되었다가 나중에 혜성으로 분류된 것들이 있다.

어떤 별이 폭발을 일으켜 신성이나 초신성이 되면 그 별은 갑자기 밝아졌다가 한동안 빛을 낸 후 서서히 사그라진다. 신성이나 초신성은 별이기 때문에 위치가 변하지 않는다. 그래서 옛사람들은 신성과 초신성도 객성(客星)이라고 불렀다. 말 그대로 항상 있는 별, 즉 항성(恒星)이 아니라, 손님처럼 왔다가 가는 별이라는 뜻이다. 그러나 꼬리가 분명하게 보이지 않는 혜성도 객성으로 분류되었으므로, 역사 기록에 나타난 객성 기록들은 잘 연구해야만 그것들이 혜성이었는지 신성이나 초신성이었는지를 구별할 수 있다.

위의 대화에서는 또한, 객성이나 요성이란 무엇인지 그리고 그것들로 어떻게 별점을 치는지도 설명되어 있다. 홍계희나 서명응의 말은 하나같이, "객성은 오행성이 변한 것인데 그 당시 나타난 혜성의 경우 그 빛이 푸르스름하므로 목성의 기운이 분명하다."라는 것이다. 오행으로 봤을 때, 푸른색은 나무의 기운, 즉 목기(木氣)를 나타내기 때문에, 푸르스름한 빛이 감도는 혜성은 목성의 찌꺼기가 응결해 형성된 것으로 인식한 것이다. 만일 혜성이 불그스름하다면 화성의 찌꺼기가 변형된 것이고, 거무스름하면 즉 어두우면 수성, 흰색이면 금성, 누르스름하면 토성의 찌꺼기가 변화한 것이라고 여겼을 것이다. 이 생각은 『진서』「천문지」와 그것을 인용한 『천문류초』의 「요성(妖星)」 조에도 첫 구절에 기록되어 있다.

요성은 오행이 어그러진 기운이다. 오행이 식이 일어나거나, 합이 되거나, 가까이 다가가거나, 노하거나, 역행하거나, 궤도가 착란을 일으키거나, 흐르거나, 흩어지는 등 잡스럽게 변할 때 생긴 것이다. 오행의 정수가 흩어져서 요사스러운 것이 된 것이다. (요성들은 그 모습이 약간씩 다르지만 재앙은 한 가지이다. 각기 그 나타나는 곳, 나타난 날짜와 위치(분야)와 모양과 빛깔 등에 따라 전쟁, 기근, 홍수, 가뭄, 전란, 멸망 등으로 점을 친다.) — 『천문류초』, 「요성」

『진서』는 당나라 태종의 명을 받아 당시 재상이었던 방현령 등이 저술해 644년에 편찬한 역사서인데, 그 가운데 「천문지」는 이순풍(李淳風, 602~670년)이 편찬한 것으로 알려져 있다. 「천문지」에는 위의 문장에 이어서 경방(京房)이 지은 『풍각서(風角書)』의 문구가 인용되어 있다. "요성은 모

표 5-1. 혜성이 나타난 방위와 날짜의 간지에 따라 정의된 오행성이 낳은 혜성들

	목성이 낳음	화성이 낳음	토성이 낳음	금성이 낳음	수성이 낳음
요성의 이름	천창(天槍) 천근(天根) 천형(天荊) 진약(眞若) 천원(天檈) 천루(天樓) 천원(天垣)	천음(天陰) 진약(晉若) 관장(官張) 천혹(天惑) 천최(天崔) 적약(赤若) 치우(蚩尤)	천상(天上) 천벌(天伐) 종성(從星) 천추(天樞) 천적(天翟) 천비(天沸) 형혜(荊彗)	약성(若星) 추성(帚星) 약혜(若彗) 죽혜(竹彗) 장성(牆星) 원성(檈星) 백관(白藿)	천미(天美) 천참(天毚) 천사(天社) 천마(天麻) 천림(天林) 천호(天蒿) 단하(端下)
나타나는 방위	동쪽	남쪽	중앙	서쪽	북쪽
나오는 날짜	갑인	병인	무인	경인	임인

두 달의 곁에서 나타나는데, 각기 오방색에 해당하는 구름 같은 기운이 있는데, 다섯 인일(寅日)마다 그 기운을 낳아 주는 오행성이 있다."라고 설명하고, 이어 목성, 화성, 토성, 금성, 수성이 낳은 서른다섯 가지의 요성들을 열거해 주고 있다.

> 이상 서른다섯 가지의 요성들은 오행의 기운이 낳은 것이다. 모두 달의 왼쪽과 오른쪽에 있는 기운 속에서 나온 것으로, 각기 그것을 낳아 준 별이 무엇이냐, 또 그것이 며칠 동안이나 나타났는지로 점친다. 아직 나오지 않아야 할 때 나타나면, 홍수·가뭄·전쟁·사상자·기근·난리가 일어나고, 요성이 가리키는 나라는 망하고 영토를 잃으며, 임금이 죽고, 군대가 패배하며, 장수을 죽이게 된다.

옛사람들은 혜성의 꼬리가 가리키는 별자리나 혜성이 다가가는 별에 감응하는 나라에 그 점괘가 적용이 된다고 여겼다. 점괘에 따르면 나라가 망한다거나, 영토를 잃는다거나, 임금이 죽거나, 군대가 전쟁에서 패배하거나, 장수를 죽이게 되는 일이 일어난다고 했다. 매우 불길한 조짐이었던 것이다. 이와 같은 내용을 알고 나면, 바로 앞의 『승정원일기』 대화 속에서, 서명응이 북경의 천주당에서 만난 유숭률에게 들은 이야기를 언급하는 까닭을 이해할 수 있다. 옛사람들은 달이 목성을 가리는 목성식이 일어나면, 목성의 기운이 잡스럽게 변해 요성(혜성)이 된다고 믿은 것이다.

『진서』「천문지」에 거명되어 있는 서른다섯 가지 혜성들은 모양과 빛깔과 나타나는 방위를 기준으로 분류한 것이다. 그 옛날에 이미 그렇게 다양한 혜성들의 모습을 인식하고 있었다는 사실이 주목된다. 일찍이 후한(後漢) 때의 천문학자 문숙량(文叔良)은 『한서』「문제기(文帝紀)」의 "문제 8년에 장성(長星)이 동쪽에 나타났다."라는 구절에 다음과 같은 주석을 달았다.

> 패성(孛星)·혜성(彗星)·장성(長星)은 그 점괘가 대략 같으나 그 모습은 약간씩 다르다. 패성은 빛이 짧고 그 빛이 사방으로 퍼진다. 혜성은 그 빛이 길며 그것을 두른 것처럼 들쭉날쭉하다. 장성은 빛이 곧바로 뻗는데 어떤 때는 하늘 가득, 어떤 때는 10길, 어떤 때는 3길, 어떤 때는 2길 등 일정하지 않다.

꼬리의 길이와 구부러진 정도를 기준으로 혜성을 대략 세 가지로 구분한 것이다. 그런데 이것보다 훨씬 전에도 사람들이 이미 혜성의 다양한 모습을 인식하고 있었음을 알려 주는 유물이 발굴되었다. 1973년 6월에 중국 창사(長沙)의 마왕퇴에서 한나라 시대의 무덤들이 발굴되었다. 그중에 마왕퇴 3호묘라는 고분이 있다. 이 고분은 한나라 문제(文帝)에서 경제(景帝)에 이르는 기원전 180년에서 기원전 140년 사이에 만들어진 것으로 보고 있다. 그 속에서 비단 위에 씌여진 천문서 두 권이 출토되었다. 하나는 『오성점(五星占)』이라는 책이고, 다른 하나는 『천문기상잡점(天文氣象雜占)』이라는 책이다. 혜성 그림은 바로 『천문기상잡점』에 들어 있으며, 모두 스물아홉 가지의 혜성 그림이 들어 있다.

『천문기상잡점』에 대한 전문적인 연구는 1978년에 시쩌종(席澤宗) 선생의 것이 발표되었고, 사진과 판독문이 1979년에 발표되었으며, 일본의 타케다 코미마사(武田時昌) 선생과 미야지마 가즈히코(宮島一彦) 선생이 1985년에 그것에 번역과 주석을 달아 교토 대학교 인문과학연구소에서 출간했다. 그밖에도 많은 학자들의 연구 결과가 있지만, 여기서는 짧게 훑어보고 내가 받은 인상을 적어 보기로 한다.

마왕퇴 『천문기상잡점』에 그려져 있는 스물아홉 가지의 혜성들의 명칭을 현대 한자로 탈초한 것을 보면, 『진서』의 「천문지」에 나오는 죽혜(竹彗)나 추혜(帚彗)가 이미 보이고, 「천문지」의 천호(天蒿)와 상응하는 것으로 볼 수 있는 호혜(蒿彗)라는 이름도 이미 등장하고 있다. 한편 「천문지」에 진약(眞若), 진약(晉若), 적약(赤若), 약성(若星), 약혜(若彗)이라고 적혀 있는 혜성들이 있는데, 마왕퇴 백서에는 점혜(苫彗)라는 것이 있어서, 점(苫)을 비슷한 모양의 고(苦)나 약(若)으로 오해한 것이 아닐까 생각된다.

2011년 말에 나는, 국립중앙도서관에 보관중인 천문 도서 가운데 일부에 대한 해설문, 즉 해제를 쓰게 되었다. 그때 해제를 쓴 책들 가운데 청구번호 古1496-25인 『혼의(渾儀)』라는 제목의 붓글씨로 쓴 책이 있었다. 그런데 그 안에 여러 가지 혜성들에 대한 모양과 별점이 소개되어 있었다. 이러한 글은 다른 책에서도 여러 번 본 것으로 기억한다. 그만큼 천문학에 관심이 많았던 조선 시대 사람들에게 널리 알려졌던 내용이라는 뜻이다. 『혼의』의 요성 그림에 나오는 혜성들은 절반 정도를 『천문류초』의 「요성」 조에 열거되어 있는 스물한 가지의 요성들 중에서 찾아 볼 수 가 있지만, 그 점괘의 내용이 『천문류초』와는 조금 다르다.

계속해서 『승정원일기』에서 혜성에 관해 나누는 임금과 신하들 사이의 대화를 읽어 본다.

『승정원일기』 영조 46년(1770년) 음력 윤5월 8일(계축) 초경(오후 7시경)

(임금께서 (경희궁의) 숭정전 월대에 납시었다. 관상감 관원인 문광도, 안국빈, 이덕성이 차례로 나와 엎드렸다.)

임금 관상감 관원이 들어왔느냐?(문광도와 안국빈이 나와 엎드렸다.) 별의 모습이 어제와 비교하면 어떠한가? 날씨는 맑은가, 구름이 꼈는가?

대답 달빛이 가로로 비추므로 성체(星體)가 어제에 비해 약간 작습니다. 또한

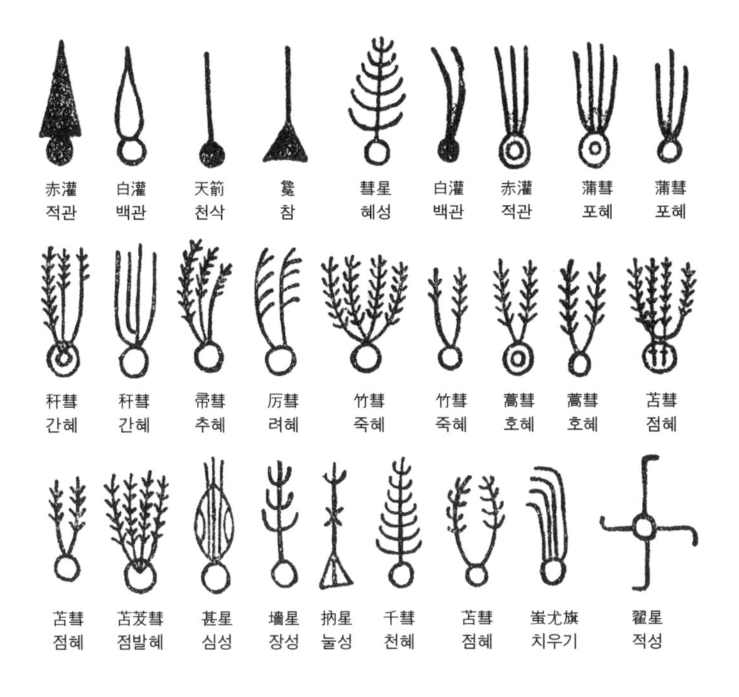

그림 5-1. 마왕퇴 무덤에서 출토된 각종 혜성 그림. 중국 창사에서 발굴된 한나라 시대의 마왕퇴 무덤 속에서 출토되었다.(시쩌종 판독)

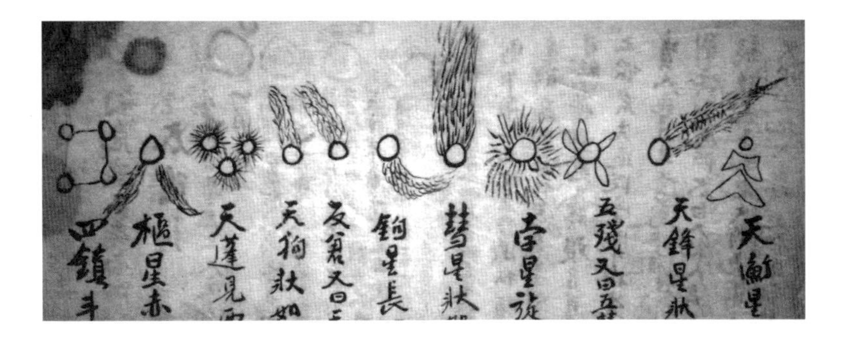

그림 5-2. 여러 가지 형태의 혜성들. 국립중앙도서관. 『혼의』에 필사되어 있다.

표 5-2. 『혼의』에 수록된 요성의 종류와 별점. 국립중앙도서관 소장. *표를 한 항목은 『천문류초』의 「요성」 조에도 언급되어 있는 것들이다.

*천형성(天衡星)	如人赤頭青衣. 見則天下太平之瑞.	사람이 붉은 머리에 푸른 옷을 입은 모습을 닮았다. 이것이 나타나면 천하가 태평할 길한 조짐이다.
*천봉성(天鋒星)	狀如矛戟, 或下或上有尾有毛, 或出則地亂兵起.	모양이 모극을 닮았고, 아래나 위에 꼬리나 털이 있다. 혹시 나타난다면 지상에 난리나 전쟁이 일어난다.
*오잔(五殘) 또는 오혜(五彗) 또는 오산(五散)	所出, 皆主風雨, 天下大旱.	나오는 곳에는 모두 바람과 비를 주관하며, 천하가 크게 가물다.
*패성(孛星)	旋光如毛, 最惡之兆. 災甚於彗, 隨分野占.	빛살이 휘돌아 마치 털과 같다. 가장 나쁜 조짐. 혜성보다 재난이 심하다. 분야에 따라 점친다.
*혜성(彗星)	狀如掃箒而長, 此星如見, 人民災.	모습이 빗자루 같지만 길이가 길다. 이 천체가 보이는 듯하면 인민이 재난을 당한다.
구성(鉤星)	長四五丈, 如重出則主有三十大旱.	길이가 4, 5길이다. 만일 거듭나오면 곧 삼십 큰 가뭄을 주관한다.
반군(反窘) 또는 천멱(天覓)	長四丈, 或生東方, 豊年之象.	길이가 4길이다. 혹 동쪽에서 생긴다. 풍년이 들 조짐.
천구(天狗)	狀如三斗器, 一日玉堂, 多至四五步, 小至三步, 主大風.	모양이 세 말 들이 그릇과 같다. 일설에는 옥당(玉堂)이라고도 한다. 많으면 4, 5 걸음에 이르고, 작으면 3 걸음에 이른다. 태풍을 주관한다.
*천봉(天蓬)	見西北則禽獸相食. 其星有三色, 赤如火.	서북쪽에 나타나면 금수들이 서로 잡아 먹는다. 그 천체에는 세 가지 빛깔이 있다. 붉은 것은 불과 같다.
추성(樞星)	赤而長五六丈, 則東南大水, 魚龍不安之象.	붉고 길이가 5, 6길이면 곧 동남쪽에 홍수가 나고, 물고기들이 불안할 조짐이다.

구름이 끼어서 어젯밤만큼 맑지는 못하나, 오늘 별의 위치는 조금 이동해 천시원의 밖으로 나갔습니다.

임금 (목성을 가리키며) 과연 이게 목성인가? 자내[66]에서 볼 때도 이와 같았는데, 지금 보이는 것도 같으니 필시 목성이다. 객성이 어느 곳에 있는 것이냐?

대답 목성의 남쪽에 있으니 자못 동쪽에 가깝습니다.

임금 (임금께서 촛불을 가져가라 명하신 다음, 앉기도 하고 서기도 하시면서 하늘을 관찰하시고 말씀하시기를) 유독 그 별은 보이지 않는군. (이어 임금께서 부복하시고 말씀하시기를) 나는 측후를 위해서가 아니라 사실은 저 하늘에 정성을 다하여 저 하늘이 굽어살피도록 하려는 것이다. 만약 내 몸에 재앙이 있다고 한다면 어찌 하필 깊이 걱정하겠는가? 나라를 위해 백성을 위해 실로 무궁한 우려가 있다면 어찌 내 몸을 돌보겠는가? 이미 천문서 등과 성의백이 찬한 바에 불길한 점괘가 있으니 어찌 심상하다고 하겠으며 언행을 바꾸지 않겠는가? 병화가 아니면 반드시 기근이 있다고 하고, 또한 저들 나라는 우리와 분야가 같으니, 만일 저들이 불안하다면 우리나라도 먼저 그 해를 입을 것이다.

이석재(우부승지), **김종수**(동부승지) 전하께서 한결같은 마음으로 천지에 제사를 지내시고 주야로 경계하시니 족히 천심을 감동시켜서 전화위복이 될 것입니다. 그러나 밤기운이 좋지 않아 이슬이 옷을 적시니 옥체가 상하실 우려가 없지 않습니다.

임금 선전관은 표신을 가지고 가서 개양문을 잠그지 마라. 관상감 관원 이덕성을 입시하도록 하라. (입시하란 뜻을 승지가 알려 전달하니, 상이 이르기를)

임금 네가 북경에 갔을 때 유송령이 너와 귓속말로 4, 5월 사이에 반드시 목성의 식이 있다고 했다는데, 그렇지 않은가? 비록 귓속말이라고 하지만 그 말을 어떻게 알아들을 수 있었느냐?

이덕성 신이 천주사에 가서 유송령과 이야기를 나누었는데, 그때 통역관(譯官)

이 따라갔습니다. 게다가 글자로 써서 보이니, 과연 목성의 식이 있다고 했습니다.

임금 (유숭륭은) 길흉의 점괘를 능히 아느냐?

이덕성 (유숭륭은) 산법이 극히 정묘해 하늘의 운행을 계산하고 모월 모일에 이러이러한 일이 일어날 것을 미리 알지만, 그 길흉은 자세히 말하지 못합니다.(승지 이석재와 김종수가 일어나서 부복하고서 그만 대내로 돌아가시기를 우러러 청했다.)

임금 모레도 이러한 일이 있을 것이다. 관상감 관원 세 사람은 곧 나가서 측후함이 옳겠다.(임금께서 대내로 돌아오신 후, 천신(賤臣, 주서(注書)를 말함)이 (경희궁의) 개양문을 닫는 것을 살피러 먼저 물러가고, 신하들이 문안을 한 뒤에 물러갔다.)

이 대목에서 관상감 천문학자들은 달빛이 가로로 비추므로 혜성의 크기가 어제보다 작다고 하고 있다. 이 말은, 달빛이 옆에서 비추기 때문에 혜성의 흐릿한 부분까지는 잘 안 보인다는 말이다. 영조 임금은 천문학자 이덕성에게, 북경 천주당의 유숭륭에게서 목성식에 대한 정보를 어떤 경위로 듣게 되었는지를 묻고있다. 목성식의 결과로 푸르스름한 혜성이 만들어진 것으로 생각하고 있기 때문에 이런 문답이 오가고 있음은 앞에서 이미 설명했다. 여기서 유숭륭이 계산해 예측한 목성식이 언제 일어났을까? 나는 별자리보기 소프트웨어로 이 목성식이 일어난 때를 확인해 보았다. 그 결과 1770년 양력 6월 8일 20시 35분경부터 21시 40분경 사이에 달이 목성을 가렸음을 알 수 있었다. 1770년 양력 6월 8일은 음력으로는 5월 15일이었다. 유숭륭이 계산했다는 음력 4, 5월의 목성식은 바로 양력 6월 8일에 일어나는 목성식이었던 것이다.

그런데 유숭륭(劉崇隆)이라는 사람을 청나라의 역사에서는 찾을 수가 없다. 다만 1770년 당시에 청나라에서 활약하고 있던 예수회 신부 가운데 유송령(劉松齡)이라는 중국식 성명을 쓰는 사람이 있다. 현대 중국어로 발음하면 '리우 쑹링'이다. 『승정원일기』에 기록된 유숭릉과 발음이 비슷하다. 『승정원일기』를 기록하는 사관들은 사실상 속기사 노릇을 하므로 귀로 들은 사람의 성명을 잘못된 한자로 기록하는 일이 드물지 않다. 이덕성이 북경 천주당에서 만난 천문학자는 유송령이었음이 분명하다. 유송령의 본명은 페르디난트 아우구스틴 할러슈타인(Ferdinand Augustin Hallerstein, 1703~1774년)이다. 1703년에 현재 슬로베니아 땅인 카니올라에서 태어나서 1774년에 북경에서 죽었다. 그는 신부가 된 뒤에 1739년부터 1774년까지 35년 동안 청나라에서 활약하며 당시 청나라 인구가 약 2억 명임을 추산해 냈고 중국 지도를 제작하기도 했다. 조선의 학자인 홍대용이 1765년 북경을 방문했을 때 그를 만나보기도 했다.

영조는 자신이 왜 이렇게 몸소 밤새 혜성을 관측하는지 그 까닭을 분명하게 밝히고 있다. 천문학자들은 혜성의 모양, 밝기, 위치, 빛깔 등을 자세히 관찰하고 그 의미를 따져보려고 노력하지만, 임금인 영조는 스스로 하늘에 정성을 다해 하늘의 보살핌을 이끌어 내려는 의도로 밤새 혜성을 관측하고 있다고 했다. 『승정원일기』에는 이러한 왕의 행위를 '대월(對越)'이라는 용어로 표현했다. 대월은 바로 임금이 몸소 하늘과 땅에 제사를 지내는 것이다. 즉 영조는 자신의 천문 관측을 일종의 제사로 생각했던 것이다.

옛날에는 일식이 일어나면 임금과 신하들이 소복을 입고 일식이 일어나는 동안 구식례 의식을 치렀다. 『조선왕조실록』에 따르면, 명나라에서도 황제와 신하들이 소복을 입고 검은 허리띠를 매고 근신하는 모습을 보이거나, 밤새 혜성을 관찰하면서 재앙이 빨리 없어지기를 빌었다는 기록이 있다. 조선 성종 22년(1491년) 음력 3월 4일자 기록을 보면, 북경에 다녀

온 신년 축하 사절단이 귀환해 보고하기를 "북경으로 갈 때 혜성이 천진성(天津星)[67]을 침범했다고 들었는데 북경에 도착하니 성변이 이미 사라졌습니다. (명나라) 황제가 인화전(仁和殿)에 나아가 제사를 지냈는데, 백관들이 모두 몸을 깨끗이 하고 하룻밤을 지냈으므로 집으로 돌아갈 수 없었습니다."라고 보고하고 있다. 또한 조선 중종 26년(1531년) 음력 11월 2일자 『조선왕조실록』 기사를 보면, 명나라 황제의 생일을 축하하기 위한 성절사로 명나라에 갔던 반석평이 돌아와 보고하기를 "(음력) 7월 7일에 제가 행산역(杏山驛)에 도착하니, 혜성이 북서쪽에 나타났습니다. 꼬리가 베 1필 길이나 되었고, 여러 날이 지나도록 사라지지 않았습니다. 북경에 도착해 들으니, 중국 조정의 상하가 모두 소복과 검은 띠 차림으로 하늘의 경계에 조심한다 했습니다."라고 보고하고 있다.

이러한 미신적인 사고방식에서 벗어나 자연 현상 그 자체에 대한 학문적인 호기심이 동기가 되어 혜성의 정체에 대해 진지하게 궁리해 본 학자는 우리나라 역사에는 귀하다. 그런 사람들 중 한 사람이 손암 정약전이다. 1811년에 그는 가톨릭 박해를 받아 흑산도에 유배되어 있었다. 그는 마찬가지 이유로 전라도 강진에 유배 중이었던 그의 동생 다산 정약용(丁若鏞, 1762~1836년)에게 다음과 같은 편지를 보냈다.

> 요새 혜성이 서북쪽에 누워 있는데 이것은 전에는 보지 못하던 것일세. 그러나 그것은 화대(火帶)의 변화라는 것을 명백하게 알 수 있으므로 놀랄 만한 일은 아니네. 혜성은 처음에는 북두칠성의 손잡이 부분의 서쪽에 있다가 점차 동쪽으로 향하더니, 지금은 북두칠성의 손잡이에서 동쪽으로 5~6도 정도에 있네. 이것은 땅이 움직인다는 명백한 증거일세. 그렇지 않다면 화대(火帶)의 현상인 혜성이 왜 움직여 돌아갔겠는가? 즉 땅이 움직일 때는 기대(氣帶)를 끌

고 움직이고, 움직이지 않는 영역과는 기대(氣帶)와 화대(火帶)의 경계에서 나누어지는 것이지. 하지만 화대(火帶)도 역시 조금씩 동쪽으로 돌아가네. 이것으로부터 보면 땅에서부터 뭇 별자리들까지 모두 서에서 동으로 움직인다는 것을 알 수 있네. 옛날에 종동천(宗動天)이라고 말한 것이 어찌 틀린 이야기가 아니겠는가? 다만 만일 동쪽으로 돈다면 혜성의 꼬리가 마땅히 서쪽으로 향해야 할 것인데, 오히려 꼬리가 동쪽을 향하고 있으니, 이는 다름이 아니라 화대(火帶)는 느리고 기대(氣帶)는 빨라서 (혜성의 꼬리가 기대의) 기에 이끌려서 그렇게 되는 것이 아니겠는가? 원컨대 자네의 분명한 논증을 듣고 싶네. —『손암서독(巽菴書牘)』

정약전 선생의 글을 읽는 독자들은 이게 무슨 소리인가 싶을 것이다. 이 글은 중세 서양의 우주 구조론을 바탕으로 한 것이다. 중세 서양에서는 우주가 흙(땅), 물, 불, 공기(바람) 등의 네 가지 원소로 되어 있다고 보았다. 무거운 흙과 물이 지구를 이루고 있고, 그 위에는 공기(바람)이 기대(氣帶)라는 층을 이루며 지구를 감싸고 있으며, 가장 가벼운 원소인 불이 그 바깥층인 화대(火帶)을 이루고 있다. 별들의 세계인 수상천(宿象天)이 화대(火帶)의 바깥 아주 먼 곳에 있는데, 하루에 한 바퀴씩 동에서 서로 돌고 있다. 화대와 수상천 사이에는 안으로부터 달, 수성, 금성, 해, 화성, 목성, 토성이 차례로 공전하고 있다. 그리고 맨 바깥에는 정약전 선생이 언급한 종동천(宗動天)이 있다. 우주는 이와 같이 아홉 겹의 수정구들로 이루어져 있다는 것이다. 이것을 구중천설이라고 한다. 정약전 선생은 서양의 구중천설이 잘못된 이론이고 지구 자전설이 맞다고 주장하고 있는 것이다.

서양의 중세 천문학 이론에 따르면, 혜성이란 흙의 기운이 상승해 화대(火帶)와 맞닿는 기대(氣帶)의 가장자리에 이르러 마찰하면서 불꽃(스파크)

을 내는 것이라고 설명한다. 이러한 혜성에 대한 이론은 아리스토텔레스의 저서인 『기상학(*Meteorology*)』에 나온다. 아리스토텔레스는 혜성이나 별똥이 천문 현상이 아니라 대기에서 일어나는 기상 현상이라고 보았던 것이다. 그는 혜성을 '코메테스(κομήτης)'라고 불렀는데, 이 말은 머리카락을 뜻하는 그리스 어 코메(κομή)에서 파생된 말로 '머리카락을 가진 별'이라

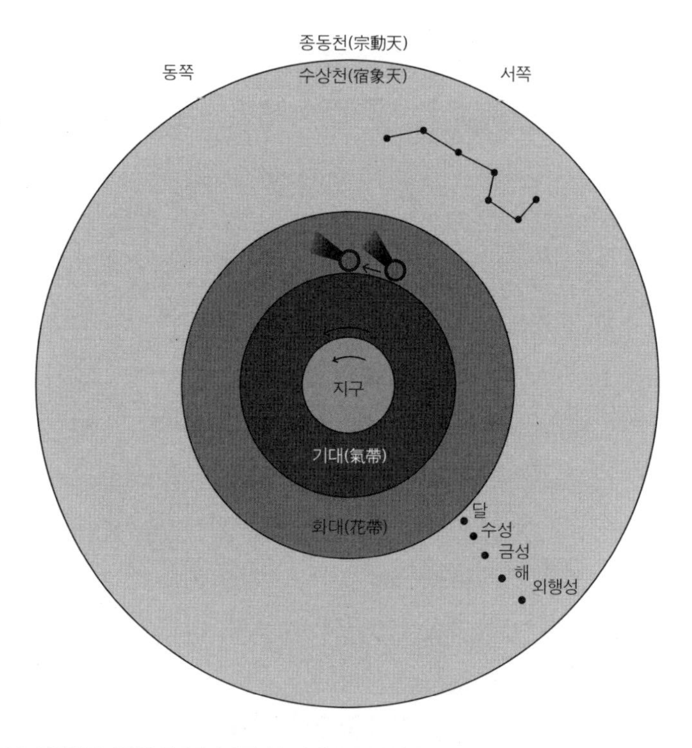

그림 5-3. 정약전의 지전설. 정약전이 생각하는 기대(氣帶)를 현대의 대기라고 생각하면 이해가 쉽다. 지구가 서에서 동으로 자전하면서 기대를 이끌고 돌기 때문에 기대도 서에서 동으로 지구를 따라 돈다. 기대의 위에는 화대(火帶)가 있는데, 혜성은 화대에 있는 물체로 생각했다. 기존의 구중천설에서는 화대가 자전하지 않는다고 생각했지만, 정약전은 혜성을 관찰한 결과를 바탕으로 화대도 서에서 동으로 천천히 돈다고 추론했다.(전용훈의 논문에 있는 그림을 참고로 보완했음.)

는 뜻이다. 현대 별자리들 가운데 하나인 머리털자리의 라틴 어가 '코마(Coma)'인 것도 이런 연유이다. 혜성을 나타내는 천문학 기호 ☄는 긴 머리카락을 가진 별을 상징한다.

정약전은 아리스토텔레스의 우주 구조론을 받아들여서, 화대(火帶)는 정지해 있고 기대(氣帶)만 빠르게 회전하고 있다고 생각하고 있었는데, 화대(火帶)에서 일어나는 현상인 혜성을 관찰해 보니, 혜성이 서에서 동으로 움직이는 것이었다. 그는 이 사실로부터, 기대(氣帶)보다는 느리지만, 화대(火帶)도 서에서 동으로 천천히 돌고 있다고 추론한 것이다. 그런데 혜성이 속한 화대(火帶)가 서에서 동으로 자전한다면, 마치 횃불을 치켜들고 달리면 횃불이 달리는 방향의 반대 방향으로 길게 꼬리가 생기듯이 혜성의 꼬리가 서쪽을 향해야 하는데, 실제 혜성을 관찰해 보니 반대쪽인 동쪽을 향하고 있었다. 이것은 혜성의 꼬리가 빠르게 자전하는 기대(氣帶)의 운동에 쓸려서 그렇게 된 것이라고 논의하고 있다.

이에 대해 아우인 정약용은 다음과 같은 답장을 보냈다.

> 혜성의 이치는 참으로 이해하지 못하겠습니다. 가만히 그 빛을 살펴보면 혜성은 얼음덩어리임이 분명합니다. 생각하건대, 물의 기운이 위로 올라가서 냉천(冷天)에 이르러 응결되어 덩어리가 된 것입니다. 해를 향한 부분은 그 빛이 밝게 빛나며 그 부분을 혜성의 머리라 하고, 햇빛이 가려져서 희미한 부분을 꼬리라고 합니다. 별똥이 화천(火天)에서 생기는 것과 그 이치가 비슷합니다.
>
> 보내 주신 글에서는 이것을 가지고 지구가 움직인다는 확실한 증거라고 하셨으나, 지금 그 혜성은 지난 칠팔월에는 북두칠성 자루의 두 번째 별에 붙어 있더니 팔월 그믐쯤에는 점점 높이 떠서 점점 서쪽으로 갔습니다. 지금은 초저녁에 처음 나타날 때 그 고도가 거의 중천에 가깝고 그 방위는 점점 정서 쪽

에 접근하고 있으니 칠팔월 때와는 크게 차이가 납니다. 이것으로 본다면 분명히 혜성이 움직인 것이지 지구가 움직여서 그런 것이 아닙니다. —『여유당전서』 제1집 시문집 「상중씨(上仲氏)」

중세 서양의 우주 모형에서는 혜성이란 흙의 기운이 상승한 것이라고 본다. 윗글의 첫 번째 문단에서 정약용 선생은, 그게 아니라, 혜성은 물의 기운이 응결한 얼음덩어리라고 말하고 있다. 그 근거로는 혜성의 빛깔을 들었다. 자신의 관찰 결과를 바탕으로 새로운 관점을 내세운 것이다. 높이 올라가면 온도가 낮은 냉천(冷天)이 있다고 생각한 점도 재미있다. 왜냐하면 현대 기상학에서도 대류권에서는 지상에서 높이가 100미터 높아질 때마다 섭씨로 약 0.7도씩 낮아지기 때문이다. 두 번째 문단에서는 형인 정약전이 관찰한 것과는 달리 그가 관찰한 혜성은 서쪽으로 운행했음을 서술하고, 이것으로 추론하면 혜성이 움직인 것이지 지구가 움직여서 그런 것이 아니라며 지전설을 부정했다.

『승정원일기』 영조 46년(1770년) 음력 윤5월 11일 축시(밤 2경)

(임금께서 (경희궁의) 집경당(集慶堂)에 납시었다. (객성 관측을 맡은 관상감 천문학자들 중에서)하번인 이택수(李澤遂)가 입시하다.)

임금 (이택수에게) 너는 서운관 관원들과 함께 목멱산으로 가서 (객성을) 상세히 측후해 보고하라.

임금 (이종원에게 말하기를) 표신을 받아서 개양문을 닫지 말고 그 회보를 기다려라. 유신 이택수는 관상감관원을 데리고 말을 달려 남산으로 가서 측후한 뒤에 입시하라. (임금의 명령이 나갔다.) 타고 갈 말 두 필을 대기시키라. (임금의 명령이 나갔다.) (하늘이 거의 밝아 오자 이택수와 문광도가 임금의 명령을 수행하고서 입시했다.)

임금 이 산에 올라 사방을 바라보아도, (객성을) 끝내 볼 수 없더냐?

이택수 산꼭대기를 오르니 북쪽 하늘이 탁 트여 맑으며 뭇별이 보이지 않는 것이 없는데도 객성은 끝내 모습을 볼 수 없었습니다. 만일 서쪽 지평선 아래로 빠진 것이 아니라면, 필시 소멸해 그런 것 같습니다. (안사일(安思一, 안국빈의 손자)의 대답도 대략 같았다.)

임금 객성의 물러감이 빠르구나. 혹여 한 바퀴 돌아서 다시 나타날 염려는 없지 않은가?

안사일 혜성은 더러 한바퀴 돌아서 다시 나타나는 것이 있으나 객성은 그렇지 않습니다.

『승정원일기』 영조 45년(1769년) **음력 10월 1일 기유일 오시**(낮 12시경)

(임금께서 (경희궁의) 집경당(集慶堂)에 납시었다.)

임금 혜성이 또 나타났다던데, 저번에 나온 혜성이 한 바퀴 돌아서 다시 나타난 것인가?

김양택(약방 도제조) 서운관 관원이 하는 말을 들어보면, 전에 나온 혜성이 다시 나타난 것이라고 합니다.

임금 관상감 관원은 입시하라. (응교 서호수, 수찬 이병정, 관상감 관원 이덕성이 나와서 엎드렸다.)

임금 (이덕성에게 앞으로 나오라고 명하며) 전날에 안국빈이 말하기를 "혜성이 당연히 하늘을 돌아 다시 나타날 것이다."라고 했는데, 이것이 과연 전에 나온 혜성이며 도수에 차이가 없는가?

이덕성 전에 나온 혜성과 같습니다. 도수는, 지금이 보름 때라서 다시 관찰해야 할 듯하옵고, 비록 약간의 날짜 차이가 나긴 하지만, (며칠 전 위치와) 서로 심하게 멀어지진 않았습니다.

임금 꼬리가 전에 비해서 더해진 것이 있으며 필시 새로운 혜성일 것이고, 꼬리가 만일 전에 비해서 줄어들었다면 반드시 전의 혜성일 테지.

이덕성 꼬리는 전에 비해 점차 희미해져서 있는 듯 없는 듯합니다. (즉 전의 혜성이라는 답변)

임금 새벽의 계명성(啓明星)은 낮에는 곧 태백성(太白星)이라던데, 이것은 과연 무슨 별인가?

이덕성 이것들은 금성이온데, 새벽에는 계명성이 되고 낮에는 태백성이 되며 저녁에는 장경성(長庚星)이 됩니다.

임금 금성이 능히 하루에 한 바퀴 돌 수 있다면, 곧 혜성은 어째서 40일이 되어야 비로소 하늘을 한 바퀴 도는 것이냐?

이덕성 금성은 능히 하루에 한 바퀴 돌아서 (계명성, 태백성, 장경성 등의) 세 별들로 되는 것이 아닙니다. 그 큰 별이 때마침 그 위치에 있으면 사람들이 그것을 가리켜 금성이라 하고, 서쪽의 장경성, 동쪽의 계명성이라 하는 것입니다.

임금 서호수가 이를 해설해 보는 것이 좋겠다.

서호수 (앞으로 나와서) 한 별이 네 이름이 있는 것입니다. 아침과 저녁에 보이는 것을 다르게 부르지만 금성이기는 매한가지입니다. 목성과 계명성은 서로 닮아서 혹 잘못 가리켜 계명성이라 하는 것입니다.

저녁에 서쪽 하늘에 혜성이 보이는 경우를 생각해 보자. 이 혜성이 날이 갈수록 점점 서쪽으로 이동하다가, 마침내 고도가 낮아져서 관측이 어렵게 되고 지평선 아래로 내려가 버리면 혜성이 더 이상 관측되지 않을 것이다. 이런 경우에 조선 시대에는 서울 남산이나 강화도 마니산에 천문학자들을 보내서 혜성이 사라졌는지를 확인하기도 했다. 혜성이 서쪽으로 이동하다가 마침내 지평선 아래로 내려가서 보이지 않게 된다는 사실을 조선의 천문학자들은 알고 있었다는 뜻이다.

조선 시대에는 혜성이 저녁에 지평선 아래로 내려가서 더 이상 관측이 되지 않다가 얼마 뒤에 아침에 반대쪽 하늘에 나타나기도 한다는 사실도 알고 있었다. 위의 글에서 한 바퀴 돌아서 다시 나타날 염려가 없느냐는 영조의 질문은 그런 맥락에 나온 것이다. 이것은 아마도 금성의 움직임에서 힌트를 얻었던 것 같다. 위의 글에서 영조가 갑자기 계명성과 태백성에 관해 묻고 있는 것도 그 때문이다. 금성이 저녁에 서쪽 하늘에 보일 때는 장경성이라 부르고 새벽에 동쪽 하늘에 보일 때는 계명성이라 부르지만 사실은 같은 천체임을 논의하고 있다.

지구설: 땅은 둥글다

우주에 존재하는 어떤 두 물체는 서로 끌어당기는 힘이 존재하며, 그 힘의 크기는 두 물체 사이의 거리의 제곱에 반비례하고 두 물체의 질량의 곱에 비례한다. 위대한 물리학자 뉴턴이 발견한 만유인력의 법칙이다. 어린 아이들은 뉴턴이 발견한 이 위대한 법칙을 알지 못한다. 그래서 "지구는 둥그니까 자꾸 걸어 나아가면, 온 세상 어린이를 다 만나고 오겠지만, 지구 반대쪽에 있는 어린이는 아래로 떨어질 게 아니에요?"라고 질문을 하게 된다.

『승정원일기』 영조 44년(1768년) 음력 9월 24일(기유) 미시(오후 2시경)

(임금께서 (경희궁의) 집경당(集慶堂)에 납시었다.)

임금 일월성신이 땅의 사면을 따라 선회하는 것이라면, 이것은 대지(大地)가 공중에 있는 것이니 어찌 위태롭지 않겠는가?

홍계희 지구는 천구의 안에 있습니다. 이른바 하늘[天]이란 것은 곧 기(氣)입니다. 땅[地]의 위에 공허한 곳이 모두 기(氣)입니다. (지구의) 상하와 사방은 모두 기(氣)가 쌓인 것으로써 감싸져 있사오니, 이 기(氣)는 가득차서 크고 힘이 있습니다. 땅[地]이 그 안에 있사오니 어찌 위태롭겠습니까?

임금 천구도 또한 형체가 있소?

홍계희 28수가 펼쳐져 늘어서 있는 곳을 일컬어 하늘[天]이라 하는데, 이른바 365와 4분의 1이라는 것도 역시 28수의 하늘[天]입니다. 하늘[天]은 볼 수 있는 형체가 없으며, 28수의 모앙으로서 하늘[天]의 원근을 측정합니다. 일월과 오행성도 또한 그 안에 있을 뿐입니다.

임금 그렇구나.

『승정원일기』 영조 44년(1768년) 음력 10월 29일(계미) 사시(오전 10시경)

(임금께서 (경희궁의) 집경당(集慶堂)에 납시었다.)

임금 내가 경에게 물어보고 싶은 것이 있어 들어오라 했소.(이어 임금께서는 일월과 오행성의 궤도, 원회운세, 천지개벽 및 서양국 천주학에 대해 하문하셨다.)

임금 땅[地]의 상하와 사방이 모두 이 세계와 같다는 학설은 경도 믿소? 나는 믿지 않소. 어찌 거꾸로 설 수가 있단 말이오?

홍계희 지구는 매우 크며, 큰 물체가 매우 둥근 것입니다. 그래서 한곳에서 지구를 보면, 높은 곳은 산이 되고 평평한 곳은 뭍이 되며 깊은 곳은 물이 되지만, 그 큰 물체는 곧 상하와 사방이 모두 같고 그 동그라미는 점근적인 성질이 있어서, 눈으로 보면 그 다른 점을 알지 못합니다. 지극히 멀어진 뒤에야 곧 면세가 점차 달라져서, 중원은 북극출지가 36도이고 남극입지가 36도가 되며, 5만 리를 가서 해랑산(海浪山)에 이르면 거기는 남극출지가 36도가 되고 북극입지가 36도가 됩니다. 이러한 사실로 그것을 말하자면, 중국에 있는 사람은 해랑(海浪)에 있는 사람에 대해 서로 빗겨 서 있는 듯하나, 모두들 빗겨 서 있는 것이 아니라 다만 하늘을 위로 삼고 땅을 아래로 삼을 뿐이라는 사실은 곧 같은 이치인 것입니다.

임금 하늘[天]은 곧 움직이나 사람이 있는 땅[地]은 움직이지 않는다는 말이오?

홍계희 흙 위에 물이 있고, 흙과 물 위에 기(氣)가 있사온데, 기(氣)가 쌓인 것이 하늘입니다. 기(氣)가 쌓인 힘은 매우 큽니다. 지구는 중간에 버티고 있으니 (어느 방향으로도) 떨어지지 않는 것입니다.

임금 경이 이른바 하늘이 움직이고 세계는 움직이지 않는다는 것이 옳도다.

(홍계희가 장차 물러가려 하자)

임금 진정 지식이 많은 사람이로다.

구상(좌부승지) 과연 그렇습니다.

첫 번째 일화에서 영조는, 땅이 우주의 중심에 있고 행성들과 별들이 그 둘레를 공전하고 있다는 지구 중심설에서는 땅이 허공중에 떠 있어서 위태롭지 않느냐고 묻고 있다. 이에 대해 홍계희는, 지구의 사방에는 기(氣)가 가득 차 있어서 그 내리누르는 힘에 의해 지구가 한군데에 단단히 머물러 있을 수 있다고 대답한다. 두 번째 일화를 읽어 보면, 영조는 우리가 발을 딛고 있는 땅이 둥근 공 모양임을 알고 있다. 그것을 홍계희는 지구라고 부르고 있다. 그러나 영조는 지구 반대편에 있는 사람들은 거꾸로 매달려 있으니 위태롭지 않겠느냐고 우려한다. 홍계희는 지구는 크기 때문에 표면의 일부분만 떼어 내서 보면 거기 사는 사람은 자신이 평평한 땅 위에 살고 있는 것으로 인식한다고 설명하고 있다. 그의 말에 따르면, 그러한 이치는 조선 땅이나 그 반대쪽이나 같기 때문에 지구 반대편에 사는 사람도 거꾸로 서 있는 것이 아니라 그들의 땅을 딛고 하늘을 머리에 이고 살고 있는 것이라고 한다.

우리가 사는 땅이 공 모양이라고 주장하는 학설을 지구설이라고 한다. 역사적으로 동양에 지구설이 퍼지기 시작한 것은 1584년에 제작된 『산해여지전도(山海輿地全圖)』의 여백에 지구설과 구중천설(九重天說)의 우주구조론이 실리기 시작하면서부터이다. 그러나 지구설이 본격적으로 소개된 것은 마테오 리치(Matteo Ricci, 1552~1610년)가 1602년에 제작한 『곤여만국전도』와 이지조(李之藻, 1565~1630년)의 도설, 그리고 1605년에 마테오 리치가 저술한 『건곤체의(乾坤體義)』 등에서이다. 『건곤체의』라는 제목을 풀어보면 "하늘과 땅의 형체에 대한 뜻"이 되는데, 거기서 마테오 리치는 다음과 같이 설명했다.

> 땅과 바다는 본래 둥근 모양이고 합해서 하나의 구가 된다. 천구의 가운데에 머물러 있기를 마치 달걀의 노른자가 흰자 안에 있는 것과 같다. 땅이 모나다고 하는 말은 그 덕이 고요해 움직이지 않는 성질을 말한 것이지 그 형체를 말한 것이 아니다. —『건곤체의』, 「천지혼의설」

땅이 공 모양이라면 우리와 정반대쪽 지역에 사는 사람들은 어떻게 땅에 붙어 있을 수 있겠는가? 이 의문에 대해 마테오 리치는 아리스토텔레스의 설명을 인용하고 있다. "이 세상은 흙, 물, 공기, 불의 네 가지의 원소로 이루어져 있는데 각기 비중의 차이가 있어서 가장 무거운 흙은 아래로 가려는 성질이 있고 가장 가벼운 불은 위로 올라가려는 성질이 있다. 그래서 흙이 가장 아래에 있고, 그 위에 물, 그 위에 공기, 그리고 그 위에 불이 있다. 흙이 이미 모든 물체들의 중심에 있으므로 모든 물체들은 그 흙을 향해 아래로 움직이려 한다."

이러한 생각을 담은 책들이 중국에서 조선으로 전해지면서 조선의 학자들도 지구설을 논하게 되었는데, 대표적으로 김만중(金萬重, 1637~1692년), 김석문(金錫文, 1658~1735년), 최석정(崔錫鼎 1646~1715년), 이익(李瀷, 1681~1763년), 서명응(徐命膺, 1716~1787년), 이가환(李家煥, 1742~1801년), 정약용 등의 학자들을 들 수 있다. 지구설을 놓고 벌인 조선 학자들의 토론만으로도 족히 한 권의 책을 쓸 수 있을 만큼 방대한 이야기라서 여기서 모두 밝힐 수는 없고, 아주 일부만 맛을 보기로 한다.

홍계희가 설명한 지구설은 청나라 학자인 매문정(梅文鼎, 1633~1721년)의 설명을 인용한 것이다.

> 혼천설의 이치로 증명하자면, 지구가 완전한 구형이라는 데에 의심의 여지가 없다. 남쪽으로 200리를 가면 남쪽 별들이 1도 많이 보이고 북극이 1도 낮아지며, 북쪽으로 200리를 가면 북극이 1도 높아지고 남쪽 별들이 1도 적게 보이니, 지구가 완전한 원형이 아니라면 어떻게 그럴 수 있겠는가?
>
> 지구가 둥글다면 사람이 지상에 살며 바로 설 수 없으리라고 의심이 들 수도 있겠으나, 우리가 비슷한 일로 증명해 보자. 위도가 다른 각 지역 사람들이 서로 빗겨 서 있고 기울어져 있는 것이 아니라, 그들 각자 머리에 이고 있는 것이 모두 하늘이고 발로 밟고 있는 것이 모두 땅이며, 애초부터 기울어진 것이 없어서 동그랗게 둘러 서 있는 것을 근심할 것이 없는 것이 아니겠는가? ―『증보문헌비고』 제1권 「천지(天地)」

요즘은 『동국문헌비고』의 「상위고」의 편집자로 서호수만 언급되고 있다. 그러나 앞에서 소개한 문광도의 묘지명에서 보았듯이, 관상감 천문학자들도 상당히 기여했음이 분명하다. 그들은 「상위고」에서 "지구가 너무나 커서 그 위에 사는 사람은 좁은 범위만 볼 수 있으므로 마치 땅이 평면처럼 느껴지는데 그것을 지평(地平)이라 하며, 지구상의 모든 지점에 사는 사람들이 모두 마찬가지로 지평을 느끼고 살기 때문에 저마다의 천정을 가지며 각각의 경위도만 달라진다."라고 설명하고 있다.

다산 정약용 선생도 『여유당전서』 제1집 권10에서 지구설을 설명했다. 그는 아마도 지구설에 관한 매문정의 글을 읽고 그림을 곁들여 가며 그것을 좀 더 논리적으로 설명하려고 한 듯하다.

① 그림 5-4의 (가)와 같이, 갑(甲)을 북극으로 삼고 을병(乙丙)을 지평으로 삼는다. 정(丁)은 온성, 무(戊)는 함흥, 기(己)는 한양, 경(庚)은 강진, 신(辛)은 제주라 하자. 갑을(甲乙)의 거리는 약 64도가 되니, 정(丁)에 있는 사람이 그것을 측정하면 북극출지(북극성의 고도)가 64도가 된다. 무(戊)에 있는 사람이나 기(己)에 있는 사람도 측정해 보면 64도이다. 경(庚)에 있는 사람도 신(辛)에 있는 사람도 그것을 측정해 보면 64도이다. 실제는 그렇지 않아서, 북극출지는 남과 북이 완전히 다르다. 북에서 남으로 갈수록 매 250리마다 반드시 1도의 차이가 난다. 온성의 북극출지가 가장 높고, 함흥에 이르면 이미 차이가 5도가 난다. 한양에 이르면 또 4도가 차이가 나고, 강진에 이르면 또 3도 남짓이 차이가 난다. 제주에 이르면 또 3도가 차이가 난다. 그렇다면 무슨 뜻인가? 땅이 둥글다는 것을 명확하게 증명하는 것이 아닌가?

② 그림 5-4의 (나)와 같이, 갑(甲)을 북극, 을(乙)을 북극의 바로 아래 지점이라 하자. 병(丙)은 온성, 정(丁)은 함흥, 무(戊)는 한양, 기(己)는 강진, 경(庚)은 제

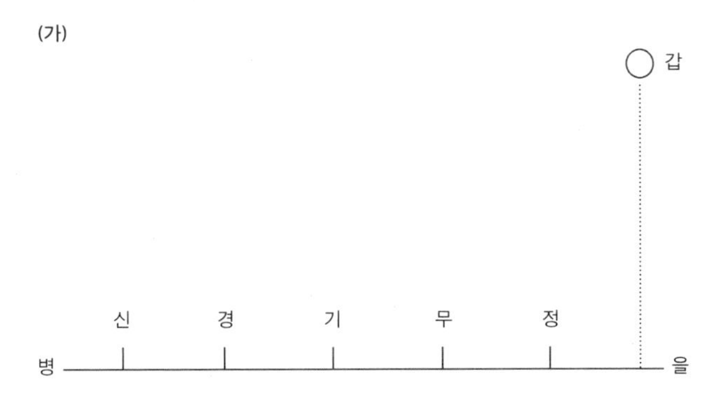

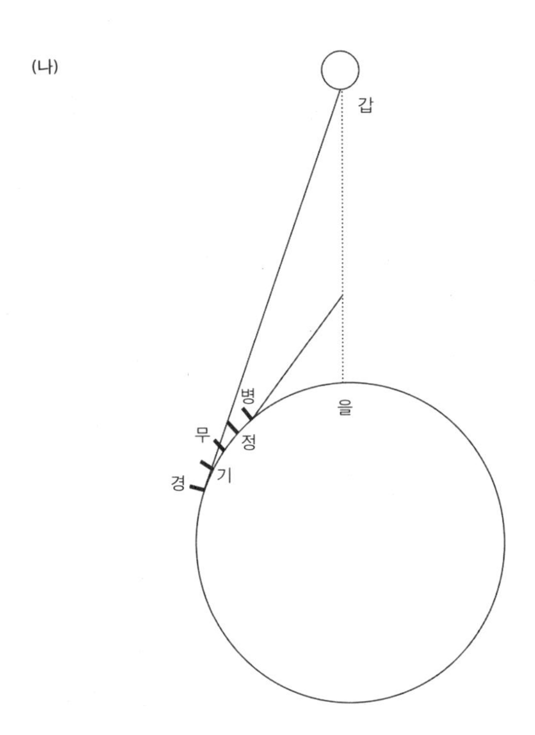

그림 5-4. 지구설의 논증. (가)와 (나)는 남북 방향이 구형임을 증명하는 그림이다. 『여유당전서』 원문을 보면 (나)의 그림에 옆에 "사선은 관측자의 시선이 향하는 방향"이라는 설명이 적혀 있다.

주라고 하자. 북에서 남으로 갈수록 땅의 모양새가 둥글기 때문에 북극출지가 점점 낮아진다. 그래서 250리마다 1도씩 차이가 생기는 것이다. 이것이 어찌 지구가 둥글다는 사실을 증명함이 아니겠는가?

③ 그림 5-5의 (다)와 같이 하늘이 둥글게 덮고 있고 땅은 네모나다고 하자. 신(申)은 일본이고, 임(壬)은 동래(부산)이고, 계(癸)는 (전라도) 해남이고, 자(子)는 중국의 남경(南京)이고, 축(丑)은 (중국의) 양양(襄陽)이고, 인(寅)은 (중국의) 서촉(西蜀)이며, 묘(卯)는 인도(천축)이다. 무릇 모든 사람이 해가 정수리 위로 올 때를 정오로 삼으니, 신(申)에 있는 사람은 반드시 해가 갑(甲)에 도달하는 것을 정오로 삼고, 임(壬)에 있는 사람은 반드시 해가 을(乙)에 올 때를 정오로 삼으며, 인(寅)에 있는 사람은 반드시 해가 기(己)에 올 때를 정오로 삼는다. 그렇다면 임(壬)의 나라에서는 오전이 지극히 짧고 오후가 지극히 길 것이요, 인(寅)에 사는 사람은 오전이 지극히 길고 오후가 지극히 짧을 것이다. 지금 천하 만국은 오전의 시간과 오후의 시간이 모두 균일하다. 이것은 어찌 지구가 둥글다는 명확한 증거가 아니겠는가? 지구는 진실로 둥글다. 천하의 모든 사람들이 비록 해가 정수리 위에 올 때를 정오로 삼는다고 해도 오전과 오후의 시간이 반드시 균분된다.

④ 그림 5-5의 (라)와 같이 갑을병정무기경신(甲乙丙丁戊己庚辛)은 지면에 서 있는 동서 각국의 사람들이고, 임계자축인묘진사(壬癸子丑寅卯辰巳)는 해가 주천에서 동서로 도달하는 도수이다. 각국의 사람들은 모두 해가 정수리 위에 있을 때를 정오로 삼으나, 오전과 오후의 시간의 길이가 모두 동일하다. 어찌 땅이 둥글다는 명확한 증거가 아니겠는가?

(다)

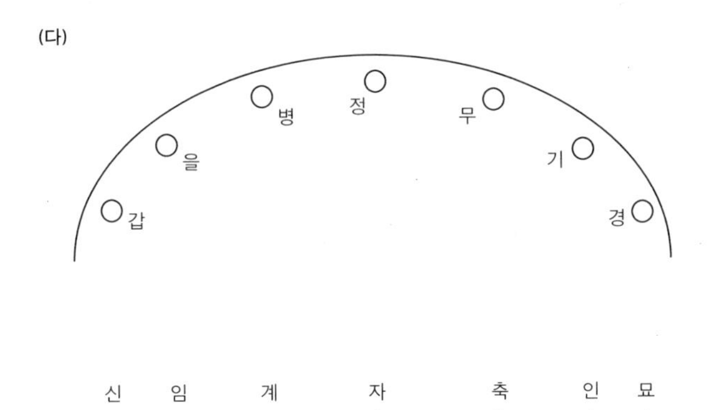

(라)

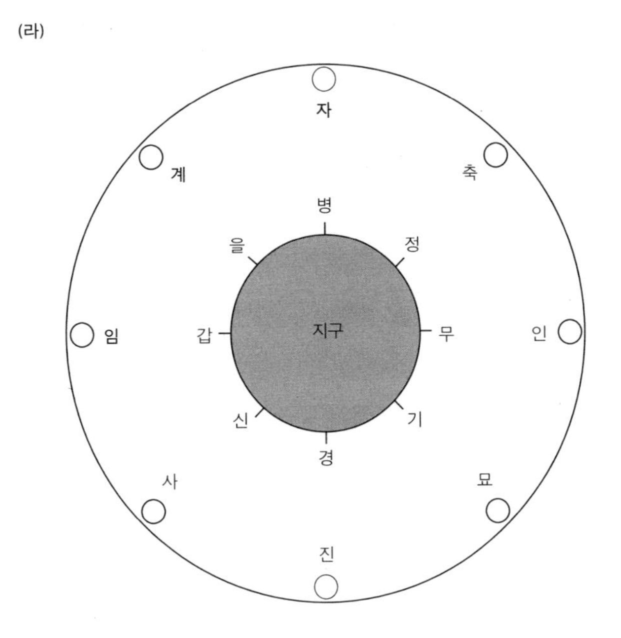

그림 5-5. 지구설의 논증. (다)와 (라)는 동서 방향이 구형임을 증명하는 그림이다.

그림 5-4의 (가)와 (나)의 논의에서 정약용 선생은, 별은 엄청나게 멀리 있기 때문에 별빛은 지구상의 모든 지점에 거의 평행하게 비춘다는 가정을 빠트렸다. (나)에서 설명한 지구의 각 지점에서 관측되는 북극성의 고도에 대해서도 그림과 설명이 부정확하다. 이 경우에도 북극성은 매우 멀리 있으므로 지구의 각 지점에서 북극성 별빛이 평행하게 입사한다고 가

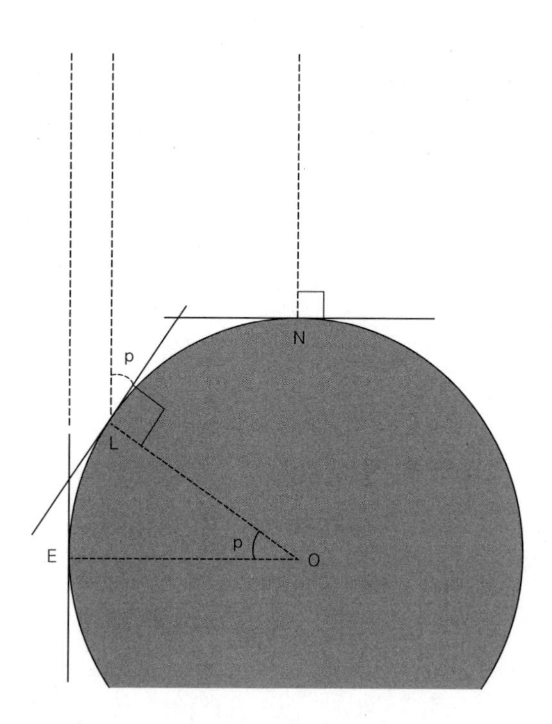

그림 5-6. 북극출지. 한 지점에서 측정한 북극성(정확하게 말하면 천구의 북극)의 고도를 그 지점의 북극출지라고 한다. 북극성은 매우 멀리 있으므로 그 별빛이 지구에 평행하게 입사한다고 가정할 수 있다. N은 지구의 북극, E는 적도, O는 지구의 중심, L은 관측자가 있는 곳을 나타낸다. 점 L에 있는 관측자가 느끼는 지평선은 그 지점의 접선으로 나타냈다. 멀리서 L 지점으로 들어오는 북극성의 별빛과 그 접선이 이루는 각 p가 북극성의 고도이다. 이것은 각EOL과 같은데 이 각도는 점 L의 위도이다. 지구 자전축의 북극이 향하는 방향을 천구의 북극이라고 부른다. 또한 천구의 북극에 가장 가까운 별을 북극성으로 정의한다. 실제로는 천구의 북극과 북극성은 일치하지 않고 약 0.°5 어긋나 있다. 그러므로 대체로 말해서 북극출지는 그 지역의 위도와 같다.

정할 수 있다.

그림 5-4의 (나)의 경우에 대한 정약용 선생의 설명을 좀 더 알기 쉽게 다시 이야기해 보자. 그림 5-6에서 L로 표시한 지구의 한 지점에서 접선을 그리면 그것이 그 지점의 지평선이다. 지평선과 점선으로 나타낸 북극성이 보이는 방향이 이루는 각도 p가 바로 북극출지 또는 북극성의 고도이다. 그림에서 각 EOL은 그 지점의 위도인데, 이것이 그 지점에서의 북극출지와 같다. N으로 표시한 지구의 북극에서는 북극성이 정수리 방향에 보이므로 북극출지는 90°와 같고, E로 표시한 지구의 적도에서는 북극성이 지평선에 보이므로 북극출지는 0°이다.

그림 5-5 (다)의 논의에서도 해가 매우 멀리 있다는 가정이 있어야 하는데, 정약용 선생은 해가 가까이 있다고 생각하고 있다. 해가 충분히 멀리 있으면, 땅이 평평하더라도 일본이나 조선이나 중국이나 인도나 어디에서나 오전 시간과 오후 시간의 길이가 거의 같다. 지상에서 관측한 사실만 놓고 보면, 멀리서 항구로 들어오는 배가 돛대부터 보인다는 사실이 지구설의 확실한 증거들 가운데 하나로 생각된다. 이에 대해서는 허셸의 『천문학 개요』에 설명되어 있는데, 조금 뒤에 설명하기로 한다.

태양 중심설(지동설)과 만유인력

다시 『승정원일기』의 내용으로 돌아가서, 영조의 호기심은 또 다른 문제로 넘어간다. 영조는 '하늘이 하루에 한 바퀴 지구를 돌고 땅은 가만히 고정되어 있다'는 학설에 대해서 홍계희의 의견을 묻고 있다. '하늘이 움직인다는 학설'은 곧 천동설이다. 코페르니쿠스의 지동설이 그 당시까지도 아직 들어오지 않았음을 알 수 있다. 사실 서양에서는 천동설과 지동설이 아니라, 지구 중심설과 태양 중심설이라고 불렀다. 지구가 우주의 중심에 있느냐 아니면 해가 우주의 중심에 있느냐 하는 기하학적 개념을, 동양에서는 하늘이 움직이느냐 땅이 움직이느냐 하는 운동 역학적 개념으로 바꾸어 부른 것이다. 여기서도 동서양의 인식의 차이를 엿볼 수 있다.

명나라 말기부터 마테오 리치를 비롯해 예수회 소속의 천주교 신부들이 중국에 파견되어 유럽 천문학을 중국에 전했다. 그들은 라틴 어로 된 천문학과 수학 서적을 중국어로 번역하거나 또는 직접 책을 쓰기도 했다. 조선은 중국에서 이러한 유럽의 천문학 지식을 들여왔다. 그러나 로마 교황청은 예수회가 코페르니쿠스의 태양 중심설을 중국에 전하는 것을 금지했으므로, 코페르니쿠스의 태양 중심설은 1767년에야 『지구도설(地球圖說)』이라는 책을 통해 중국에 소개되었다. 예수회 신부인 미셸 베노아(Michel Benoit, 1715~1774년) 중국 이름 장우인(蔣友人)이 1760년에 『곤여전도(坤輿全圖)』를 판각하고 그 해설문에 서양 천문학을 소개하면서 코페르니쿠스의 태양 중심설을 적어 놓은 것을, 1767년에 전대흔(全大昕)이라는 중국인 학자가 『지구도설』이라는 제목의 책으로 간행한 것이다.

조선에서는 『지구도설』의 내용이 최한기(崔漢綺, 1803~1877년)와 이청(李晴, 1792~1861년)의 책에 처음 소개되었다. 이청은 다산 정약용이 강진에 유배되었을 때 아끼던 제자이다. 정약용은 1806년 가을부터 1808년 봄까지 이청의 집에 머물렀다. 이것이 인연이 되어 이청은 14세부터 다산 선생의 평생 제자가 되었다. 다산은 그가 강진에서 가르친 제자들 중에서 가장 총명한 제자로 이청을 들 정도였는데, 이청은 특히 과학 기술에 재능이 있었다. 이청은 다산 선생이 유배 시절에 저술 활동에 큰 도움을 주었는데, 강물을 위주로 조선의 지리를 서술한 『대동수경(大東水經)』이라는 책은 스승과 제자의 공동 저술로 보고 있다. 이청은 또한 다산 선생의 형님인 손암 정약전 선생의 『자산어보(玆山魚譜)』의 저술에도 깊이 기여한 것으로 여겨진다. 이청의 천문학 분야 저서가 『정관편(井觀編)』인데 8권의 책을 3책으로 엮었다. 이 책에 『지구도설』이 많이 인용되어 있다. 그중에서 코페르니쿠스의 태양 중심설을 소개한 부분을 옮겨 본다.

> 청나라의 건륭 시대에 베노아라는 예수회 선교사가 지구는 움직이는 것이 확실하다고 주장했다. 그는 『지구도설』을 저술해 말하기를, "코페르니쿠스가 여러 천체들의 순서를 나열했고, 이어서 케플러, 뉴턴, 카시니, 델라 카예(de la Caille, 1713~1762년), 르 모니에르(le Monnier, 1715~1799년) 등이 모두 그 학설을 주장했다."라고 했다. 지금 천문학을 정밀하게 연구하는 서양 학자들은 모두 코페르니쿠스가 논한 천체들의 순서에 따라 여러 천체들의 운동을 계산한다. 코페르니쿠스는 여러 천체들을 논함에, 태양은 정지하고 지구가 움직이는 것을 위주로 했다. 사람들이 처음에 그 이론을 듣고 문득 놀라서 이상한 이야기로 생각했는데, 대개 끝까지 눈으로 증거를 보고서야 믿으려했기 때문이었다. (생략) 사람들이 땅에서 해를 보면 마치 해가 움직이고 땅이 정지한 것처럼 보인다. 지금 땅이 움직이고 해가 정지해 있다고 말하니, 그 학설은 추산에 이미 정밀하게 합치했고 이치에도 또한 장애가 없었다.

이청은 『지구도설』에 설명된 혜성의 궤도에 대한 설명도 그의 책에 인용했다.

> 객성이라는 것은 일상적이지 않은 천체들의 총칭이다. 만일 빛살[光芒]을 발하지 않으면 객성이라 하고, 빛살을 발하면 혜성이나 패성이라고 한다. 지금 객

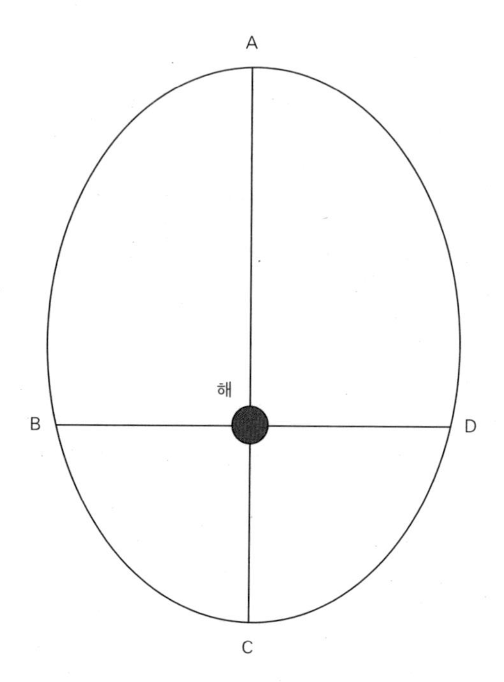

그림 5-7. 이청의 『정관편』에 인용된 『지구도설』의 혜성 궤도

성이란 물체를 고찰해 보니, (아리스토텔레스나 프톨레마이오스의 학설처럼) 땅의 기운이 상승한 것이 아니요 또한 요사함과 상서로움의 조짐도 아니다. 여러 항성들과 행성들이 하늘을 운행함은 마치 행성이 본륜을 운행하는 것과 같다. 그림과 같이 설명한다.

① 그림 5-7에서 곡선 ABCD는 객성의 본륜인데 이것은 타원형이며 해는 그 한쪽 편심에 자리한다. 객성이 본륜의 호 DAB를 운행하면 객성은 지구에서 멀리 있기 때문에 지구에서는 보이지 않는다. 만일 객성이 본륜의 호 BCD를 운행하면 객성이 지구에 가깝기 때문에 지구에서 그것을 볼 수 있다. (케플러 제1법칙, 타원의 법칙)

② 객성이 운행하는 본륜의 호의 면적은 모두 서로 같다. 별이 본륜의 점C에 가까울수록 운행하는 본륜의 호는 크며 운행은 더욱 빠르다. (케플러 제2법칙, 면적 속도 일정의 법칙)

③ 또한 타원의 장경이 길면 길수록 그 한 바퀴 도는 시간이 더욱 늦어지므로 객성이 혹 50~60년에 한 바퀴를 돌아 한 차례 나타나게 된다. (케플러 제3법칙, 조화의 법칙)

고금에 객성이 재이가 될 것을 두려워한 것은 그 실제 이치에 아직 밝지 못해서였을 따름이다. 이제 100년, 1000년 이래로 대여섯 개의 객성이 다시 나타나는 날수(즉 공전 주기)를 측정했고, 뒤에 여러 번 여러 객성들이 나타나는 것을 관측해 겨우 그 일정한 수와 숨어 있는 여러 원리들을 알 수 있었다.

핼리가 발견한 혜성이 타원 궤도를 갖는다는 사실과 케플러가 발견한 행성 운동에 관한 법칙들을 설명하고 있다.

한편 최한기는 1857년에 『지구전요(地球典要)』라는 책을 출간했는데, 그 제1권 「일곱 천체들의 순서(七曜序次)」에 『지구도설』을 많이 베껴 놓았다. 그는 이 글에서 프톨레마이오스, 튀코 브라헤, 마랭 메르센(Marin Mersenne, 1588~1636년), 코페르니쿠스 등이 제시한 네 가지 우주 모형을 소개했다.

① 첫 번째는 프톨레마이오스의 우주 모형인데, 지구가 우주의 중심이고 지구 주위에 있는 달, 수성, 금성, 해, 화성, 목성, 토성, 별 등이 각자 본륜(本輪)이 있다. 그 본륜은 모두 실체(實體)여서 서로 통하지 않고 서로 접해 있다. 본륜 외에 또 균륜(均輪)이 있다. 칠정(七政)은 각기 균륜을 운행하는데, 균륜의 중심은

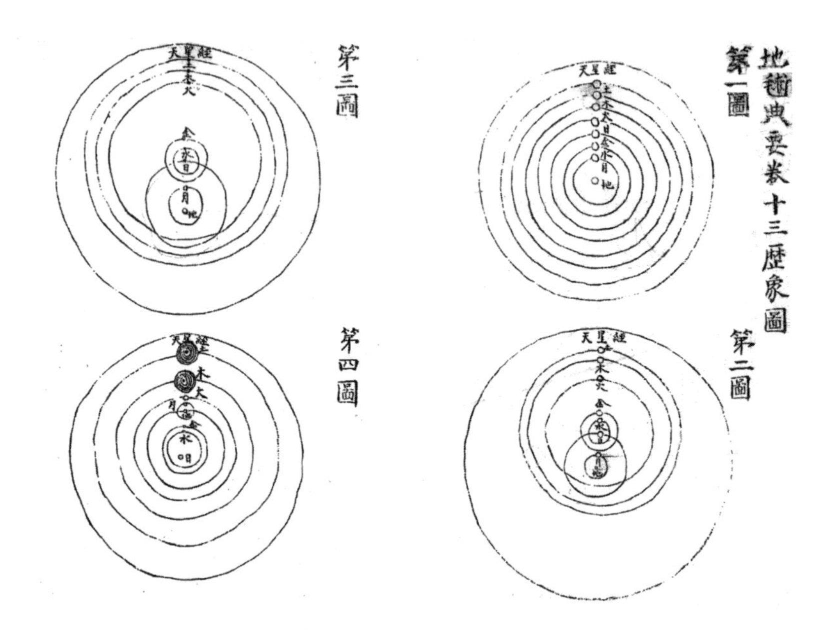

그림 5-8. 최한기의 『지구전요』 제13 권에 실려 있는 다양한 태양계 모형들. 제1도는 프톨레마이오스, 제2도는 튀코 브라헤, 제3도는 메르센, 제4도는 코페르니쿠스의 태양계 모형이다. 맨 바깥의 가장 큰 동그라미는 경성천(經星天)을 나타내는데, 여기서 경성(經星)이란 별들을 말한다. 제2도에서는 지구가 우주의 중심에 있고, 제3도에서는 해가 우주의 중심에 있다. 제4도의 목성과 토성이 동심원들로 둘러싸여 있는데, 이것은 그 행성들을 공전하고 있는 위성들을 나타낸 것이다.

또 본륜에서 운행한다. 그러나 이 설은 칠정이 운행하는 이치를 밝히기에 부족하다. 지금은 따르는 사람이 없다.

② 두 번째는 튀코 브라헤의 우주 모형인데, 지구가 우주의 중심이고 지구 주위에 달과 해와 항성이 각각 본륜을 가지고 있어서 지구를 따라 돈다. 또한 수성, 금성, 화성, 목성, 토성 등 오성의 본륜은 해를 중심으로 삼고 있는데, 본륜 위에 모두 균륜이 있다.

③ 세 번째는 메르센의 우주 모형이다. 지구가 우주의 중심인데, 본래의 자리에서 떨어지지 않고 매일 남북극을 축으로 한 바퀴 돈다. 지구 주위에 달, 해, 항성이 돌고, 해 둘레를 수성, 금성, 화성, 목성, 토성의 바퀴[輪]가 돈다.(이상 두 설은 취할 만한 것이 있으나 모두 코페르니쿠스의 설만큼 엄밀하지 못하다.)

④ 네 번째는 코페르니쿠스의 우주 모형이다. 그는 태양을 우주의 중심에다 놓았다. 태양에서 제일 가까운 것은 수성이고 그 다음에는 차례대로 금성, 지구, 화성, 목성, 토성이다. 달의 본륜은 지구를 돈다. 토성 곁에는 다섯 개의 작은 별이 있어서 토성을 돌고 목성 곁에는 네 개의 작은 별이 있어서 목성을 도니, 각기 본륜이 있어서 본성을 돈다. 이 여러 바퀴[輪]에서 가장 먼 것은 (별들이 있는) 경성천(經星天)인데 항상 고요히 움직이지 않는다.

중세 서양의 우주론인 프톨레마이오스의 주전원 이론에서는, 우주의 중심에 지구가 놓여 있고, 행성은 커다란 원 궤도를 따라 지구 둘레를 돌면서 동시에 그 원 궤도 위에 중심을 둔 작은 원 궤도를 따라 돌고 있다고 설명한다. 여기서 커다란 원 궤도를 본륜(本輪)이라 하고, 작은 원 궤도를 균륜(均輪)이라 한다. 현대 천문학에서는 균륜을 주전원이라고 부른다. 최한기는, 우주 모형 ①~③에서는 지구가 우주의 중심에 정지해 있는 것이고, 우주 모형 ④는 해가 우주 중심에 정지해 있고 지구는 그 둘레를 움직이는 것이라고 소개한 다음, 모형 ④가 계산도 정밀하고 이치에도 맞는다고 설명했다. 최한기는 코페르니쿠스의 태양 중심설을 지지한 것이다.

여기서 소개된 태양계 모형들 중에서 ① 프톨레마이오스의 모형, ② 튀코 브라헤의 모형 등이 동아시아에 영향을 많이 미친 모형들이다. 그리고 ④ 코페르니쿠스의 모형이 여기서 지금 소개되고 있는 것이다. ③ 태양계

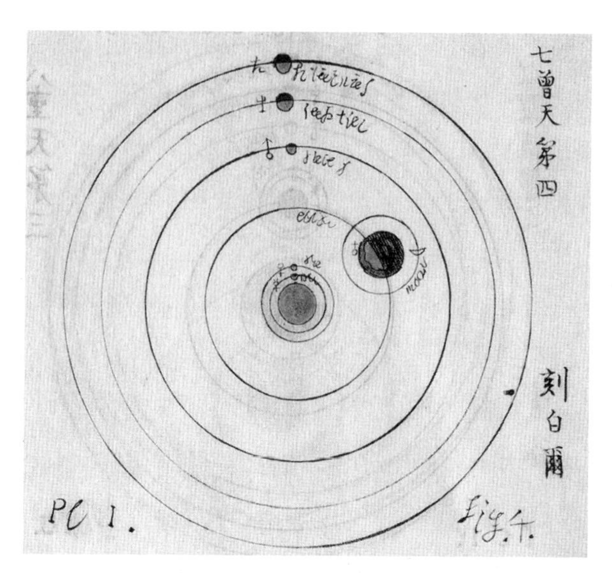

그림 5-9. 코페르니쿠스의 우주 모형. 모토키 요시나가(本木良永)의 저서 『천지이구용법(天地二球用法)』(1774년)에 들어 있다. 그림 오른쪽에 쓰여 있는 "刻白爾"는 케플러의 중국식 이름이다. 그림의 중앙에 있는 붉은 동그라미가 해이고, 차례로 수성, 금성, 지구, 화성, 목성, 토성이 공전하고 있다. 또한 달은 지구를 공전하고 있다.

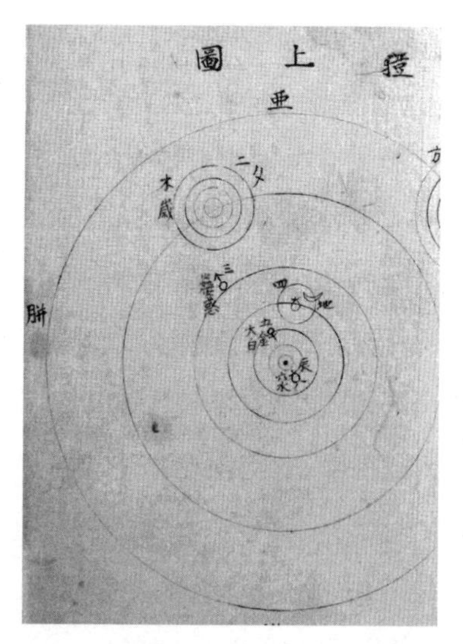

그림 5-10. 시즈키 다다오의 『역상신서』에 수록된 코페르니쿠스의 태양계 모형. 1798~1803년

모형은 프랑스 수학자 메르센이 제시한 모형이다. ② 튀코 브라헤의 모형에서는 지구가 항성천의 중심에 놓여 있지만, ③ 메르센의 모형에서는 항성천의 중심에서 약간 치우친 곳에 자리하고 있다고 보았다.

일본에 태양 중심설(지동설)이 전해진 것은 1771년의 일이다. 네덜란드 어 통역사였던 모토키 요시나가(1735~1794년)는 37세였던 1771년에 『화란지구도설(和蘭地球圖說)』이라는 번역서를 출간하고, 1774년에 『천지이구용법(天地二球用法)』이라는 번역서를 출간했다. 이 책들 속에 코페르니쿠스의 태양 중심설이 소개되어 있다.

일본에 케플러의 행성 운동에 관한 세 가지 법칙, 뉴턴의 만유인력, 원심력, 광학의 법칙 등을 소개한 사람은 나가사키에서 활약하던 네덜란드 어 통역사이자 난학자인 시즈키 다다오(志筑忠雄, 1760~1806년)이다. 그 전에, 영국의 옥스퍼드 대학교의 교수이자 뉴턴 물리학을 열렬히 지지하던 존 키일(John Keil, 1671~1721년)이 1725년에 라틴 어로 『물리학 및 천문학 입문』이라는 책을 출간했다. 키일은 어려운 뉴턴의 물리학을 일반인들도 쉽게 알아들을 수 있도록 잘 설명하는 것으로 유명했다. 네덜란드 라이덴 대학교 천문학 교수였던 요한 룰로프스(Johan Lulofs, 1711~1768년)가 1741년에 이 책을 네덜란드 어로 번역했다. 이 네덜란드 어 번역본이 일본 나가사키에서 네덜란드 어 통역관으로 활동하던 시즈키 다다오에게 전해졌던 것이다. 그는 이 네덜란드 어 번역본을 1798년부터 1803년에 걸쳐 일본어로 번역하고 자신의 생각을 가미해 『역상신서(曆象新書)』라는 3권짜리 책으로 출간했다. 이 책이 서양 근대 과학의 체계적인 지식을 처음으로 일본에 전해 준 저술이다.

중국에 서양의 수학을 본격적으로 도입한 사람은 이선란(李善蘭, 1810~1882년)이다. 그는 대수학, 미적분, 미분기하학 등의 서양 수학서를 중국어로 번역하고 근대식 수학 논문을 썼으며 무엇보다도 후학들을 많이 길러 내는 등 중국 수학사에 커다란 기여를 했다. 그가 영국에서 청나라로 온 선교사 알렉산더 와일리(Alexander Wylie, 1815~1887년)와 함께 유클리드의 『기하원론』과 뉴턴의 『프린키피아』 등을 중국어로 번역했다. 대수, 상수, 변수, 함수, 미지수, 계수, 지수, 급수, 단항식, 다항식, 미분, 좌표계, 절선, 법선, 곡선, 점근선 등의 수학 용어와 식물, 세포와 같은 생물학 용어들은 그가 번역하면서 창안해 낸 것들이며 지금도 사용되고 있다. 이선란과 와일리가 번역한 책들 가운데 하나가 영국의 천문학자인 허셜의 책 『천문학 개요』이다. 이 책은 700쪽이 넘는데, 이선란과 와일리가 번역해 1858년에 『담천(談天)』이라는 제목으로 청나라에서 출간되었다.

『담천』은 조선의 학자인 혜강(惠岡) 최한기(崔漢綺, 1803~1877년)에게 깊은

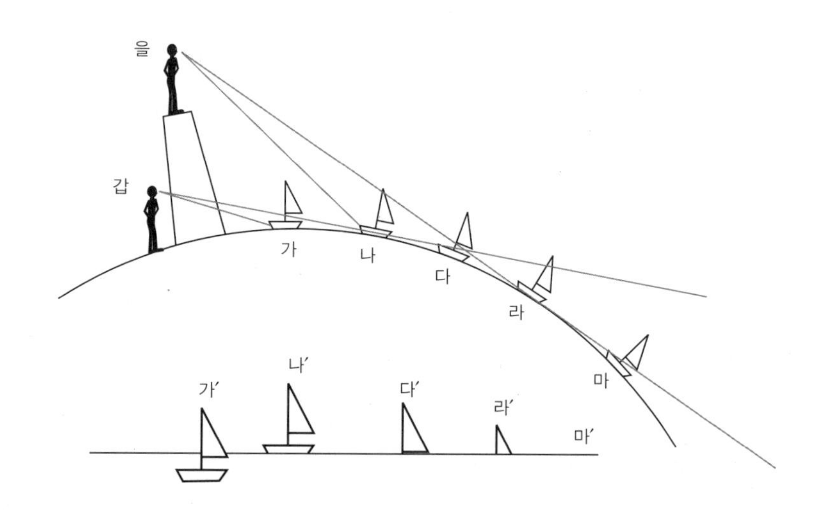

그림 5-11. 항구로 다가오는 배의 모습 변화. 허셸의 『천문학 개요』. 갑돌이가 항구에 들어오는 돛단배를 관찰하면, 배가 마 위치에 있을 때는 마′의 모습으로 관찰되고, 배가 라에 있을 때는 라′의 모습으로 보인다. 배가 가, 나, 다 위치에 있을 때도 마찬가지다. 을돌이가 관찰하면, 배가 라 위치에 있을 때는 나′와 같이 보이고, 배가 다에 있을 때는 나′처럼 보인다.

영향을 주게 된다. 최한기가 1867년에 출간한 『성기운화(星氣運化)』라는 책에 『담천』의 많은 부분을 베껴 놓았다. 『담천』에는 "우주에 있는 모든 물체들은 서로 끌어당기는데, 그 힘은 질량에 정비례하고 서로의 거리를 제곱한 것에 반비례한다."라고 설명했다. 이것은 뉴턴이 발견한 만유인력의 법칙이다. 뉴턴은 만유인력의 법칙과 자신의 세 가지 운동의 법칙들을 공리로 하여, 지구 표면에서 낙하하는 물체의 궤적, 던져 올려진 물체가 포물선을 그리는 것, 그리고 하늘의 천체들 사이에 존재하는 케플러가 발견한 규칙성을 모두 설명할 수 있었다. 『담천』에는 천왕성(1781년 허셸이 발견)과 해왕성(1846년 프랑스의 르베리에가 발견), 화성과 목성 사이에 존재하는 소행성띠, 혜성이 생기는 까닭, 성단과 성운의 존재, 식쌍성 등의 천문 현상이 설명되어 있다. 허셸은 자신의 저서에서 지구가 둥글다는 지구설의 근거로 멀리서 항구로 들어오는 배의 예를 들고 있다. 멀리서 항구로 들어오는 해는 처음에는 수평선 아래에 있다가 돛대 끄트머리부터 보이기 시작하며, 점점 항구로 다가올수록 돛과 배 전체가 보이기 시작한다. 이것은 명백하게 지구가 둥글다는 사실을 증명하는 근거라고 허셸은 설명했다.

개화기의 혜성

1910년은 한국이 일제의 식민지로 전락한 해이다. 그해 4월에 혜성이 관측되었다. 바로 핼리 혜성이었다. 이해에 전 세계는 핼리 혜성 때문에 흥분과 열광을 넘어서 광기까지 느껴질 정도였다. 독일 천문학 협회에서는 핼리 혜성의 궤도를 가장 잘 예측한 사람에게 상금을 주기로 했다. 여러 사람들이 응모했다. 마침내 1909년 9월 12일에 독일 하이델베르크에 사는 막스 볼프라는 사람이 핼리 혜성을 사진에 담을 수 있었다. 그리하여 여러 응모자들 중에서 그리니치 천문대에서 일하던 두 천문학자 필립 코웰(Philip Cowell, 1870~1949년)과 앤드루 크로멜린(Andrew Crommelin, 1865~1939년)이 그 상금을 거머쥐었다. 그들은 핼리 혜성의 근일점이 1910년 4월 16일이라고 계산해 냈다. 혜성이 발견된 이후에도 이 두 천문학자는 태양계 안의 모든 행성의 효과를 고려해 핼리 혜성의 궤도를 계산해 84쪽짜리 책으로 출간했다. 그들의 계산에 따르면, 핼리 혜성은 4월 17일이 근일점이 되어야 했다. 그러나 실제로 관측된 핼리 혜성의 근일점은 그 날보다 사흘 후였다. 이 사흘 차이가 생기는 문제는 1950년에 프레드 휘플이 '혜성은 더러운 눈덩이'라는 모형을 제안했을 때가 되어서야 겨우 풀렸다. 우리는 그것을 '비중력 효과'라고 부르고 있다.

분광 관측은 천체의 빛을 프리즘으로 분산시켜 보는 관측법이다. 무지갯빛으로 분산된 빛을 더욱 분산해 보면 그 안에 분광선이라는 것이 나타난다. 이 분광선들을 잘 관찰하면 그 천체가 무슨 물질로 이루어져있는지를 알 수 있다. 1908년에 천문학자들이 모어하우스 혜성의 꼬리를 분광 관측해 보았다. 그랬더니 그 혜성의 꼬리에 시아노젠(靑素)이라는 독가스가 들어 있음이 밝혀졌다. 그런데 1910년에 회귀하게 될 핼리 혜성의 궤도를 계산해 보니, 지구가 그 혜성의 꼬리 속을 관통하게 되어 있었다. 사람들은 공포에 빠졌다. 지구가 핼리 혜성의 꼬리를 관통하는 동안 시아노겐 독가스가 덮쳐서 세상의 종말이 올지도 모른다고 생각했다. 사람들은 별별 소동을 다 벌였다. 파리의 레스토랑에서는 혜성 메뉴가 팔리고 기념품이 제작되어 판매되었다. 미국에서는 교회가 신자들로 넘쳐났다. 독가스를 중화시킬 수 있다는 가짜 약이 팔리기도 했다. 천문학자들은 핼리 혜성이 2400만 킬로미터나 떨어진 곳을 지나간다고 하면서 사람들을 안

심시키려 노력했다.

1910년 4월에 인천의 조선 총독부 관측소에서는 와다 유지와 일본인들이 핼리 혜성을 관측했다. 그러나 이때라면 한국에 들어와서 과학을 가르치고 있던 선교사들도 분명히 핼리 혜성을 관찰했을 것이다. 또한 일부 한국의 지식인들도 혜성에 대한 현대적인 이해를 하고 있었다. 최남선(崔南善, 1890~1957년)은 1907년 3월 3일자《대한유학생회학보》제1호에「혜성설」이라는 글을 실어 한국인들을 일깨웠다.

① 독일의 유명한 천문학자 케플러 씨가 일찍이 말하되, 하늘의 혜성의 수효가 바닷속 물고기의 수효와 거의 같다 하니 다소 과장됨은 분명하거니와, 대개 혜성이 출현한 것이 역사책에 기재된 것만 망원경 사용 이전에 대략 500회요 그 이후에 대략 300회며, 19세기 이후론 망원경의 제조가 더욱 정밀하므로 천문학자의 생각도 또한 정밀하게 되어 1856년과 1876년 두 해를 제외하고는 혜성이 출현하지 않은 해가 없고, 또 한 해에 다섯 개에서 아홉 개까지 출현했으니, 혜성은 나타나지 않는 해가 없다고 해도 무방하겠다.

② 혜성은 일정한 형태가 없고 또 그 모습을 천변만화하는 것이니, 처음 혜성의 위치가 깊은 곳에 있어서 해와 거리가 극히 멀 때에는 완연히 광휘가 희미한 별안개[星霧]와 같고 그 중심은 홀로 광채가 자못 강해 무슨 한 가지 물질이 다소 응집한 모양 같으나 그 사방 둘레의 부분은 몽롱해 분명한 구별이 없다가 점차 해에 접근할수록 운행하는 속력도 증가하고 해의 빛과 열이 점차 가해지므로 그 광채도 농후하게 되며 또 그 형체가 해 쪽을 향해 점차 길어지고 동시에 광채가 강한 중심은 중앙의 위치를 떠나 해를 향한 끄트머리 쪽으로 이동해 필경 두부와 긴 꼬리로 된 괴이한 천체를 만드나니.

③ 혜성의 머리는 가운데 부분, 광채가 조금 강한 핵자와 그 핵을 둘러싼 눈안개[雪霧] 같은 껍질 두 가지로 되었으니, 핵자의 크기는 각각 같지 않아 그중 큰 것은 지름이 60리에서 80리요, 작은 것은 100리 이하에 미치며, 그 포피는 핵자에 비해 대개 더욱 크다 하며, 그 꼬리는 매우 희박한 기체로 된 것이니 항상 해와 반대 방향을 가리키고 그 꼬리가 가장 장쾌하게 열려 늘어나기는 혜성이 근일점 부근에 달하는 때이니, 만일 이 점만 통과할진대 그 꼬리가 점차 축소해 마침내 원래 모양대로 동그란 별안개[星霧]가 되어 우주 깊은 곳에 사라지게 되느니라.

④ 그러나 혜성의 형상은 앞에 기록한 바와 같이 일정한 형식이 없어, 가령 밝은 혜성이라도 그 꼬리는 극히 짧기도 하고 또한 전혀 없는 것도 있으니, 즉 1743년에 출현한 혜성에는 (꼬리의) 흔적도 없었고 또 몇 가닥의 꼬리를 가진 것도 적지 않으니, 가령 1744년에 출현한 혜성은 그 꼬리가 여섯 가닥으로 나뉘어 머리 부분으로부터 부채 뼈대 모양[扇骨狀]으로 흩어져 나갔으며, 꼬리 길이는 가끔 특별한 것도 있어 1680년에 출현한 대혜성은 근일점을 통과한 직후에 측정한 것을 근거로 들 것 같으면 꼬리 길이가 2600만 리에 달하고 가장 길 때는 5800만 리에 이르렀다하며 가끔 1억 리에 달하는 것도 있으니 어찌 경악치 아니하리오.

⑤ 이상 서술한 것과 같이 혜성의 형체는 특히 장대하나 그 체질은 극히 가벼우니 이로 말미암아 그 꼬리가 비록 다른 항성을 가리더라도 항성의 빛은 추호도 잃지 않으니 그 투명함이 이와 같은 지라. 더욱 1858년 10월 5일에 스트루베(Struve) 씨는 엔케(Encke) 혜성의 꼬리를 격해 빛의 희미한 11등성을 보고 또 1858년 10월 5일에 항성 대각(大角) (4등성)이 도나티(Donati) 혜성의 꼬리 속

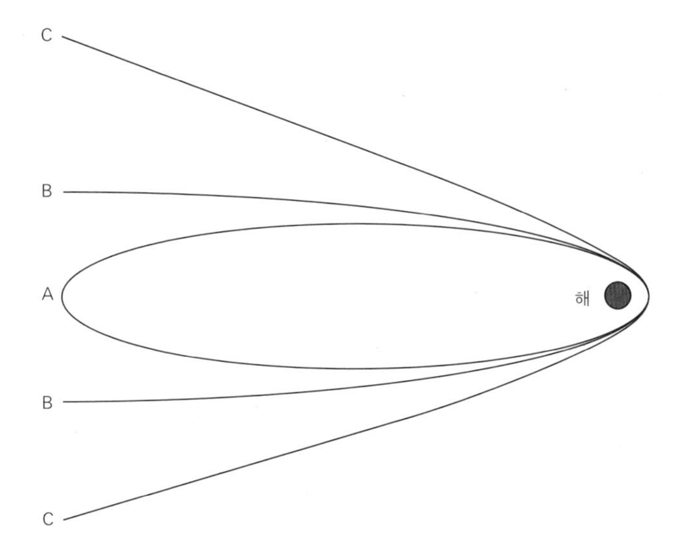

그림 5-12.「혜성설」의 혜성 궤도

에 들어가 핵자에 극히 접근했으나 우리는 모두 명백히 보았느니라. (주: 엔케 혜성은 가장 짧은 시간에 해를 공전하는 혜성이니 그 혜성의 주기는 약 3.5년이니 엔케(Johann Franz Encke, 1731~1865년) 씨가 그 주기성인 것을 발견했으므로 엔케라 명명함이오. / 11등성이라 함은 천문학자가 별빛의 강약을 따라 편의상 등급을 정함이오. / 또 도나티 혜성은 서력 1858년 6월 2일에 (이탈리아 피렌체의) 도나티(Giovanni Battista Donati, 1862~1873년) 씨가 망원경으로 발견한 것이니 19세기에 발견한 혜성 중에서 가장 겉모습이 화려한 것이라.)

이와 같이 혜성의 물질은 두께가 2만 리 또는 3만 리가 되어도 오히려 별빛을 가리지 못하거늘 하늘에 떠도는 안개는 그 물질이 극히 가볍되 두께가 거의 300자만 되면 별빛을 완전히 차단하나니 이것으로 보건대 혜성은 비상히 성긴 물체로 되어 있는 것이 분명하도다.

⑥ 근래 학술의 진보된 결과로 혜성도 마땅히 태양계에 부속된 것으로 간주하나 그 공전하는 궤도는 다른 행성들과 같지 않아, 혹은 쌍곡선형(그림 5-12의 C)도 있고 혹은 포물선형(그림 5-12의 B)도 있고 혹은 가늘고 길쭉한 타원형(그림 중 A)도 있으니, 그중 쌍곡선이나 포물선일진대 그 한쪽이 열려 있으므로 우주의 한 모퉁이에서 이 별이 잠시 손님이 되어 태양계에 온 모양이니 태양계 속에 어디에 머물다가 그 밖으로 한번 나오면 영원히 다시올 기약이 없으려니와, 타원형 궤도는 그렇지 않아 사방이 막혀 있으므로 일정한 시기가 있어야 해 부근에 오는 것이며, 그러나 혜성은 가장 다른 별[행성]에게 감촉되기 쉬우므로 비록 타원형의 궤도를 가진 것이라도 중도에서 다른 별[행성]의 인력에 영향을 받아 궤도가 돌연 변형되는 일이 드물지 않으나, 만일 궤도가 변형되지 않기만 하면 반드시 해 부근에 도래하는 주기가 있을지라. 이 시기를 혜성의 주기라하나니, 즉 혜성이 궤도를 한 바퀴 도는 기한이라. 이 기한은 혜성을 따라 각기 다르되 혹은 겨우 몇 년 만에 한 바퀴 도는 것도 있고, 혹은 수백 년에서 수천 년 만에 한 바퀴 도는 것도 것으니, 그 기한의 가장 긴 것을 예로 들자면, 1810년에 첫 번째로 나타난 혜성은 3065년, 1840년에 두 번째로 나타난 혜성은 1만 3864년, 1846년의 혜성은 1만 818년이오. 그 가장 짧은 것을 예로 들자면 핼리 혜성은 76년, 비엘라 혜성(5D/Biela)은 6년 7개월, 브로어센 혜성(5D/Brorsen)은 5년 6개월, 엔케 혜성(2P/Encke)은 3년 4개월 등이니라.

⑦ 이상은 다 혜성의 형체와 체질이며 궤도와 주기에 관해 약간 서술했거니와 우리들은 한 걸음 더 나아가 혜성의 성인과 성질을 대략 서술하리니, 대저 혜성이란 것은 어떤 원인으로 형성된 것인지 이 점에 관해서는 여러 학자들의 학설이 같지 않아 혹은 해가 우주 공간을 운동할 때에 그 인력으로 끌어들이는 우주 먼지인 듯하다하고, 혹은 이에 결합했던 우주 먼지가 태양 관내[管內]에

들어오는 것인 듯하다고도 하고, 혹은 다른 천체의 폭발로 인해 내던져진 물체가 모인 것이라 하며, 혹은 태양 내부에서 1초간 150리의 속력으로 던져 나온 홍염이 그 모체에 돌아가지 않고 독립체가 된 것일 듯하다하니, 각각의 학설이 모두 명확한 증명과 확실한 근거가 없어서 믿기 어려우며, 혜성의 성질 즉 물리적 성질도 또한 지금까지 확정치 못하니, 대개 일면으로는 중력의 법칙을 쫓는 듯하고 또 일면으로 태양으로 인해 반발되며 또 광휘를 발하는데도 일부는 태양광선을 반사하고 일부는 자체에서 발광하며 더욱 우리들이 알게 된 천체 중에 가장 크거나 또는 가장 작아서 그 큰 것은 태양 및 기타 항성보다 수천 배가 되는 것도 있고 그 작은 것은 소행성 중에서 가장 작은 것보다 도리어 작아서, 이와 같이 변환무궁하고 기괴 이상한 천체이므로 다시 금후 긴 세월간을 연구한 연후에야 가히 정확히 알게 되리니라.

⑧ 독자 제군은 이에 이르러 마땅히, 옛사람들의 미신을 비웃으며 옛날의 망령된 생각을 깨달으리니. 학술의 진보는 해와 달이 갈수록 진보해 마침내 혜성의 성질이 명료하게 되며, 모년 모월 모일에 어떠한 종류의 혜성이 출현하리라고 미래의 일까지 추측하며, 만일 지구에 충돌하게 되면 지구가 분쇄하리라는 미신은 근시까지 떠돌았으니, 1861년 6월 30일에 지구가 대혜성의 꼬리 속을 통과하여도 하등의 변고가 일어나지 않았음과 기타 실측으로 인해 큰 관계가 없음을 증명함으로 이것도 또한 얼음 녹듯 이해되니 이로부터 삼척동자까지라도 혜성으로 인해 이변이 일어나지 않을 줄 아는 바라.

핼리 혜성이 나타날 즈음인 1910년 3월에 최남선은 자신이 19세 때 창간한 《소년》에 「혜성에 관한 잡설」을 실었고, 또한 5월에는 「핼리 혜성을 환영함」이라는 글을 썼다. 최남선은 자신의 글에서 혜성의 모습과 성질과

그림 5-13. 평양 숭실 학교에서 천체 망원경을 보면서 수업 중인 편하설(Charles Bernheisel) 목사와 학생들.(『숭실 110년 화보』, 숭실 대학교 한국기독교박물관)

궤도에 대해 자세히 설명한 뒤, 혜성은 재이가 아닌 자연 현상이라면서 전쟁, 역병, 기근, 홍수, 지진 등 큰 재앙이 생긴다거나 나라가 멸망한다거나 지구와 충돌해 지구가 부서진다는 이야기는 모두 과학적 지식이 없었던 시대의 이야기라고 강조했다. 또한 핼리 혜성이 영국 학자 핼리에 의해 처음으로 확인되어 그의 이름이 붙여진 과정 및 평균 76년마다 다시 출현하는 것을 소개하고, 아시아에서는 진시황 7년(기원전 240년)부터 기록이 있고 당시까지 29회나 출현했고, 우리나라 기록을 보면 고려 성종8년부터 영조 35년까지 11차례 핼리에 관한 이야기가 나온다고 설명했다.

대한 제국은 서양의 과학과 기술을 도입하기 위해 노력했는데, 1900년대 초에 여러 교과서들이 한국어로 씌여졌다. 그중 하나가 정영택(鄭永澤)의 『천문학』으로 일본인 요코야마 마타지로(横山又次郎, 1860~1942년)가 저술해 1902년 와세다 대학 출판부에서 출간되어 나온 일본어 책을 번역한

■ **정영택 일대기**

그림 5-14. 정영택.(『고려 대학교 교우회 100년사』, 고려 대학교 교우회)

1874년 1월 20일 출생, 본관 영일

1888년 무자 식년시 생원 3등으로 합격

1895년 법관 양성소 졸업

1902년 6월 혜민원 주사에 임용, 7월 의원면직

1904년 7월 법관 양성소 교관으로 임명

1905년 4월 보성 전문 학교 학감으로 취임, 7월 사직

1908년 1월 『천문학』 번역 및 출간

1909년 2월~1910년 7월 보성전문학교 4대 교장

1910년 중국으로 이주해 안립이라는 이름으로 활동

1945년 9월 대한민국 임시 정부 환국 준비회 발족, 발기인으로 참여

1948년 1월 2일 자동차 사고로 사망

것이다.

한편 민간에서는 선교사들이 한국인을 교육하는 데 기여했다. 평양 숭실학당에서 과학을 가르치던 윌리엄 베어드는 조엘 스틸(Joel Steele, 1836~1886년)의 『대중 천문학』[68]을 한국어로 번역해 『천문략해』를 출간했다. 이 책은 순한글로 적혀 있으며, 현대 천문학의 태양계를 '해떨기'라고 번역을 하는 등 우리말의 아름다움을 살리고 있고, 또한 한국어의 리듬을 잘 살리고 있으므로 독자 여러분이 한번 소리 내어 찬찬히 읽어 보면 좋을 것 같다. 아래에 이 책의 서문과 혜성에 관한 설명 부분을 현대어로 옮겨 보았다.

천문략해 서문

천문학(혹 성학(星學))이라는 것은 해와 달과 땅과 다른 행성과 비성(飛星)과 유성과 항성 같은 것을 의논한 것이니 매우 요긴하고 높은 공부라. 이 천문학 중에 각 별의 거리가 얼마나 되느냐 하는 것과 그 밖에 여러 가지 알기 어려운 이치가 많으니, 어떤 사람 생각에는 이런 이치는 도무지 알 수 없다 하는 이가 있으되, 천문학자들은 오랜 동안 힘써 공부하고 정밀히 계산해 본 고로, 분명히 아느니라. 학생들이 공부를 처음으로 시작할 때에는 그 여러 가지 이치를 다 알 수 없으나, 공부하면 알 수 있는 줄 아는 마음으로 시작하여서 여러 가지 가르치는 것을 배우면 각별히 거리와 여러 가지 알기 어려운 이치라도 알게 될 것이라.

이 천문학의 아름다운 뜻으로 말하면, 운(韻) 달고 지은 시(詩)와 같고, 똑똑하기로 말하면 형학(螢學)과 같은지라, 눈을 들어 하늘 상반구(上半球)를 한번 쳐다볼 것 같으면, 여러 별 형상이 기기묘묘해 어찌 아름다운지 알 수 없으니, 어떤 때에 밤이 맑고 달도 없을 때는 더욱 볼만 하니, 별은 총총해 한량없이 많고 별 형상이 각각 다르며 어떤 것은 빛이 번뜩번뜩하는 것도 있어 매우 보기에 아름다운지라. 그런 경치를 볼 때에 마음이 자연 감동해 하나님을 공경하는 생각도 나고 좋은 성품대로 하려는 생각도 생기나니, 이런 일을 생각하면 하나님께서 우리에게 하시려는 말씀을 당신이 만드신 별을 의지해 가르치는 줄 알지라. (이하 생략)

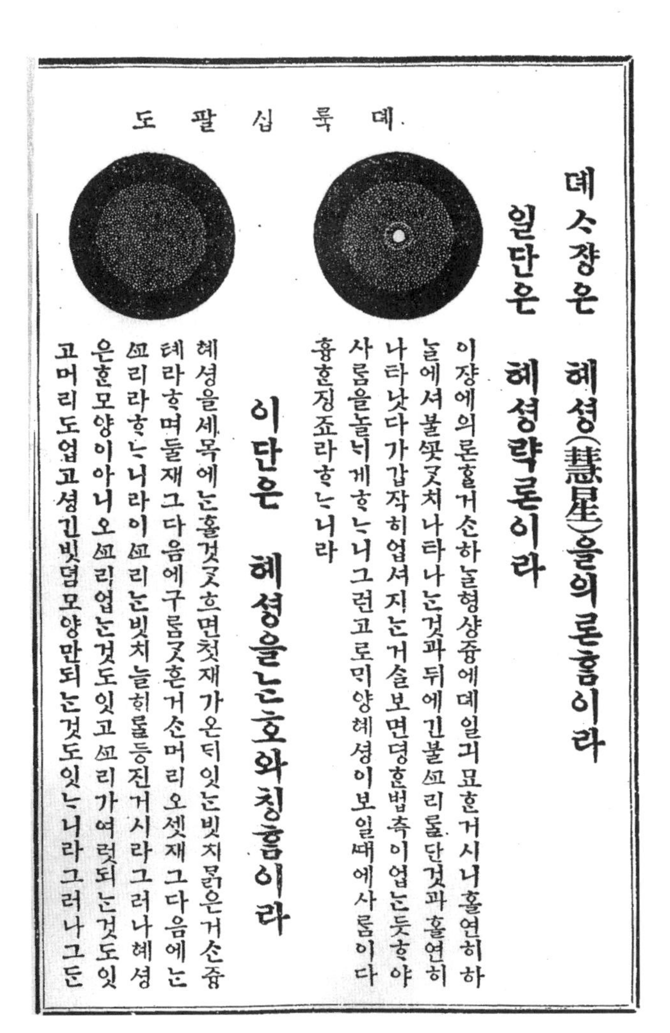

뎨륙십팔도

뎨ᄉᆞ장은 혜셩(慧星)을의론홈이라

일단은 혜셩략론이라

이장에의론홀거슨하ᄂᆞᆯ형샹즁에뎨일긔묘ᄒᆞᆫ거시니홀연히하ᄂᆞᆯ에셔불ᄭᅩᆺᄀᆞᆺ치나타나ᄂᆞᆫ것과뒤에긴불ᄭᅩ리ᄅᆞᆯ단것과홀연히나타낫다가갑작히업셔지ᄂᆞᆫ거ᄉᆞᆯ보면뎡ᄒᆞᆫ법측이업ᄂᆞᆫ듯ᄒᆞ야사ᄅᆞᆷ을놀늬게ᄒᆞᄂᆞ니그런고로미양혜셩이보일ᄯᅢ에사ᄅᆞᆷ이다흉ᄒᆞᆫ징죠라ᄒᆞᄂᆞ니라

이단은 혜셩을ᄂᆞᆫ호와칭홈이라

혜셩을세목에ᄂᆞᆫ홀것ᄀᆞᆺᄒᆞ면첫재가온ᄃᆡ잇ᄂᆞᆫ빗치ᄆᆞᆰ은거슨즁톄라ᄒᆞ며둘재그다음에구름ᄀᆞᆺᄒᆞᆫ거슨머리오셋재그다음에ᄂᆞᆫᄭᅩ리라ᄒᆞᄂᆞ니라이ᄭᅩ리ᄂᆞᆫ빗치늘ᄒᆡᄅᆞᆯ등진거시라그러나혜셩은ᄒᆞᆫ모양이아니오ᄭᅩ리업ᄂᆞᆫ것도잇고ᄭᅩ리가여럿되ᄂᆞᆫ것도잇고머리도업고셩긴빗뎜모양만되ᄂᆞᆫ것도잇ᄂᆞ니라그러나그ᄃᆞᆫ

그림 5-15.『천문략해』

제4장은 혜성을 의론함이라 / 1단은 혜성략론이라 / 이 장에 의론할 것은 하늘 형상 중에 제일 기묘한 것이니, 홀연히 하늘에서 불꽃 같이 나타나는 것과, 뒤에 긴 불꼬리를 단 것과, 홀연히 나타났다가 갑자기 없어지는 것을 보면, 정한 법칙이 없는 듯해 사람을 놀라게 하나니, 그런고로 매번 혜성이 보일 때에 사람이 다 흉한 징조라 하느니라. 2단은 혜성을 나누어 칭함이라 / 혜성을 세목(細目)에 나눌 것 같으면, 첫째, 가운데 있는 빛이 맑은 것은 중체(中體)라 하며, 둘째, 그 다음에 구름같은 것은 머리요, 셋째, 그 다음에는 꼬리라 하느니라. 이 꼬리는 빛이 늘 해를 등진 것이라. 그러나 혜성은 한 모양이 아니오, 꼬리 없는 것도 있고, 꼬리가 여럿 되는 것도 있고, 머리도 없고, 성긴 빛점 모양만 되는 것도 있느니라.

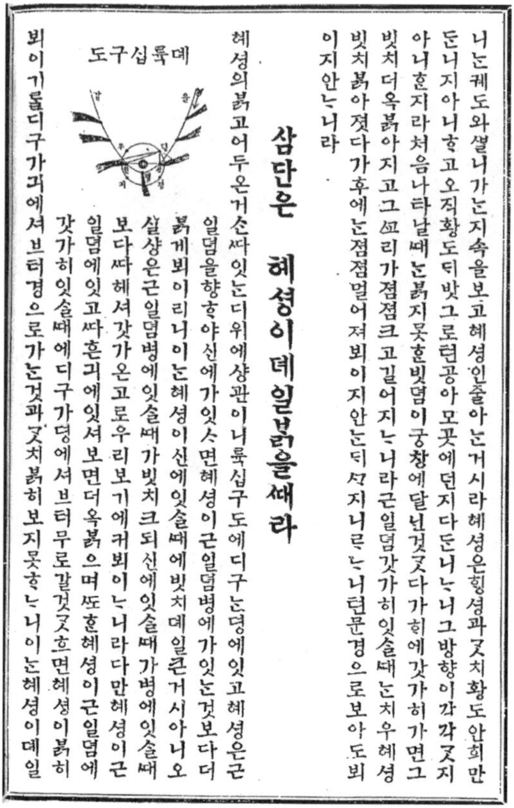

니ᄂᆞᆫ궤도와ᄲᆞᆯ니가ᄂᆞᆫ지속을보고혜셩인줄아ᄂᆞᆫ거시라혜셩은ᄒᆡᆼ셩과ᄀᆞᆺ치황도안희만
ᄃᆞᆫ니지아니ᄒᆞ고오직황도ᄃᆡ밧그로텬공아모곳에던지다ᄃᆞᆫ니ᄂᆞ니그방향이각각ᄀᆞᆺ지
아니ᄒᆞᆯ지라처음나타날ᄯᆡᄂᆞᆫᄇᆞᆰ지못ᄒᆞᆫ빗뎜이궁창에달닌것ᄀᆞᆺ다가ᄒᆡ에갓가히가면그
빗치더옥ᄇᆞᆰ아지고그ᄭᅩ리가졈졈크고길어지ᄂᆞ니라근일뎜갓가히잇슬ᄯᆡᄂᆞᆫ치우혜셩
빗치ᄇᆞᆰ아졋다가후에ᄂᆞᆫ졈졈멀어져뵈이지안ᄂᆞᆫᄃᆡᄭᆞ지니르ᄂᆞ니텬문경으로보아도뵈
이지안ᄂᆞ니라

삼단은 혜셩이뎨일ᄇᆞᆰ을ᄯᆡ라

혜셩의ᄇᆞᆰ고어두온거슨ᄯᅡ잇ᄂᆞᆫᄃᆡ위에샹관이니륙십구도에디구ᄂᆞᆫ뎡에잇고혜셩은근
일뎜을향ᄒᆞ야신에가잇ᄉᆞ면혜셩이근일뎜병에가잇ᄂᆞᆫ것보다더
ᄇᆞᆰ게뵈이리니이ᄂᆞᆫ혜셩이신에잇슬ᄯᆡ에빗치뎨일큰거시아니오
실샹은근일뎜병에잇슬ᄯᆡ가빗치크되신에잇슬ᄯᆡ가병에잇슬ᄯᆡ
보다ᄯᅡ헤셔갓가온고로우리보기에커뵈이ᄂᆞ니라다만혜셩이근
일뎜에잇고ᄯᅡ흔긔에잇셔보면더옥ᄇᆞᆰ으며ᄯᅩᄒᆞᆫ혜셩이근일뎜에
갓가히잇슬ᄯᆡ에디구가뎡에셔브터무로갈것ᄀᆞᆺᄒᆞ면혜셩이ᄇᆞᆰ히

도구십륙뎨

뵈이기ᄅᆞᆯ디구가긔에셔브터경으로가ᄂᆞᆫ것과ᄀᆞᆺ치ᄇᆞᆰ히보지못ᄒᆞᄂᆞ니이ᄂᆞᆫ혜셩이뎨일

그림 5-16.『천문략해』

그러나 그 다니는 궤도와 빨리 가는 지속을 보고 혜성인 줄 아는 것이라. 혜성은 행성과 같이 황도 안에만 다니지 아니하고 오직 황도대 밖으로 천공 아무곳이든지 다 다니나니, 그 방향이 각각 같지 아니할지라. 처음 나타날 때는 밝지 못한 빛점이 궁창에 달린 것 같다가, 해에 가까이 가면 그 빛이 더욱 밝아지고 그 꼬리가 점점 크고 길어지느니라. 근일점 가까이 있을 때는 마침 혜성 빛이 밝아졌다가, 후에는 점점 멀어져 보이지 않는 데까지 이르나니, 망원경으로 보아도보이지 않느니라.

3단은 혜성이 제일 밝을 때라 / 혜성의 밝고 어두운 것은 지구의 위치에 상관하니, 그림69에서 지구가 정(丁)에 있고 혜성은 근일점으로 향하면서 신(辛)에 있으면, 혜성이 근일점 병(丙)에 가있는 것보다 더 밝게 보이리니. 이는 혜성이 신(辛)에 있을 때에 빛이 제일 큰 것이 아니라 실제로는 근일점 병(丙)에 있을 때가 빛이 크지만, 신(辛)에 있을 때가 병(丙)에 있을 때보다 지구에서 더 가깝기 때문에 우리가 보기에 커 보이느니라. 다만 혜성이 근일점에 있고 지구는 기(己)에 있을 때 혜성을 보면 더욱 밝으며, 또한 혜성이 근일점에 가까이 있을 때, 지구가 정(丁)에서부터 무(戊)로 갈 때의 혜성의 밝기가 지구가 기(己)에서부터 경(庚)으로 갈 때보다 밝지 못하나니, 이는 혜성이 제일 빛날 적에 지구가 가까이 있는 까닭이라.

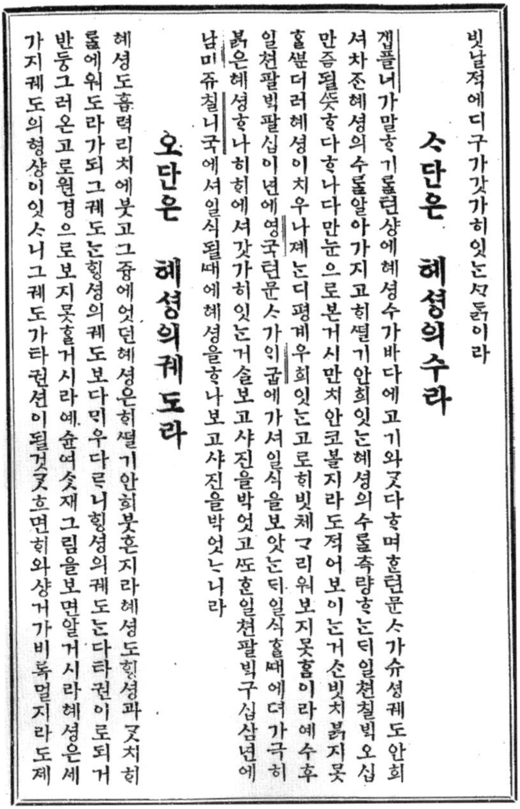

빗날적에디구가갓가히잇는서둙이라

亽단은 혜셩의수라

켑플너가말ᄒᆞ기를텬샹에혜셩수가바다에고기와ᄀᆞᆺ다ᄒᆞ며ᄒᆞᆫ텬문ᄉᆞ가슈셩궤도안희셔차즌혜셩의수룰알아가지고히ᄯᅦᆯ기안희잇는혜셩의수룰측량ᄒᆞ는ᄃᆡ일쳔칠ᄇᆡᆨ오십만즘될듯ᄒᆞ다ᄒᆞ나다만눈으로본거시만치안코볼지라도적어보이는거슨빗치ᄇᆰ지못ᄒᆞᆯᄲᅮᆫ더러혜셩이치우나졔는디평계우희잇는고로히빗체ᄀᆞ리워보지못홈이라예수후일쳔팔ᄇᆡᆨ팔십이년에영국텬문ᄉᆞ가이굽에가셔일식을보앗는ᄃᆡ일식ᄒᆞᆯᄯᅢ에더가극히ᄇᆰ은혜셩ᄒᆞ나히히에셔갓가히잇는거슬보고샤진을박엇고ᄯᅩᄒᆞᆫ일쳔팔ᄇᆡᆨ구십삼년에남미쥬칠니국에셔일식될ᄯᅢ에혜셩을ᄒᆞ나보고샤진을박엇ᄂᆞ니라

오단은 혜셩의궤도라

혜셩도흡력리치에붓고그즁에엇던혜셩은히ᄯᅦᆯ기안희붓흔지라혜셩도힝셩과ᄀᆞᆺ치히룰에워도라가되그궤도는힝셩의궤도보다ᄆᆡ우다ᄅᆞ니힝셩의궤도는다타원이로되거반둥그러온고로원경으로보지못ᄒᆞᆯ거시라예슌여ᄉᆞᆺ재그림을보면알거시라혜셩은세가지궤도의형샹이잇ᄉᆞ니그궤도가타원션이될것ᄀᆞᆺᄒᆞ면히와샹거가비록멀지라도제

그림 5-17.『천문략해』

4단은 혜성의 개수라 / 케플러가 말하기를 천상에 혜성 수가 바다에 고기와 같다 하며, 한 천문가가 수성 궤도 안에서 찾은 혜성의 수를 알아가지고 해떨기(태양계) 안에 있는 혜성의 수를 측량하는데 1750만쯤 될 듯하다 하나, 다만 눈으로 본 것이 많지 않고 볼지라도 적어 보이는 것은 빛이 밝지 못할 뿐 더러, 혜성이 낮에는 지평계 위에 있는 고로 햇빛에 가리워 보지 못함이라. 서기 1882년에 영국 천문사가 이집트에 가서 일식을 보았는데, 일식할 때에 더 가극히 밝은 혜성 하나가 해에서 가까이 있는 것을 보고 사진을 박았고, 또한 1893년에 남아메리카 칠레에서 일식 될 때에 혜성을 하나 보고 사진을 박았느니라.

5단은 혜성의 궤도라 / 혜성도 흡력 이치에 붙고(만유인력을 따르고) 그중에 어떤 혜성은 해떨기(태양계) 안에 붙은지라. 혜성도 행성과 같이 해를 에워 돌아가되(공전하되) 그 궤도는 행성의 궤도보다 매우 다르니, 행성의 궤도는 다 타원이로되 거의 동그란 고로 망원경으로 보지 못할 것이라. 그림 70을 보면 알 것이라. 혜성은 세 가지 궤도의 형상이 있으니, 그 궤도가 타원이 될 것 같으면 해와 상거가 비록 멀지라도 제 주기만에는 돌아올 것이오.

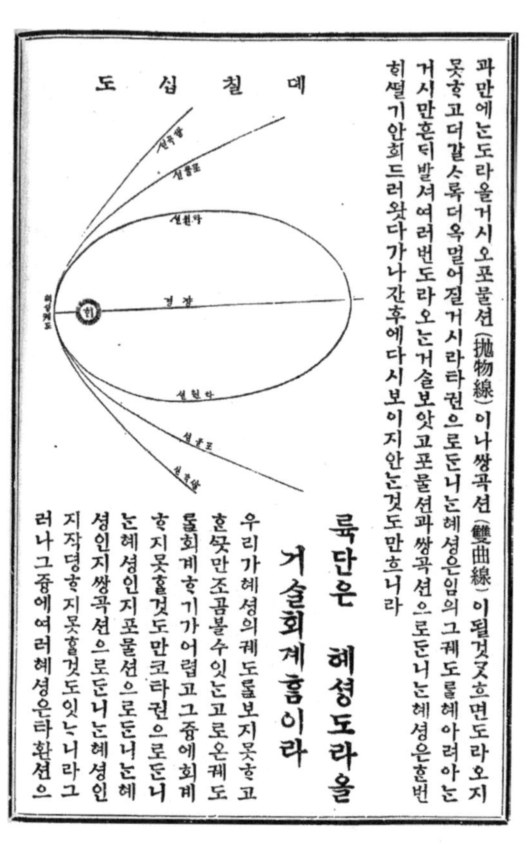
과만에ᄂᆞᆫ도라올거시오포물션(抛物線)이나쌍곡션(雙曲線)이될것ᄀᆞᆺᄒᆞ면도라오지
못ᄒᆞ고더갈ᄉᆞ록더옥멀어질거시라타권으로ᄃᆞᆫ니ᄂᆞᆫ혜셩은임의그궤도ᄅᆞᆯ혜아려아ᄂᆞᆫ
거시만흔ᄃᆡ발셔여러번도라오ᄂᆞᆫ거ᄉᆞᆯ보앗고포물션과쌍곡션으로ᄃᆞᆫ니ᄂᆞᆫ혜셩은ᄒᆞᆫ번
ᄒᆡᄯᅥᆯ기안희드러왓다가나간후에다시보이지안ᄂᆞᆫ것도만ᄒᆞ니라

뎨칠십도

륙단은 혜셩도라올
거ᄉᆞᆯ회계ᄒᆞᆷ이라

우리가혜셩의궤도ᄅᆞᆯ보지못ᄒᆞ고
ᄒᆞᆫᄭᅳᆺ만조곰볼수잇ᄂᆞᆫ고로온궤도
ᄅᆞᆯ회계ᄒᆞ기가어렵고그즁에회계
ᄒᆞ지못ᄒᆞᆯ것도만코타권으로ᄃᆞᆫ니
ᄂᆞᆫ혜셩인지포물션으로ᄃᆞᆫ니ᄂᆞᆫ혜
셩인지쌍곡션으로ᄃᆞᆫ니ᄂᆞᆫ혜셩인
지작뎡ᄒᆞ지못ᄒᆞᆯ것도잇ᄂᆞ니라그
러나그즁에여러혜셩은타환션으

그림 5-18.『천문략해』

포물선(抛物線)이나 쌍곡선(雙曲線)이 될 것 같으면 돌아오지 못하고 더 갈수록 더욱 멀어질 것이라. 타원으로 다니는 혜성은 이미 그 궤도를 헤아려 아는 것이 많은데 벌써 여러 번 돌아오는 것을 보았고, 포물선과 쌍곡선으로 다니는 혜성은 한 번 해떨기 안에 들어왔다가 나간 후에 다시 보이지 않는 것도 많으니라.

6단은 혜성 돌아올 것을 계산함이라 / 우리가 혜성의 궤도를 보지 못하고 한 끝만 조금 볼 수 있는 고로 온 궤도를 계산하기가 어렵고, 그중에 계산하지 못할 것도 많고, 타원으로 다니는 혜성인지 포물선으로 다니는 혜성인지 쌍곡선으로 다니는 혜성인지 작정하지 못할 것도 있느니라.

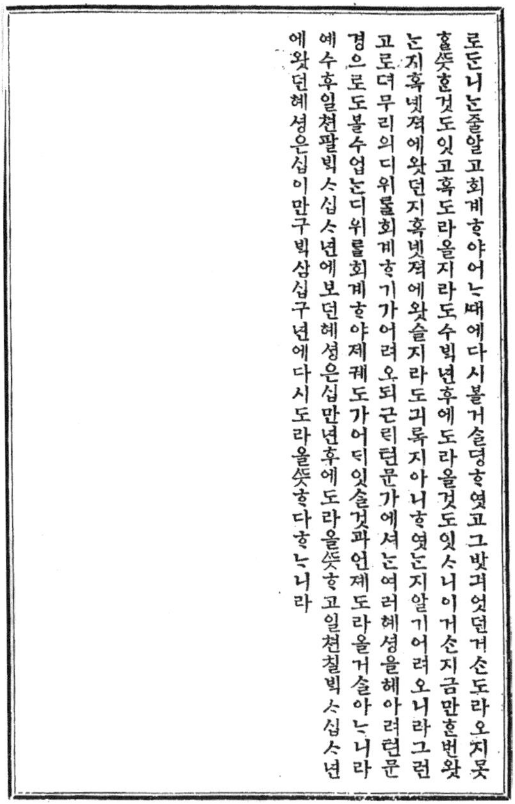
로ᄃᆞᆫ니ᄂᆞᆫ줄알고회계ᄒᆞ야어ᄂᆞ때에다시볼거ᄉᆞᆯ뎡ᄒᆞ엿고그밧긔엇던거ᄉᆞᆫ도라오지못
ᄒᆞᆯᄯᅳᆺᄒᆞᆫ것도잇고혹도라올지라도수ᄇᆡᆨ년후에도라올것도잇ᄉᆞ니이거ᄉᆞᆫ지금만ᄒᆞᆫ번왓
ᄂᆞᆫ지혹녯젹에왓던지혹녯젹에왓ᄉᆞᆯ지라도긔록지아니ᄒᆞ엿ᄂᆞᆫ지알기어려오니라그런
고로뎌무리의ᄃᆡ위ᄅᆞᆯ회계ᄒᆞ기가어려오되근ᄅᆡ텬문가에셔ᄂᆞᆫ여러혜셩을헤아려텬문
경으로도볼수업ᄂᆞᆫᄃᆡ위ᄅᆞᆯ회계ᄒᆞ야제궤도가어ᄃᆡ잇ᄉᆞᆯ것과언제도라올거ᄉᆞᆯ아ᄂᆞ니라
예수후일쳔팔ᄇᆡᆨᄉᆞ십ᄉᆞ년에보던혜셩은십만년후에도라올ᄯᅳᆺᄒᆞ고일쳔칠ᄇᆡᆨᄉᆞ십ᄉᆞ년
에왓던혜셩은십이만구ᄇᆡᆨ삼십구년에다시도라올ᄯᅳᆺᄒᆞ다ᄒᆞᄂᆞ니라

그림 5-19.『천문략해』

그러나 그중에 여러 혜성은 타원 궤도로 다니는 줄 알고 계산해 어느 때에 다시 볼 것을 정했고, 그 밖의 어떤 것은 돌아오지 못할 듯한 것도 있고 혹 돌아올지라도 수백 년 후에 돌아올 것도 있으니, 이것은 지금만 한 번 왔는지 혹 옛적에 왔던지 혹 옛적에 왔을지라도 기록하지 아니했는지 알기 어려우니라. 그런 고로, 저 무리의 위치를 계산하기가 어렵되, 근래 천문가에서는 여러 혜성을 헤아려 천문경(망원경)으로도 볼 수 없는 위치를 계산하여, 제 궤도가 어디 있을 것과 언제 돌아올 것을 아느니라. 서기 1844년에 보던 혜성은 10만 년 후에 돌아올 듯하고, 1744년에 왔던 혜성은 120939년에 다시 돌아올 듯하다 하느니라.

내 인생의 혜성들

1982년 12월 30일 개기월식

내가 초등학교 5학년 때였다. 겨울 방학이 시작될 때 받은 방학생활 안내서인 『방학생활』에 개기월식이 일어난다고 소개되어 있었다. 그것을 보고 나는 그 월식 과정을 스케치북에 그려 보기로 결심했었다. 나는 저녁을 먹고 10~20분 간격으로 달의 모양을 그려 보았다. 그런데 한참을 지나도 달의 모양이 그렇게 빠르게 일그러지지도 않을 뿐만 아니라 바깥 날씨가 매우 춥고 졸려서 그만 견디지 못하고 밤 9시쯤에 월식 관찰을 그만두었다. 그러나 추위를 무릅쓰고 조금씩 이지러지는 달을 관찰한 경험은 어린 소년에게 우주의 신비를 느끼게 하기에 충분했다.

지금은 그 스케치북도 어디론가 사라지고, 내 기억도 가물가물해졌다. 그러나 그 경험이 뇌리에 남았는지 어느 날 갑자기 그 월식이 궁금해졌다.

마침 미국 항공 우주국의 제트 추진 연구소[69]에서는 지난 2000년 동안 일어난 월식을 인터넷으로 소개하고 있었다. 내가 스케치했던 그 월식은 1982년 12월 30일에 일어났었다. 이 날 월식은, 한국 시간 오후 6시 51분경부터 달이 지구 그림자에 의해 가려지기 시작하여, 저녁 10시 7분경에 끝난 개기월식이었다. 이와 같이 흐릿해진 기억을 현대 천문학의 정확한 계산으로 확인할 수 있다. 이것을 좀 더 확장해 먼 과거에 있었던 역사 속의 천문 현상들을 연구하는 것을 역사 천문학이라고 한다.

1985/1986년 핼리 혜성

핼리 혜성은 약 76년마다 돌아오는 주기 혜성이다. 그래서 일생동안 핼리 혜성을 한 번이라도 볼 수 있다면 그는 행운아일 것이다. 핼리 혜성은 1985년 말에서 1986년 초에 회귀했다. 그 직전 회귀는 1910년이었고, 다음 번 회귀는 2061년 무렵에 있을 예정이다. 핼리 혜성이 나타난 1985년 말 1986년 초에 나는 중학생이었다. 당시에 서울을 중심으로 적어도 세 개의 아마추어 천문가 동호회가 활동하고 있었다. 한국 아마추어 천문협회, 어린이회관 육영천문회, 한국 아마추어 천문가회 등이 그것이다. 그렇지만 대도시인 인천에 살던 나에게도 이런 단체를 통해 천문학을 접할 기회가 주어지지 않은 것을 보면, 천문학이 그리 대중적이지 못했던 시대였던 것 같다. 그때 나는, 천체 망원경으로 핼리 혜성을 보는 대신, 학급에서 공동으로 구독하는 신문에서 핼리 혜성 관련 기사와 사진을 전부 오려서 스크랩을 만들었었다.

신문 기사에 따르면, 1985년 9월 25일에 연세 대학교의 천문학도들이

그림 6-1. 2004년 5월 5일 월식.(이상현 촬영)

일산천문대에서, 또한 한국 아마추어 천문협회 회원들이 충청남도 아산에서 국내 최초로 핼리 혜성을 촬영했다고 한다. "한국 아마추어 천문협회는 1985년 5월 핼리 혜성 탐사반을 조직하고 15명의 인원으로 구경 16센티미터 반사 망원경을 포함한 세 대의 망원경과 촬영 현상 인화 장비를 동원해 1985년 8월 15일부터 총 26박 27일 동안 관측해 오다가 지난 9월 25일 새벽 4시 15분 충남 온양읍 음봉에서 구름 사이로 불과 13분 동안 모습을 드러낸 핼리 혜성을 필름에 담게 되었다. 이 필름은 국립천문대의 도움으로 미국 팔로마 사진 성도와 비교한 결과 핼리 혜성임이 확인됐다." (1985년 9월 30일 《동아일보》 기사)

한국 아마추어 천문협회의 역사는 1972년으로 거슬러 올라간다. 그 당시에 한국에는 아직 전문적인 천체 관측 시설이 없었다. 현재 한국천문연구원의 전신인 국립천문대가 1974년에야 정식 창립되며, 1972년에는 국립천문대 추진단이 24인치 반사 망원경을 주문해 놓고 그것을 설치할 후보지를 겨우 정해 놓은 상황이었다. 또한 서울 대학교 천문학과와 사범대학, 연세 대학교 천문대, 성균관 대학교, 과학기술처, 어린이회관 등에 구경 40센티미터 이하의 작은 반사 망원경 몇 개가 있었고 손꼽을 만큼의 아마추어 천문가들이 있었을 뿐이었다.

그런데 1972년 10월 9일 0시 30분을 극대기로 해 2~3시간 동안 용자리 별똥소나기[70]가 떨어질 예정이었는데 우리나라가 그것을 관측하는 데 최적지로 꼽혔다. 그래서 일본에서 관측단이 오기도 했다. 당시 별똥소나기 예보는 불발에 그쳤다. 컴퓨터 성능이 좋아진 최근에야 별똥소나기를 어느 정도 예측하고 있으니 1972년 당시에는 예보가 틀리는 건 당연했던 것 같다. 한국의 아마추어 천문가들은 이러한 사건에 자극을 받아 한국아마추어천문가회를 결성했다. 이 단체는 1980년 한국 아마추어 천문협회로 바뀌었다가 1991년부터는 한국 아마추어 천문학회로 바뀌어 지금까지 내려오고 있다.

그 동안 한국은 경제가 눈부시게 발전함에 따라, 아마추어 천문가들도 많아졌고 좋은 관측 장비를 보유한 사람들도 많아졌다. 또한 한국천문연구원에서는 교원 천문 연수 행사를 통해 전국의 과학 선생님들에게 천체 망원경 사용법을 교육했다. 또한 그 동안 정부의 관심으로 전국의 시군에 공립 천문대와 천체관, 그리고 많은 사설 천문대들이 생겼다. 한국천문연구원과 아마추어천문학회는 그 동안 지방에서 개최되는 별 축제를 지원하고, 천체 사진 공모전을 개최하고, 천문 지도사를 양성하고, 천문학 소식지를 발행하는 등 이 땅에 천문학을 뿌리 내리게 하기 위해 많은 노력해 왔다. 그 노력이 열매를 맺어, 지금은 초중고 학생들도 관심이 있기만 하면 누구라도 천체 망원경으로 우주를 감상할 수 있다.

헬리 혜성 덕분인지, 핼리 혜성이 다녀간 이후 경희 대학교, 충남 대학교, 충북 대학교, 경북 대학교 등 전국의 몇몇 대학에 천문학과가 생겨났다. 1985~1986년 핼리 혜성이 전국의 대학교 천문 동아리가 활성화되는 계기가 되었다고 한다. 지금은 중년의 신사 숙녀가 된 그 당시 대학생들은 핼리 혜성이 찾아오기 2~3년 전부터 그것을 맞이하기 위해 어려운 와중에도 자작 천체 망원경을 만들어 천체 사진을 찍는 연습을 하고 있었다고 한다. 그때 밤하늘에 매료되었던 많은 사람들이 지금도 아마추어 천문가로서 활발하게 활동하고 있다. 한 예로 부산 대학교 아마추어 천문 동아리의 회원들이 어떻게 스스로 망원경을 만들어 핼리 혜성을 촬영할 수 있었는지를 당시에 회고한 내용을 살펴보자.

그림 6-2. 1983년 부산 대학교 아마추어 천문회에서 제작한 8인치 반사 망원경 시리우스II.(강용우 촬영)

그림 6-3. 시리우스II로 촬영한 핼리 혜성. 구경 200밀리미터, 초점거리 1400밀리미터, f=7.(강용우 촬영)

1982년 3월 본 회가 탄생되고, 가진 것 하나 없는 맨손 상태에서 우리의 것을 갖고자 하는 갈구와 별에 대한 의지의 산물이 망원경의 필요성이었다. 모든 회원들의 뜨거운 성원과 열의로 기금이 모였고, 1982년 7월 비록 도면으로나마 그 첫 번째 제작 모델을 볼 수 있었다. 1986년 지구에 찾아오는 핼리를 우리 힘으로 마중한다는 신념과 이 땅의 아마추어 천문학도의 선봉이라는 의식이 이의 실천에 밑거름이 되었다. 1983년 가을에 심기일전해 모든 부분의 마무리를 아쉬운 점은 많으나 끝낼 수 있었다. 1983년 11월 14일 제작 완료와 더불어 50여 명의 회원들이 모인 가운데 그날 밤 고사를 지낼 수 있었다. 그 당시 모든 회원들에게는 이날의 감격은 잊을 수 없는 일이 되었다. 이로써 8인치 망원경은 아마추어 천문가회의 존재와 활동과 그 목적과 사명에 큰 몫을 하게 된 것이다. — 강용우 박사 작성, 부산 대학교 아마추어 천문회 회지

나의 한문 공부법

나는 중고등학교 때 수학과 물리학 과목을 좋아했다. 다만 나는 남들과는 달리 국어와 한문과 한국사 과목에도 관심을 많이 갖고 있었다. 사실 그것은 평범한 관심을 좀 넘어섰던 것 같다. 중학교 때는 국사책 맨 뒤에 부록으로 실려 있는 한국사 연표를 외웠고, 고등학교 때는 국사 교과서에 성이 차지 않아 원사료로 공부하겠다고 『삼국사기』를 원문으로 읽었기 때문이다.

이공계 출신인 내가 어떻게 한문을 공부했는지 궁금해 할 사람들이 있을 것이다. 수학 공부에 왕도는 없듯이 한문 공부에도 무슨 특별한 비법이 있는 것이 아니다. 어떤 동기가 있어서 흥미를 갖고 많은 시간을 투자

해서 여러 가지 시행착오를 겪으면서 가장 능률적인 공부 방식을 몸에 익힌 것이다.

나는 초등학교 들어가기 전에 잠깐, 증조할아버지께 『천자문』의 맨 앞부분을 배운 게 정훈(庭訓)의 전부다. 내가 중고등학교 때 쌓은 한문 실력은 수업 시간에 배운 것이 일부분이고, 나머지 대부분은 한문 원전들을 스스로 읽어 가면서 실전으로 익힌 것이다. 『천자문』은 내용에 철학과 역사가 녹아 있어서 이해하기가 아주 어려운 책이다. 첫 구절이 "천지현황(天地玄黃)"인데, "하늘은 검고 땅은 누렇다."라는 말을 어린아이가 이해하기 쉽지가 않은 것이다. 그래서 다산 정약용 선생은 일상생활과 관련된 내용으로 『이천자문』이라는 책을 지어서 자손들을 가르쳤다. 또한 옛날 사람들은 실제로는 『추구집』이나 『사자소학』으로 한문의 세계로 첫발을 디뎠다고 한다. 추구집의 첫 구절은 "天高日月明, 地厚草木生."이다. "하늘은 높고 해와 달은 밝으며, 땅은 두텁고 풀과 나무가 난다."라는 말을 어린이가 이해하기 쉬운 내용인 것이다. 이러한 책들로 한문의 기본적인 문법을 익히고 한자 어휘를 늘릴 수 있다.

나는 어려서 두세 가지 한문책을 읽은 것이 한문 실력 향상에 도움이 되었던 것 같다. 그 하나는 『삼국사기』다. 이 책은 아주 짧고 간결한 고전 한문으로 되어 있다. 역사를 왜곡하지 않고 전달하기 위해서는 문장이 짧고 명료해야 하기 때문일 것이다. 더군다나 『삼국사기』는 이야기이라서 문맥을 파악하기도 쉽고 읽는 재미가 있다. 또 다른 책은 노자의 『도덕경』이다. 이 책을 원문으로 읽게 된 동기는 그리 학구적이지 않다. 고등학교 2학년 때 우연히 무협 소설인 『영웅문』을 읽게 되었다. 그 책은 3부작인데, 제1부 「사조영웅전」을 보면 주인공인 곽정이 사부인 홍칠공에게 무술을 배운다. 그 무술의 이름들이 노자의 『도덕경』에서 따온 것이었다. 그런데 나는 그 무술 이름들이 너무 멋지다고 생각했다. 한 가지 예를 들면 그 무술 초식의 이름 하나가 신언불미(信言不美)다. "믿음직한 말은 꾸미지 않는다." 멋진 말이 아닌가? 그래서 나는 『도덕경』의 상당 부분을 외웠다. 사실 노자의 『도덕경』은 그렇게 쉬운 책이 아니라서 한문 초심자들에게는 그리 추천하기 어렵다. 다만 암기하는 것이 중요한 공부 방법 가운데 하나임을 말하고 싶다.

나는 청명(青溟) 임창순(任昌淳, 1914~1999년) 선생께서 EBS 교육방송에서 하신 강의를 일요일 아침마다 듣고 공부했다. 선생께서는 짤막한 옛 이야기들을 직접 노트에 붓글씨로 써 오셔서는 그것을 화면에 보여 주시면서 한 글자씩 읽어 가면서 친절하게 한문을 가르쳐 주셨다. 나는 청명 선생이 세운 태동 고전 연구소나 지곡서당 출신은 아니었지만, 어쨌든 선생님께 글공부를 한 것이다. 딱딱한 경전으로 한문 공부를 하는 것보다 이야기 위주의 책으로 한문 공부를 하는 것이 훨씬 재미있음을 알 수 있었다.

나는 대학생 때 『논어』를 읽었다. 대만에서 유학을 마치고 돌아온 한 선생님의 강의를 들었는데, 사실은 한두 달을 듣다가 그만두고 혼자서 읽기 시작했다. 『논어』는 상당히 오래된 문장이라서 문장이 단순하다. 그래서 어떻게 끊어 읽느냐에 따라 뜻이 여러 가지로 달라질 수 있다. 또한 한자는 한 글자가 여러 가지 의미를 갖고 있기 때문에 문맥을 잘 파악하고 끊어 읽기를 잘해야 뜻을 제대로 알 수 있는 경우가 많다. 나는 『논어』와 같은 책으로 공부하면서 한 문장을 여러 가지 방식으로 해석해 보는 연습을 할 수 있었다. 또한 고전에 나오는 표현과 사자성어들은 후대의 한문 문장들은 물론이고 현대 중국어에서도 일반적으로 사용되기 때문에 이러한 고전들을 공부하면 편리한 점이 많다. 이러한 것들이 고문(古文)을 공부하는 이유일 것이다.

그 뒤에는 모두 그때그때 필요한 한문 문장들을 번역하면서 공부했다. 최근에는 선조이신 풍애(風崖) 안민학(安敏學) 선생의 문집을 번역하며 상당한 공부를 할 수 있었다. 또한 논문을 쓰기 위해 『조선왕조실록』과 『승정원일기』를 읽으면서 많은 공부가 되었다. 최근에는 천문학 고서 두세 권을 번역하면서 웬만한 한문책은 읽을 수 있게 되었다. 한문 공부와 관련하여, 『조선왕조실록』에 39세의 율곡 이이 선생이 자신은 무슨 책들을 읽고 어떻게 공부했는지를 고백한 구절이 흥미롭다.

『조선왕조실록』 선조 8년(1575년) 음력 6월 24일(신묘)

임금(선조)이 이이에게 이르기를,

"항상 어떤 책을 읽으며 또 가장 좋아하는 것은 무슨 책인가?" 하니, 이이가 답하기를,

"과거 시험 공부를 할 때 읽은 것은 읽지 않은 것과 같고, 학문에 뜻을 둔 뒤로는 『소학(小學)』부터 시작해 『대학』·『논어』·『맹자』까지는 읽었으나, 아직 『중용』은 읽지 못했습니다. (이러한 사서(四書)를) 다 읽고 나서 처음부터 다시 읽어 보아도 문맥이 분명하게 일맥상통하지 않으므로 아직 육경(六經)은 못 읽고 있습니다."했다. 임금이 이르기를,

"사서(四書) 중에서 어떤 글을 가장 좋아하는가?" 하니, 이이가 아뢰기를,

"좋아하지 않는 것이 없으나 그렇다고 특별히 하나만을 좋아하는 것도 없습니다. 여가에 『근사록』·『심경』 등의 글을 읽고 있으나 질병과 공무 때문에 전념할 수 없을 때가 많습니다." 했다. 임금이 이르기를,

"그대는 어렸을 때 문장을 익힌 적이 있는가? 그대의 문장과 시를 보면 매우 좋으니, 배운 적이 있는가?" 하니, 이이가 아뢰기를,

"신은 어렸을 때부터 문장과 시를 배운 적은 없습니다. 어려서는 불교를 자

못 좋아해 여러 경전을 두루 보았으나 진실에 바탕을 둔 것이 없음을 깨닫고 유학(儒學)으로 돌아와서 우리 유학의 글에서 그 진실한 이치를 찾았습니다. 그러나 역시 문장을 위해 읽은 것이 아니었으며, 지금 문장을 짓는데 대략 문리(文理)가 이루어진 것도 역시 별도로 공부를 한 일은 없고, 다만 일찍이 한유(韓愈)의 글(昌黎先生集)과 『고문진보』와 『시경』과 『서경』의 대문(大文)을 읽었을 뿐입니다." 했다.

대문(大文)을 읽었을 뿐이라는 말은, 큰 글씨로 된 본문만 읽고, 잔 글씨로 된 주석들을 읽으면서 깊이 공부해 보지 않았다는 말이다. 사서(四書) 중에서 내용이 좀 어려운 중용은 아직 읽지 못했고, 삼경(三經)에 포함된 경서들은 본문만 읽었을 뿐이었다는 말이다. 옛날의 학력고사나 요즘의 수능에서 수석을 차지한 학생에게 "어떻게 공부했느냐?"라고 물으면, "교과서 위주로 공부했다."라고 대답하는 것과 비슷하다.

스티븐 호킹의 『시간의 역사』와 『칠정산』

고등학교 2학년 겨울방학 때 스티븐 호킹 박사의 『시간의 역사』를 읽었다. 대학 진학을 앞두고 담임 선생님은 우주를 연구해 보고 싶다는 나의 꿈을 들으시더니 서울 대학교 천문학과를 추천해 주셨다. 마침 『시간의 역사』를 번역하신 현정준 교수님이 계셨기 때문에 나는 천문학과로 진로를 잡았다. 그런데 내가 대학교에 들어간 지 몇 년 되지 않아 현정준 교수님은 정년 퇴임하셨다.

현정준 교수님은 원래 우주론이 전공이시지만 우리 천문학의 역사에도 관심이 있으셨다. 그래서 세종대왕 때 만든 『칠정산』이라는 역법을 다른 학자들과 더불어 번역하시기도 했다. 이 번역은 『칠정산』에 들어 있는 모든 계산 과정을 해석해 지금도 계산이 가능하도록 만들어 놓으신 것이다. 당시 중국 역법의 역사에 대해서는 일본의 교토 대학의 야부우치 선생이 이끄는 연구 그룹이 세계 최고였다. 그러나 『칠정산』의 역주에 관해서는 현정준 교수님의 역주가 지금도 최고라고 생각되고 이 번역은 지금도 후학들이 애지중지하고 있다.

대학교 시절의 천체 관측

내가 천체 망원경으로 우주의 모습을 처음으로 들여다본 것은 대학에 들어갔을 때였다. 나는 학교 천문대에 마련되어 있는 천체 망원경과 사진 인화 시설을 이용해 실컷 천체를 관측할 수 있었다. 달은 그 명암 경계부에 있는 운석공들이 뚜렷하게 보인다. 그래서 나는 동료들과 함께 여러 월령별로 달 사진을 찍어서 각각의 명암 경계부만을 오려서 모자이크해 한 장의 커다란 월면도를 만들었다. 나는 또한 갈릴레오 갈릴레이가 발견한 목성의 네 위성들을 상당히 오랜 동안 사진으로 찍은 다음, 각각의 공전 주기와 위치를 측정해 목성의 질량을 구해 보았다. 금성, 화성, 목성, 토성, 천왕성 등은 사진으로 찍었다. 금성, 화성, 목성, 토성은 비교적 관측이 쉬웠다. 그러나 천왕성은 맨눈으로는 보이지 않으므로 대학 천문대에서 가장 큰 구경 40센티미터 망원경으로 간신히 촬영했다. 수성은 해에서 가장 가까운 궤도를 공전하므로 해가 지거나 뜬 직후에 잠시 관측이 가능하다. 나는 동료들과 함께 수성이 해에서 가장 멀리 떨어지게 되는 때를 골라 서쪽 하늘이 트여 있는 인천의 송도까지 가서 사진 촬영을 시도했다. 그러나 수성은 망원경을 통해 눈으로만 볼 수 있었다. 수성은 정말 관찰하기 힘든 천체였다.

1994년 슈메이커-레비9 혜성의 목성 충돌

한참을 지나 1994년에 나는 천문학 공부를 본격적으로 하기 위해 대학원에 진학했다. 그해 여름에 슈메이커-레비9 혜성이 목성에 충돌한다는 소식을 접했다. 1994년 7월, 그때 새로 건설한 서울 대학교 신천문대가 시험 가동 중이었다. 이 천문대에는 구경 60센티미터 망원경이 설치되었고 새로 CCD라는 관측 장비가 들어왔다. 마침 천문 관측을 전공하는 동료들이 이 새 장비를 이용해 슈메이커-레비 혜성이 목성에 충돌한 흔적을 관측한다는 소식을 알게 되었다. 그 자리에 나도 구경삼아 참석했다.

슈메이커-레비9이라는 것은 슈메이커와 레비가 발견한 아홉 번째 혜성이라는 뜻이다. 공식 명칭은 D/1993 F2라고 부른다. 여기서 맨 앞의 D는 '사라졌다'는 뜻의 영어 단어 'Disappeared'의 약자이고, 1993은 그 혜성을 발견한 연도이며, F2는 3월 하반기에 두 번째로 발견된 혜성이라는 뜻이다.

슈메이커-레비9 혜성은 1993년 3월 24일 밤에 캐롤라인 슈메이커(Carolyn Shoemaker, 1929년~)와 유진 슈메이커(Eugene Shoemaker, 1928~1997년) 부부, 데이비드 레비(David H. Levy, 1948년~) 등에 의해 미국 캘리포니아에 있는 팔로마 천문대의 40센티미터 구경의 슈미트 망원경으로 처음 촬영되었다. 이 혜성은 궤도 분석 결과, 해가 아니라 목성 둘레를 공전하고 있었다. 이 혜성이 발견되기 20~30년 전에 이미 목성의 중력에 사로잡힌 것으로 추정되었다. 천문학자들의 계산에 따르면, 이 혜성이 1992년 7월 8일에 목성에 가장 가까이 접근했을 때 목성의 조석력에 의해 혜성이 파괴되었다고 한다. 파괴된 혜성은 지름 2킬로미터 정도의 작은 파편들로 분리되어 한 줄로 늘어서서 여전히 목성 둘레를 공전을 하고 있었다. 그러던 파편들이 1994년 7월 16일과 22일 사이에 초속 60킬로미터, 즉 시속 22만

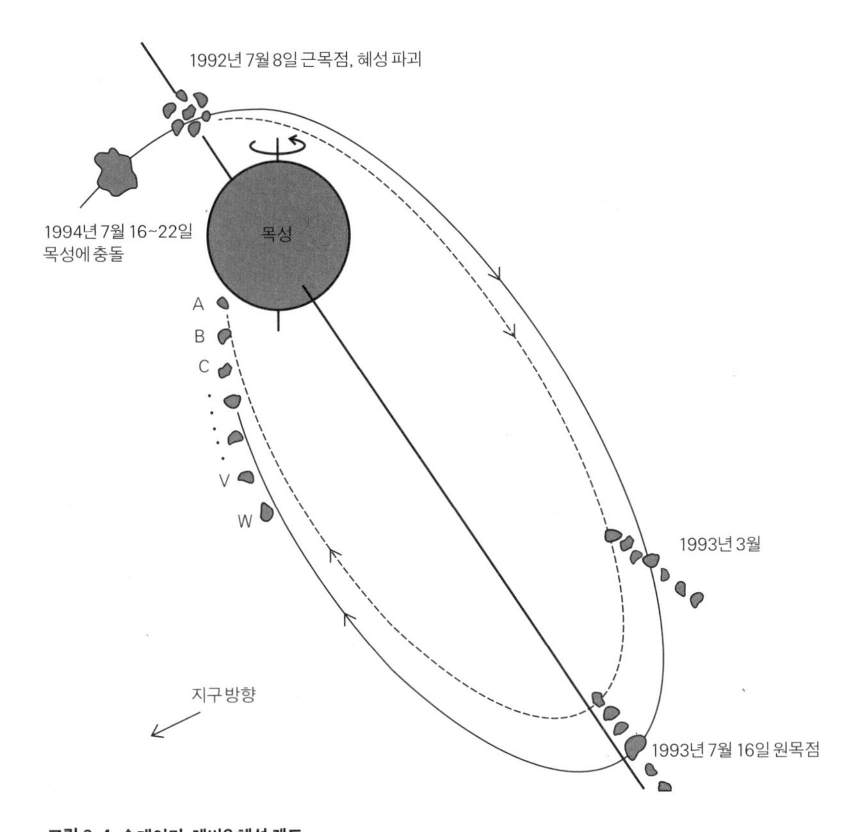

그림 6-4. 슈메이커-레비9 혜성 궤도

킬로미터라는 엄청난 속도로 하나씩 차례로 목성의 남반구에 충돌할 것으로 예측되었던 것이다.

이 혜성 파편들에는 영어 알파벳 A부터 W까지 이름이 붙여졌다. 목성이 약 10시간에 한 바퀴씩 자전하고 있으므로, 파편 A가 충돌하고 그 다음 파편 B가 충돌하는 동안 목성이 약간 자전하게 되므로, 목성 표면에는 그 충돌 흔적이 한 줄로 늘어선 점이나 얼룩으로 나타날 것이다. 드디어 혜성 조각이 목성에 충돌하고 목성이 자전해 그 충돌 지점이 우리가 잘 관측할 수 있게 되었다. 그러나 60센티미터 구경의 큰 망원경으로도 확실하게 볼 수 없었다.

그림 6-5. 슈메이커-레비9 혜성의 파편 A, C, E가 목성에 충돌하면서 표면에 남긴 흔적들. 1994년에 허블 우주 망원경으로 촬영한 것이다. 목성 표면의 위쪽에 보이는 검은 점은 목성의 달이고, 오른쪽에 보이는 커다란 반점은 목성의 큰 붉은 반점(대적반)이다. 목성면의 아랫쪽에 보이는 검은 점들이 혜성 파편의 충돌 흔적이다. 오른쪽으로부터 각각 파편 A, 파편 C 파편 E이다.

천문대(현재 한국천문연구원)는 마침 구경 1.8미터짜리 보현산 천문대 망원경을 시험 가동할 무렵이었다. 슈메이커-레비9 혜성의 목성 충돌은 이 망원경의 첫 번째 관측 대상이 되었다. 그리하여 국내 모든 방송국의 중계차가 보현산에 집결하는 초유의 사태가 벌어졌다고 한다.

당시는 월드 와이드 웹(WWW)이 막 시작된 초창기였다. 내가 다니던 대학원에도 인터넷 랜(LAN)이 깔렸고, 엑스모자이크라는 웹브라우저가 처음 나왔다. 전 세계의 여러 천문대들, 특히 적외선 촬영 장비가 있는 천문대에서는 충돌 흔적을 촬영했고, 허블 우주 망원경은 가시광선과 적외선으로 목성에 출동하는 순간과 충돌 흔적을 촬영했다. 이러한 영상들이 인터넷을 통해 전 세계로 뿌려졌으니 전 세계의 천문학자들은 물론 일반인들도 엄청난 흥미를 가질 수밖에 없었다.

1996년 햐쿠타케 혜성

세월이 흘러 1996년에 나는 천문학 석사 학위를 마치고 같은 학교에서 박사 과정을 밟고 있었다. 그때 우리를 찾아온 혜성이 바로 햐쿠타케 혜성이다. 이 혜성은 1996년 1월 30일 일본의 아마추어 천문가이자 사진작가인 햐쿠타케 유지(百武裕司, 1910~2002년)가 처음 발견했다. 정식 명칭은 C/1996 B2, 즉 1996년 1월 하반기에 두 번째로 발견된 혜성이다. 이 혜성은 3월 25일경에 지구에서 가장 가까운 곳까지 접근했다. 이 혜성은 북두칠성과 북극성을 스치며 지나갔고 크기는 보름달과 비슷했으며 밝았기 때문에 많은 천문 애호가들의 사랑을 받았다. 이때는 이미 한국의 천문학 수준도 옛날과는 다르게 눈부신 성장을 했으므로 천문연구원에서도 또 수많은 아마추어 천문가들도 많은 사진을 찍을 수 있었다.

헤일-밥 혜성, 1997년

1997년에 우리를 찾아온 반가운 혜성이 있었다. 바로 헤일-밥 혜성이다. 이 혜성은 C/1995 O1이라고도 부른다. 1995년 7월 하반기에 첫 번째로 발견된 혜성이라는 뜻이다. 미국의 앨런 헤일(Alan Hale, 1958년~)과 토머스 밥(Thomas Bopp, 1949년~)이 1995년 7월 22일에 발견했다. 천문학자들은 이 혜성이 밝기가 1986년에 나타났던 핼리 혜성보다 100배나 밝은 1등급 이상으로 밝아질 것이라고 예측했다. 이 혜성은 1997년 3월경 저녁에 서쪽 하늘에서 매우 밝게 보였다. 심지어 대도시에서도 맨눈으로 볼 수 있을

그림 6-6. 헤일-밥 혜성.(이건호 촬영)

정도였다. 나는 마침 가족들과 고향에 내려가 휴일을 즐기고 있었다. 뉘엿뉘엿 해가 저물 무렵 저녁을 지어 먹고서 산책을 하려고 대문을 열고 나섰다. 그때 열린 대문을 통해 서쪽 하늘에 걸린 거대한 혜성이 모습을 드러냈다. 지평선에 가까이 덩그마니 걸려 있는 거대한 혜성의 위용에 우리 가족들은 모두 놀랐다. 맨눈으로도 볼 수 있는 혜성을 평생 몇이나 볼 수 있으랴? 더구나 가족들과 더불어 혜성을 보는 것만큼 아름다운 추억은 없을 것이다.

2001년 사자자리 별똥소나기

1998년과 1999년에는 양력 11월 17일경에 시간당 수천 개의 별똥이 마치 소나기처럼 쏟아질 것으로 예측되어 전 세계의 천문 애호가들이 야단법석이었다. 사자자리 별똥소나기 우주쇼를 보기에 가장 좋은 지점으로 우리나라가 지목되어 전 세계의 천문학자들이 몰려들었다. 우리나라에서도 각종 언론이 이 천문 현상을 집중 보도해 대중적인 관심을 끌었다. 시중에서는 별똥소나기를 보기 위해 망원경이 불티나게 팔릴 지경이었다. (사실 별똥을 관찰하는 데 망원경은 별 필요가 없다.) 나는 인천의 부모님 집에서 이 별똥소나기를 맞이했다. 그렇지만 이해의 사자자리 별똥비는 예년에 비해 상당히 많이 떨어지기는 했으나, 예상과는 달리 1시간에 1만 개의 별똥이 떨어지는 수준은 아니었다. 그러나 이 사건은 우리나라 사람들이 우주와 천문학에 대한 관심을 높이는 데 아주 큰 기여를 했다. 나도 이 사건을 계기로 별똥과 혜성에 대해 관심을 갖기 시작했다.

나는 2001년 여름 박사 학위를 받고 한국고등과학원에서 박사 후 연구

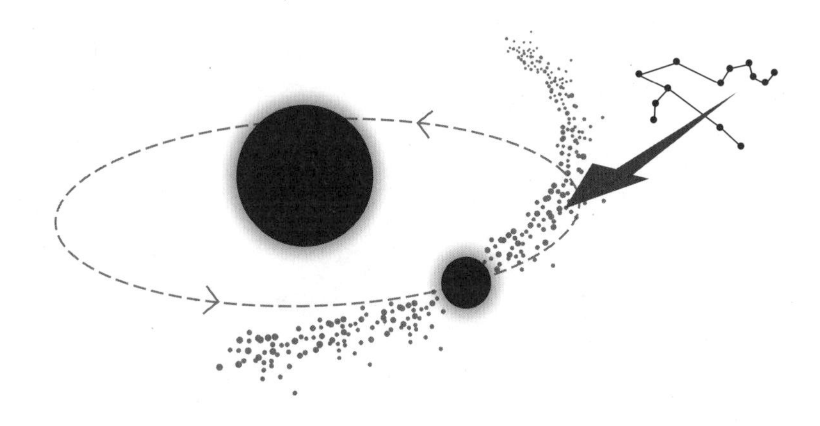

그림 6-7. 별똥비가 생기는 원리. 지구가 공전하다가 별찌흐름 속을 통과할 때 많은 별똥이 쏟아진다.

그림 6-8. 사자자리 별똥소나기. 2001년 11월 19일 오전 2시 20분~3시 30분, 경상북도 영천 보현산 천문대, (전영범 촬영)

원으로 일하게 되었다. 그해에 놀라운 우주쇼가 일어났다. 바로 2001년 양력 11월 17일 새벽에 사자자리 별똥소나기가 나타났던 것이다. 1998년이나 1999년에 내릴 것이라고 예측되었던 별똥소나기가 실제로는 2~3년 후에 내렸던 것이다.

역사 속의 별똥소나기

옛사람들이 별똥소나기를 보았다면 분명히 저 밤하늘의 별들이 쏟아져 내리는구나 하면서 세상의 종말이 왔다고 생각했을 수도 있을 것이다. 그렇다면 이렇게 인상적인 천문 현상이 역사 기록에 남지 않았을 리가 없다. 나는 먼저 우리나라 삼국 시대의 역사를 적어 놓은 『삼국사기』에 별똥소나기 기록이 있는지 찾아보았다. 놀랍게도 신라의 파사이사금 25년(서기 104년) 기록을 비롯해 삼국 시대에는 열세 건이 있었다. 또한 『고려사』「천문지」를 조사해 보니 아홉 건의 별똥소나기 기록이 있고, 『조선왕조실록』과 『승정원일기』에도 아홉 건이 있었다. 우리 역사 속의 별똥소나기 기록들은 "뭇 별이 하늘을 가로질렀다.", "작은 별들이 사방에 흩어졌다.", "많은 별들이 하늘 한가운데에서 싸웠다." 등으로 기록되어 있다.

신라 파사이사금 25년(서기 104년) (음력) **봄 정월** 뭇 별들이 비처럼 떨어졌으나 땅에는 이르지 않았다.

고려 예종 1년(서기 1106년) (음력) **6월 을유일** 별똥이 천진(天津)에서 나와 종인(宗人)으로 들어갔는데, 크기는 술잔만 했고 꼬리 길이는 두 발이나 되었다. 또 별똥 둘이 허수(虛宿)로부터 나와서 구감(九坎)로 들어갔는데 크기가 계란만 했다. 또

저녁부터 새벽까지 뭇 별들이 사방으로 흘러갔다. —『고려사』 예종 1년

일본과 중국의 역사서에서도 별똥 기록들이 있다. 일본의 칸다 시게르(神田茂, 1894~1974년)가 1600년 이전의 천문 관측 기록을 정리해 1935년에 『일본천문사료종람(日本天文史料綜覽)』을 출간했다. 한국과는 달리 일본의 역사 기록은 다양한 책들에 분산되어 있으므로, 이 모든 자료를 수집하는 일은 굉장히 어렵고 긴 시간을 투자해야 하는 일이었을 것이다. 그래서 칸다 시게르는 1601년 이후의 천문 기록은 미처 정리하지 못하고 세상을 떠났다. 내가 동양 별자리에 관한 책을 쓰면서 참고한 『중국 별자리의 역사』를 저술한 오자키 마사유키(大崎正次)라는 일본의 천문학사 연구자가 있다. 어느날 그는 헌책방에 갔다가 우연히 칸다 시게르의 자필 원고를 얻게 되었는데, 그 안에서 "1601년 이후의 일본 천문 관측 기록을 정리하는 일은 후학에게 맡긴다."라는 마치 유언과도 같은 메모를 접했다. 그것이 계기가 되어 오자키는 1601년 이후부터 메이지 유신까지의 일본 천문 관측 기록을 정리해 1994년에 『일본 근세 천문사료』라는 책으로 출간했다. 나는 이 책들로부터 일본의 역사에는 모두 스물다섯 건의 별똥소나기 기록이 있음을 확인할 수 있었다.

중국의 역사서에 기록된 천문 관측 자료를 정리하는 일은, 상당히 많은 학자들을 동원해 집단적으로 진행되었다. 한국과 마찬가지로 중국도 여러 왕조가 편찬한 역사서가 있는데 이것을 이십오사(25史)라고 한다. 중국과학원 산하 베이징 천문대가, 주로 이 역사서들에서 천문 관측 기록을 검색하고 여기에 유명한 학자들의 문집과 지방에서 발행한 지방지(地方誌)들에서 찾아낸 자료를 보완하여, 1988년에 『중국 고대 천상기록 총집』이라는 책을 출간했다. 나는 이 책에 수록된 기록들 중에서 사료의 신뢰성

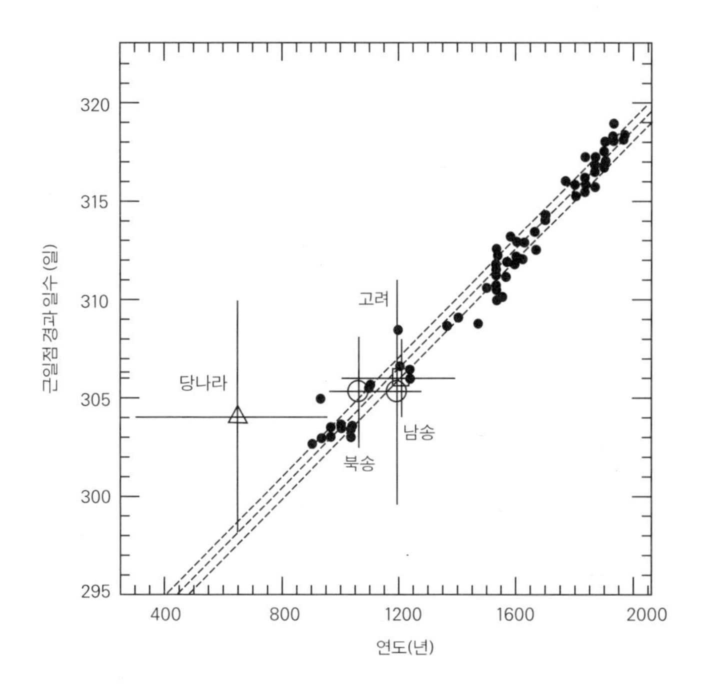

그림 6-9. 사자자리 별똥소나기가 나타난 날짜의 변화. 세로축의 '근일점 경과 일수'는 별똥소나기가 나타난 시각이 그해의 지구의 근일점으로부터 며칠이 지났는지를 나타낸다. 사자자리 별똥소나기는 나타나는 날짜가 100년에 약 1.5일씩 점차 늦어지고 있다. 검은 점은 한국, 중국, 일본을 포함해 세계 여러 문명의 역사서에서 찾아낸 기록을 나타내고, 십자 표시가 있는 동그라미는 북송과 남송, 네모는 고려, 세모는 당의 기록을 분석한 결과이다. 십자 표시는 오차 범위를 나타내며, 당의 기록은 별똥 기록의 개수가 얼마 되지 않아서 오차가 큼을 볼 수 있다.

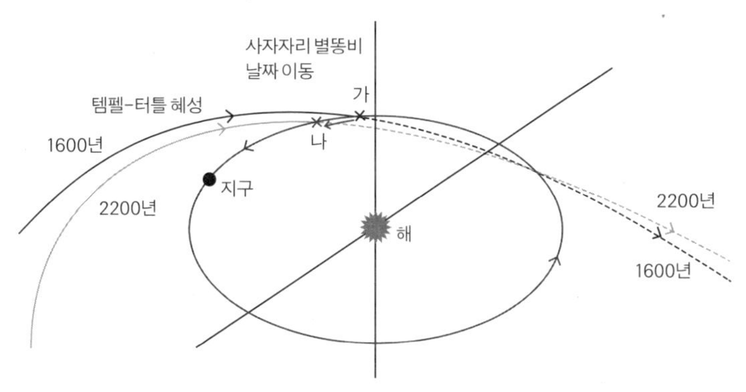

그림 6-10. 템펠-터틀 혜성의 세차 운동

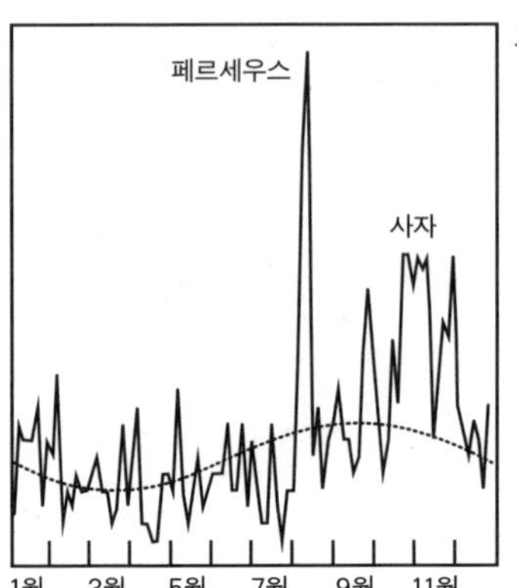

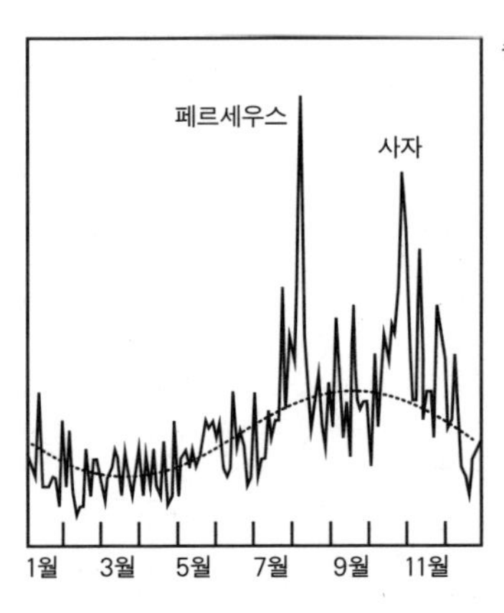

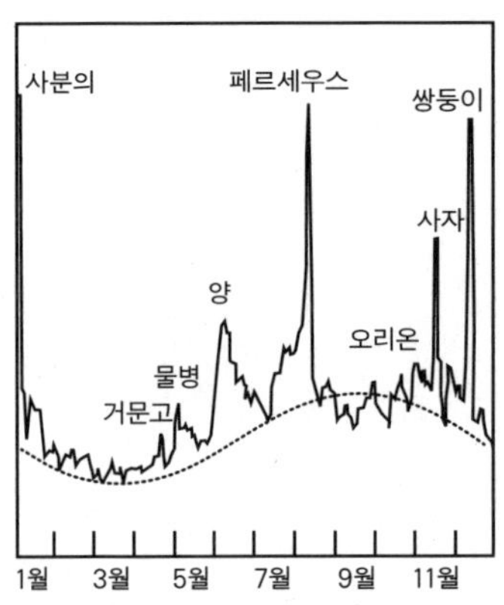

그림 6-11. 별똥의 연간 활동성 변화. 맨 위 그림은 『고려사』에 기록되어 있는 별똥 관측 자료를 분석한 것이고, 가운데는 중국 송나라의 관측 자료를 분석한 것이며, 맨 아래 그림은 1995년에 레이더로 관측한 별똥의 연간 개수 변화이다. 페르세우스자리 별똥비와 사자자리 별똥비는 고려 시대에도 존재했으나, 사분의자리 별똥비와 쌍둥이자리 별똥비는 고려 시대에는 나타나지 않았다. 이것은 페르세우스자리 별똥비와 사자자리 별똥비보다 사분의자리 별똥비와 쌍둥이자리 별똥비가 훨씬 젊은 별똥비임을 뜻한다. 사자자리 별똥비가 나타나는 시기가 연말로 늦어졌음도 알 수 있다.

을 따져서 별똥소나기 기록을 모아 보았다. 중국의 역사 기록에는 별똥소나기가 나타났다는 기록이 일흔세 건이 있었다.

고대 로마 시대를 비롯한 유럽의 역사와 메소포타미아 시대부터 아랍의 역사 속에 기록되어 있는 별똥소나기 기록도 수집한 다음, 이러한 기록들 중에서 나타난 날짜로 보아 사자자리 별똥소나기 기록임이 확실한 별똥소나기 기록들을 모아 보았다. 그 결과 사자자리 별똥소나기가 나타나는 날짜가 시간이 지날수록 100년에 1.5일 정도의 비율로 늦어짐을 알 수 있었다. 이것은 사자자리 별똥소나기의 어미 혜성인 템펠-터틀 혜성이 태양계 천체들의 중력에 의해 영향을 받아 그 공전 궤도가 세차 운동을 하기 때문이다.

『고려사』「천문지」에 수록되어 있는 여러 가지 천문 현상들 중 별똥이 낱개로 떨어졌다는 기록이 상당히 많이 있다. 나는 고려 시대(918~1392년)의 사료, 즉 『고려사』와 『고려사절요』 속에서 별똥이 낱개로 떨어졌다는 기록을 모두 모은 다음, 별똥들이 1년 중 언제 나타났는지를 조사해 보았다. 그 역사서들에서 모두 729건의 별똥 기록을 수집했는데, 나는 그중 날짜를 알 수 있는 706건의 별똥 기록을 분석해 별똥비의 연간 활동성을 조사했다. 현재 가장 활발한 별똥비는 1월의 사분의자리 별똥비, 4월의 거문고자리 별똥비, 5월의 물병자리 에타 별똥비, 7월의 물병자리 델타 별똥비, 8월의 페르세우스자리 별똥비, 10월의 오리온자리 별똥비, 11월의 황소자리 별똥비와 사자자리 별똥비, 12월의 쌍둥이자리 별똥비 등이다. 고려 시대에도 현재와 마찬가지로 페르세우스자리 별똥비와 사자자리 별똥비가 가장 뚜렷하게 나타났다. 반면에 요즘 가장 활발한 쌍둥이자리 별똥비와 사분의자리 별똥비는 고려 시대에는 나타나지 않았다. 여기서 우리는 별똥비도 시대에 따라 활동성이 변한다는 것을 알 수 있다.

지구는 자전축이 23°.5 기울어진 채로 공전한다. 그래서 춘분 무렵에는 별똥이 비교적 낮은 고도에서 나타나고, 추분 무렵에는 별똥이 높은 고도에서 나타난다. 고도가 낮으면 배경 하늘이 밝은데다가 별똥에서 나온 빛이 더 긴 거리를 통과해 와야 하므로 어두운 별똥은 보기 힘들다. 이런 까닭에 북반구에서는 춘분 무렵에는 별똥이 적게 보이고 추분 무렵에는 별똥이 많이 보이게 된다.

나는 『고려사』에 수록되어 있는 별똥 기록들을 분석해 별똥들이 한 해 동안 언제 얼마만큼 나타났는지를 조사해 보았다. 그랬더니 지구의 자전축이 공전면에 대해서 기울어져 있어서 생기는 별똥 개수의 연간 변화가 고려시대에도 현재와 같았음을 발견했다. 또한 고려의 이웃 나라인 송나라의 역사책에 들어 있는 별똥 기록을 수집해 같은 연구를 해 보았다. 관측자와 관측지가 독립적인 표본에 대해 분석을 해 본 것이다. 송나라에서 관측한 별똥비와 별똥의 연간 변화도 고려의 관측 자료에서 얻은 것과 같았다.

헤일-밥 이후에 나타난 혜성들

2000년대에 들어 여러 혜성들이 나타났다가 사라졌다. 비록 맨눈으로 볼 수 있거나 꼬리가 아주 길어서 일반인들도 관심을 가질 만한 혜성은 그리 많지 않았지만, 아마추어 천문가들이 아름다운 혜성 사진을 찍어서 인터넷에 올렸으므로 즐겁게 감상할 수 있었다. 나는 사자자리 별똥소나기를 경험하고 나서 역사 속에 나타났던 별똥비와 별똥소나기를 연구했다. 나의 관심은 자연스럽게 별똥비의 모체인 혜성에 미치게 되었다. 우리나라 역사서에는 혜성 기록이 굉장히 많이 있었기 때문에 연구 소재

C/2002 T7(리니어) 혜성. 2004년 1월 24일 21시, 강원도 덕초현 천문인 마을

C/2001 Q4(니트) 혜성. 2004년 5월 21일 21시 16분, 강원도 문막

C/2004 F4(브래드필드) 혜성
2004년 5월 23일 새벽, 강원도 덕초현 천문인 마을

C/2001 Q4(니트) 혜성
2004년 6월 12일 23시 50분, 강원도 문막

C/2004 Q2(맥홀츠) 혜성
2004년 12월 5일

C/2006 A1(포이만스키) 혜성
2006년 3월 7일 5시 35분, 강원도 덕초현 천문인 마을

C/2006 M4(스완) 혜성. 2006년 10월 27일, 강원도 덕초현 천문인 마을

C/2007 N3(루린) 혜성. 2009년 2월 22일, 강원도 덕초현 천문인 마을

그림 6-12. 2000년대 들어 나타났던 혜성들.(이건호 촬영)

는 아주 많다고 생각했다. 나는 역사서에 기록된 혜성 하나를 먼저 연구해 보기로 했다. 그렇게 해서 연구한 혜성이 조선 현종 때인 1664년에 나타났던 대혜성이었다. 이 혜성에 대한 관측 기록은 우선 『승정원일기』에서 찾을 수 있었다. 이 혜성에 대한 기존 연구를 확인해 보니 1982년에 박성환이라는 분이 연구를 한 것이 있었는데, 그가 사용한 관측 자료는 야마무라 기요시(山村淸)가 1932년에 쓴 논문에 수록되어 있는 것이었다. 야마무라의 논문에는 그 관측 자료가 세키구치 리키치가 1918년에 발표한 『조선 총독부 관측연보보문』에 실려 있다고 적혀 있었다. 나는 다시 세키구치의 논문을 찾아보았다. 그랬더니 그 관측 자료는 인천 관측소 소장으로 근무한 일본인 기상학자 와다 유지가 발견하고 정리한 것이며, 와다 유지의 허락을 얻어 세키구치 리키치가 정리해 논문으로 발표한 것이었다.

그림 6-13. 홈즈 혜성. 2007년 11월, 통영. 소형 디지털 카메라로 고정 촬영을 한 것이다.(안상현 촬영)

좀 더 조사해 보니, 와다 유지가 발견한 자료란 다름이 아니라 조선의 관상감 천문학자들이 작성한 『성변등록』이었다. 이것이 내가 『성변등록』을 추적하기 시작한 동기이다.

홈즈 혜성, 2007년

그런데 2007년 11~12월에 아주 흥미로운 혜성이 하나 나타났다. 홈즈 혜성이었다. 이 혜성은 1892년 양력 11월 6일에 영국의 아마추어 천문학자인 에드윈 홈즈(Edwin Holmes, 1838?~1919년?)가 발견했다. 그 후에 이 혜성은 공전 주기가 약 7년 정도인 주기 혜성임이 밝혀졌고, 17P/Holmes로 불리고 있다. 나는 2004년 여름에 한국천문연구원에 들어와서 한국의 대형 망원경을 건설하기 위한 사업비를 얻기 위해 노력하고 있었다. 2007년 11월에 공무로 경남 통영에 내려가 밤에 산책을 하다 문득 혜성 생각이 났다. 인터넷으로 얼른 혜성이 페르세우스자리에 있음을 알아낸 뒤, 지니고 갔던 휴대용 소형 디지털 카메라를 삼각대도 없이 혜성을 촬영하러 나갔다. 고정 촬영을 할 생각이었다.

나는 사진을 여러 장 찍어서 LCD 창으로 그 자리에서 확인했으나 혜성이 잘 보이지 않았다. 카메라를 들고 호텔 방으로 돌아온 나는 노트북 컴퓨터에 사진 파일을 옮겨서 화면에 확대해 보았다. 그러자 동그란 모양의 홈즈 혜성을 확인할 수 있었다. 참으로 신나는 순간이었다. 화면이 어두워서 잘 안 보이면, 흑백을 반전시켜서 혜성이 있나 찾아본다. 이것이 내가 최초로 촬영한 혜성이었다. 고정 촬영은 비전문가들도 큰돈 들이지 않고 쉽게 천체를 촬영할 수 있는 방법이다.

그림 6-14. 홈즈 혜성. 2007년 10월 3일, 경상남도 김해 시민천문대.(이상현 촬영)

그림 6-15. 판스타 혜성. 2013년 3월 15일, 울산.(이상현 촬영)

한국인 최초의 혜성: Yi-SWAN 혜성, 2009년

혜성을 발견하면 그 혜성에 자기 이름을 붙일 수 있다. 우리나라 사람이 최초로 발견해 우리나라 사람의 이름이 붙은 혜성은 2009년에 나왔다. C/2009 F6라고 명명된 이 혜성의 발견자는 아마추어 천문가인 이대암(李大岩)[71] 교수이다. 그는 70-200밀리미터(F 2.8) 줌렌즈를 DSLR에 장착해 6개월 이상 밤하늘을 촬영했다. 2009년 3월 27일 새벽(세계 표준시 26일)에는 은하수 부근을 집중적으로 촬영했는데, 오전 3시 7분부터 5시 2분까지 20구획을 각각 2회씩 총 40회 촬영했다. 그중에서 39번째 영상을 컴퓨터 모니터에 확대해서 보니, 도마뱀자리 알파성 옆에 특유의 녹색 점상이 있었다. 이것이 노이즈인지 확인하기 위해 40번째로 촬영한 다른 영상에도 나타나 있었다. 노이즈가 아니었던 것이다. 그는 여러 자료를 조사해 이 혜성이 기존에 발견되지 않은 새로운 혜성임을 확인하고, 국제 천문 전신 중앙국(Central Bureau for Astronomical Telegrams, CBAT)에 관측 정보를 보냈다. 그와는 독립적으로, 4월 4일에 태양 관측 위성 소호(Solar and Heliospheric Observatory, SOHO)가 스완(Solar Wind ANisotropies, SWAN)이라는 관측 장비로 촬영한 이미지에서도 이 혜성이 발견되었다. 그래서 결국 이 혜성에는 이대암 교수의 성과 SWAN이라는 이름이 함께 붙여졌던 것이다. 그는 이 혜성을 찾기까지 무려 2000시간을 관측에 투자했다고 한다. 우주는 끈기 있는 사람에게만 자신의 비밀을 살짝 보여 줄 뿐이다.

아이손 혜성, 2013/2014년

2013년 말에는 아이손(ISON) 혜성이 거대한 꼬리를 하늘에 드리울 것이라고 기대되었다. 그것을 예비라도 하듯이 2013년 초에 판스타 혜성이 나타났다. 판스타 혜성을 서쪽 지평선 근처에서 볼 수 있었던 며칠 동안 비록 날씨가 춥고 흐려서 많은 관심을 얻지는 못했지만, 그래도 몇몇 한국인 천문가들이 이 혜성의 사진을 찍어 인터넷에 제공한 덕분에 혜성을 감상할 수 있었다.

아이손 혜성은 C/2012 S1이라는 명칭이 주어졌다. 2012년 9월 21일에 러시아의 국제 과학용 광학-네트워크(International Scientific Optical Network, ISON)에 속한 두 천문학자 비탈리 네브스키(Vitali Nevski)와 아르티옴 노비초노크(Artyom Novichonok)가 구경 40센티미터짜리 반사 망원경을 사용해 발견했다. 이 혜성은 2013년 11월 28일에 근일점을 통과했다. 허블 우주망원경으로 촬영한 영상을 근거로 이 혜성의 핵은 지름이 약 5킬로미터 정도라고 추정되었으나, 나중에 추가 관측 결과 혜성핵의 지름은 2킬로미터임이 밝혀졌다. 무엇보다도 2013년 크리스마스 즈음에 지구와의 거리가 매우 가까운 곳을 지나면서 세기의 대혜성이 될 것으로 예상되었다. 이 혜성은 근일점을 통과할 때 해에서 겨우 180만 킬로미터 떨어진 곳을 통과할 것으로 계산되었다. 해의 반지름이 약 70만 킬로미터이므로 이 혜성은 해의 표면에서 겨우 110만 킬로미터 떨어진 곳을 지나는 것이다. 이와 같이 해에 매우 가까이 다가가는 혜성을 '해 스침 혜성'이라고 한다.

혜성이 해에 매우 가까이 다가가면 혜성의 표면 온도가 매우 높이 올라갈 뿐만이 아니라 해의 중력이 혜성에 큰 영향을 미친다. 다시 말해서, 혜성의 핵에서 해에 가까운 부분이 해에서 먼 부분보다 해의 중력을 더 강하게 받기 때문에 마치 해의 중력이 혜성을 양쪽으로 잡아당기는 것처럼 작용하게 되는데, 이것을 조석력이라 한다. 혜성이 해에 가까이 다가갈수록 그 조석력이 더욱 강해진다. 천문학 계산을 해 보니, 만일 혜성이 해의 중심에서 해의 반지름의 1.8배 정도 떨어진 곳보다 안쪽을 지나치게 되면, 혜성은 해의 조석력에 의해 쪼개져 버린다. 실제로 '크로이츠족 혜성들'은 원래 하나의 혜성이었는데, 그 근일점이 해 반지름의 1.7배에 불과해 근일점을 지나면서 해의 조석력에 의해 여러 작은 혜성들로 쪼개진 것이다. 아이손 혜성은 근일점이 해의 반지름의 2.8배 정도였다. 그러나 이 혜성이 특히 부서지기 쉬운 성질을 갖고 있다면 깨질 가능성도 있어 흥미로운 관전 포인트였다.

아이손 혜성의 궤도가 포물선에 매우 가깝다는 사실은 이 혜성이 태양계의 가장자리에 있는 오르트 구름에서 왔음을 의미한다. 오르트 구름은 약 50억 년 전 태양계가 형성되던 그 당시의 상황을 여전히 간직하고 있으므로, 이러한 천체를 연구하면 우리 태양계의 기원을 알아낼 수 있다.

아이손 혜성은 근일점에 진입하기 얼마 전까지 멋진 모습을 보여 주었다. 2013년 11월 28일(세계시)에 아이손 혜성은 초속 650킬로미터라는 엄청나게 빠른 속도로, 태양 표면에서 116.5만 킬로미터 떨어진 근일점을 통과했다. 이때 섭씨 2700도에 달하는 어마어마한 열기와 태양의 강력한 조석력을 이겨내야 대혜성이 될 수 있었다. 그러나 불행하게도 해의 열기와 강한 조석력으로 인해 해체되고 말았다.

아이손 혜성이 근일점을 빠져나올 무렵 소호 위성이 보내온 사진에는 작은 코마가 살아 있는 것으로 나타나 대혜성에 대한 희망의 불씨가 되살아나는 듯하였으나, 근일점 통과 직후인 11월 29일에는 코마가 어두워져 안시 등급 5등급 이하가 되었고, 11월 30일에는 육안 관측의 한계인 7등

그림 6-16. 화성 곁을 지나는 아이손 혜성. 2013년 10월 16일 오전 5시 30분경 용인, 다카하시 SKY-90망원경(구경 9센티미터). 가이드 CCD 촬영. 180초×4장 합성.(두경택 촬영)

급 이하로 어두워져 버렸다. 12월 1일에 코마가 더욱더 어두워져서 드디어 거의 보이지 않게 되었다. 12월 2일에 여러 천문학 연구 기관과 아마추어 천문학자들은 마침내 아이손 혜성이 완전히 해체되었음을 공식 발표하기에 이르렀다.

그림 6-17은 미국의 태양 관측용 위성인 소호가 촬영한 것으로 아이손 혜성이 근일점을 통과할 무렵의 모습을 연속적으로 보여 주고 있다. 혜성이 C1의 위치에 있을 때, B3로 표시한 꼬리는 그 전에 혜성 잔해가 B1의 위치에 있었을 때 방출된 가벼운 물질들이다. 방출된 방향은 태양에서 방사상으로 멀어지는 방향이다. (그림에서는 직선으로 표시) A4의 꼬리를 이루

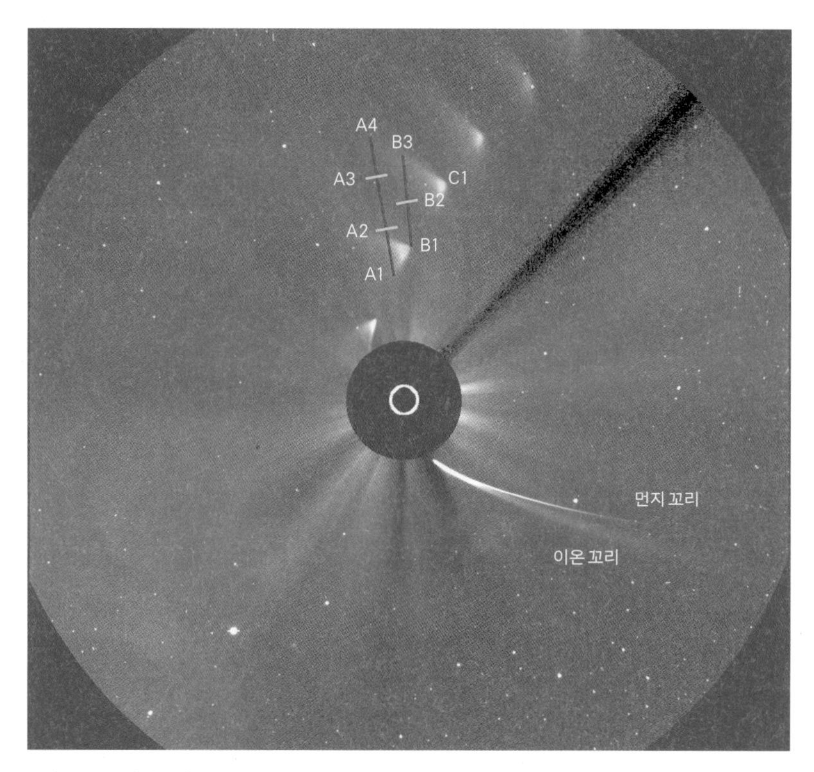

그림 6-17. 근일점 통과 무렵의 아이손 혜성. 혜성 꼬리가 길게 늘어난 것은 근일점 근처에서 혜성의 운동 속도가 매우 빠르기 때문이다. 아이손 혜성은 근일점 통과 직후 쐐기꼴 모양을 이루었으나 이것은 혜성이 파괴된 잔해에 의한 것으로 밝혀졌다.(NASA/SOHO 제공)

는 물질은 혜성 잔해가 A1에 있을 때 방출되어 태양에서 방사상으로 멀어지는 방향으로 뻗어나간 가벼운 물질들이다. 그리고 혜성이 움직이는 궤도를 따라 분포하는 것은 비교적 무거운 먼지티끌이나 혜성 파편으로 이루어진 꼬리다. 이와 같이 아이손 혜성에서 떨어져 나온 잔해 물질들이 무게에 따라 두 개의 꼬리로 나뉘어 마치 V자의 쐐기 모양을 이루었다고 생각된다.

지구의 내부 구조를 지진파로 알아내듯이, 소호 위성은 처음으로 해의 진파를 관측해서 해의 내부 구조를 자세하게 보여 주었다. 소호 위성은 1995년 12월 2일 발사되었고 2013년 현재까지도 관측을 수행하고 있다. 이 위성은 아이손 혜성을 관측할 무렵까지 무려 약 2600개나 되는 '해 스침 혜성'을 발견했다!

아이손 혜성은 짧지만 강렬한 여운을 남기며 떠나갔다. 그러나 앞으로도 수많은 혜성들이 지구인을 찾아올 것이다. 혜성은 역사적으로 불운의 조짐으로 여겨져 왔지만, 근대 과학의 기원이 되는 뉴턴의 만유인력을 검증해 준 천체이기도 하고, 우리 몸의 대부분을 구성하고 있는 물과, 생명체를 이루는 기본 물질인 아미노산과 같은 유기물을 지구로 가져다준 고마운 존재이다. 무엇보다도 머리카락을 풀어헤치고 넓디넓은 우주 공간을 수십만 년 동안 날아와서 우리에게 인사를 건네는 아름다운 천체인 것이다.

앞으로 찾아올 주기 혜성들

독자들이 앞으로 혜성 관찰에 활용할 수 있도록 주기 혜성표를 실었다. 296~304쪽의 표에서 첫째 줄은 혜성 부호, 둘째 줄은 비공식 이름, 셋째 줄은 혜성의 발견 일자, 넷째 줄은 다음 번 근일점 통과 일시, 다섯째 줄은 근일점 통과 때에 나타나게 될 최대 밝기, 여섯째 줄은 혜성체의 지름을 나타낸다. 표를 보는 방법을 예를 들어 보자. 가령 2015년에 어떤 혜성이 나타날지를 알고 싶다면 넷째 줄에 있는 근일점 통과 일시가 2015년인 것들을 보면 되며, 그중에서 밝기가 밝은 것(즉 숫자가 작은 것)에 주목하면 된다. 비주기 혜성들은 훨씬 더 많은데, 이 표에는 나타나지 않는다. 한국천문연구원의 발표, 인터넷 아마추어 천문 동호회, 신문 방송 등에서 혜성 소식에 귀를 기울이고 있어야 한다.

표 7-1. 주기 혜성표

공식 명칭	비공식 명칭	발견 일자	다음 번 근일점 통과	주기 (년)	혜성체 크기 (km)
1P/Halley	Halley	1758.12.25	2061.07.28	75.3	11.0
2P/Encke	Encke	1786.01.17	2013.11.21	3.3	4.8
3D/Biela	Biela	1772.03.08	Lost	Lost	
4P/Faye	Faye	1843.11.23	2014.05.29	7.55	3.54
5P/Brorsen	Brorsen	1846.02.26	Lost	Lost	
6P/d'Arrest	d'Arrest	1851.06.28	2015.03.02	6.54	3.2
7P/Pons-Winnecke	Pons-Winnecke	1819.06.12	2015.01.30	6.37	5.2
8P/Tuttle	Tuttle	1790.01.09	2021.08.27	13.6	4.5
9P/Tempel 1	Tempel 1	1867.04.03		5.52	6.0
10P/Tempel 2	Tempel 2	1873.07.03	2015.11.14	5.38	10.6
11P/Tempel-Swift-LINEAR	Tempel-Swift-LINEAR		2014.08.26	6.37	
12P/Pons-Brooks	Pons-Brooks	1812.07.21	2024.04.21	70.85	
13P/Olbers	Olbers	1815.03.06	2024.06.30	69.5	
14P/Wolf	Wolf	1884.09.17	2017.12.01	8.74	4.66
15P/Finlay	Finlay	1886.09.26	2014.12.27	6.75	
16P/Brooks 2	Brooks 2	1889.07.07	2014.06.07	6.14	
17P/Holmes	Holmes	1892.11.07	2014.03.27	6.88	3.42
18D/Perrine-Mrkos	Perrine-Mrkos		Lost	6.75	
19P/Borrelly	Borrelly	1904.12.28		6.8	4.8
20P/Westphal	Westphal	1852.07.24			
21P/Giacobini-Zinner	Giacobini-Zinner	1900.12.20	2018.09.10	6.62	2.0
22P/Kopff	Kopff	1906.08.22	2015.10.25	6.45	3.0
23P/Brorsen-Metcalf	Brorsen-Metcalf	1847.07.20	2059.06.08	70.52	
24P/Schaumasse	Schaumasse	1911.12.01	2017.11.16	8.24	2.6
25D/Neujmin 2	Neujmin 2	1916.02.24	2014.03.13	5.43	
26P/Grigg-Skjellerup	Grigg-Skjellerup	1902.07.23	2018.10.01	5.31	2.6
27P/Crommelin	Crommelin	1818.02.23	2039.05.27	27.4	
28P/Neujmin 1	Neujmin 1	1913.09.04	2021.03.11	18.17	21.4
29P/Schwassmann-Wachmann 1	Schwassmann-Wachmann 1	1927.11.15	2019.03.07	14.65	30.8

다음 쪽에 계속

30P/Reinmuth 1	Reinmuth 1	1928.02.22	2017.08.19	7.33	7.8
31P/Schwassmann-Wachmann 2	Schwassmann-Wachmann 2	1929.01.17	2019.07.06	8.7	6.2
32P/Comas Sola	Comas Sola	1926.11.06	2014.10.17	8.8	8.4
33P/Daniel	Daniel	1909.12.07	2016.08.22	8.06	2.6
34D/Gale	Gale	1927.06.07	Lost	10.99	
35P/Herschel-Rigollet	Herschel-Rigollet	1788.12.21	2092.02.17	155	
36P/Whipple	Whipple	1933.10.15	2020.05.31	8.5	4.56
37P/Forbes	Forbes	1929.08.01	2018.05.03	6	1.92
38P/Stephan-Oterma	Stephan-Oterma	1867.01.22	2018.11.10	37.72	
39P/Oterma	Oterma	1943.04.08	2023.07.11	19.43	
40P/Vaisala 1	Vaisala 1	1939.02.08	2014.11.15		4.2
41P/Tuttle-Giacobini-Kresak	Tuttle-Giacobini-Kresak	1858.05.03	2017.04.23	5.41	1.4
42P/Neujmin 3	Neujmin 3	1929.08.02	2015.04.08	10.71	2.2
43P/Wolf-Harrington	Wolf-Harrington	1924.12.22	2016.08.19	6.14	3.66
44P/Reinmuth 2	Reinmuth 2	1947.09.10			3.22
45P/Honda-Mrkos-Pajdusakova	Honda-Mrkos-Pajdusakova	1948.12.03	2016.12.31	5.25	1.6
46P/Wirtanen	Wirtanen	1948.01.15	2018.12.12	5.44	1.2
47P/Ashbrook-Jackson	Ashbrook-Jackson	1948.08.26	2017.06.10	8.30	5.6
48P/Johnson	Johnson	1949.08.25	2018.08.12	6.96	5.74
49P/Arend-Rigaux	Arend-Rigaux	1951.02.05	2018.07.15	6.72	8.48
50P/Arend	Arend	1951.10.04	2016.02.08	8.27	1.9
51P/Harrington	Harrington 1	1953.08.14			4.8
52P/Harrington-Abell	Harrington-Abell	1955.03.22	2014.03.07	7.53	2.6
53P/Van Biesbroeck	Van Biesbroeck	1954.09.01	2016.04.29	12.53	6.66
54P/de Vico-Swift-NEAT	de Vico-Swift-NEAT	1844.08.23	2017.04.15	7.31	
55P/Tempel-Tuttle	Tempel-Tuttle	1866.01.06	2031.05.20	33.22	3.6
56P/Slaughter-Burnham	Slaughter-Burnham	1959.01.27	2016.07.18	11.54	3.12
57P/duToit-Neujmin-Delporte	duToit-Neujmin-Delporte	1941.07.18	2015.05.22	6.42	
58P/Jackson-Neujmin	Jackson-Neujmin	1936.09.20			
59P/Kearns-Kwee	Kearns-Kwee	1963.08.17			1.58
60P/Tsuchinshan 2	Tsuchinshan 2	1965.01.11	2018.12.11	6.78	

다음 쪽에 계속

61P/Shajn-Schaldach	Shajn-Schaldach	1949.09.18			2.4
62P/Tsuchinshan 1	Tsuchinshan 1	1965.01.01	2017.11.16	6.63	
63P/Wild 1	Wild 1	1960.03.26			2.9
64P/Swift-Gehrels	Swift-Gehrels	1889.11.16			3.2
65P/Gunn	Gunn	1970.10.27	2017.10.16	6.80	10.8
66P/du Toit	du Toit	1944.05.16			
67P/Churyumov-Gerasimenko	Churyumov-Gerasimenko	1969.10.22		6.45	4.0
68P/Klemola	Klemola	1965.11.01	2019.11.09	10.82	4.4
69P/Taylor	Taylor	1915.11.24	2019.03.18	6.95	
70P/Kojima	Kojima	1970.12.27	2014.10.20		3.0
71P/Clark	Clark	1973.06.09	2017.06.30	5.52	1.36
72D/Denning-Fujikawa	Denning-Fujikawa	1881.10.19	2014.07.11		
73P/Schwassmann-Wachmann 3	Schwassmann-Wachmann 3	1930.05.02	2017.03.16	5.36	
74P/Smirnova-Chernykh	Smirnova-Chernykh	1975.03.xx	2018.01.26	8.53	4.46
75D/Kohoutek	Kohoutek	1975.02.09	2014.07.09		4.6
76P/West-Kohoutek-Ikemura	West-Kohoutek-Ikemura	1975.01.xx			0.66
77P/Longmore	Harrington 2	1975.06.10	2016.05.13	6.83	8.2
78P/Gehrels 2	Gehrels 2	1973.09.29	2019.04.02	7.22	
79P/du Toit-Hartley	du Toit-Hartley	1945.04.09			2.8
80P/Peters-Hartley	Peters-Hartley	1982.07.11	2014.11.10		
81P/Wild 2	Wild 2	1978.01.06	2016.07.20	6.41	4.0
82P/Gehrels 3	Gehrels 3	1975.10.27	2018.06.28	8.43	1.46
83D/Russell 1	Russell 1	1979.06.16			
84P/Giclas	Giclas	1978.09.08		6.96	1.80
85P/Boethin	Boethin	1975.01.04	Lost	11.22	
86P/Wild 3	Wild 3	1980.05.xx			0.86
87P/Bus	Bus	1981.03.02	2013.12.19	6.51	0.56
88P/Howell	Howell	1981.08.29	2015.04.06	5.5	4.4
89P/Russell 2	Russell 2	1980.09.28			2.8
90P/Gehrels 1	Gehrels 1	1972.10.11			7.8
91P/Russell 3	Russell 3	1983.06.14		7.66	
92P/Sanguin	Sanguin	1977.10.15			2.38
93P/Lovas 1	Lovas 1	1980.12.05			
94P/Russell 4	Russell 4	1984.03.07	2016.10.27	6.6	5.2
95P/Chiron	2060 Chiron (1977 UB)	1977.10.18		50.76	109
96P/Machholz 1	Machholz 1	1986.05.12	2017.10.27	5.24	6.4

다음 쪽에 계속

97P/Metcalf-Brewington	Metcalf-Brewington	1906.11.15			3.4
98P/Takamizawa	Takamizawa	1984.07.30		7.4	5.4
99P/Kowal 1	Kowal 1	1977.04.24	2022.04.12	15.06	10.2
100P/Hartley 1	Hartley 1	1985.06.13	2016.04.02	6.31	
101P/Chernykh	Chernykh	1977.08.19	2020.01.13		5.6
102P/Shoemaker 1	Shoemaker 1	1984.09.27	2016.04.02		3.2
103P/Hartley 2	Hartley 2	1986.03.15	2017.04.20	6.47	1.6
104P/Kowal 2	Kowal 2	1979.01.27		6.18	2.0
105P/Singer Brewster	Singer Brewster	1986.05.03		6.46	2.2
106P/Schuster	Schuster	1977.10.09	2014.07.20	7.31	1.88
107P/Wilson-Harrington	Wilson-Harrington (4015)	1979.11.15	2014.02.05	4.29	4.0
108P/Ciffreo	Ciffreo	1985.11.08	2014.10.18	7.26	3.2
109P/Swift-Tuttle	Swift-Tuttle	1862.07.16	2126.07.12	133.28	27.0
110P/Hartley 3	Hartley 3	1988.02.19		6.86	4.3
112P/Urata-Niijima	Urata-Niijima	1986.10.30		6.64	1.8
113P/Spitaler	Spitaler	1890.11.17		7.09	2.2
114P/Wiseman-Skiff	Wiseman-Skiff	1986.12.28		6.87	1.58
115P/Maury	Maury	1985.08.16		8.79	2.22
116P/Wild 4	Wild 4	1990.01.21		6.48	
117P/Helin-Roman-Alu 1	Helin-Roman-Alu 1	1989.10.02	2014.03.27	8.29	9.0
118P/Shoemaker-Levy 4	Shoemaker-Levy 4	1991.02.09		6.45	4.8
119P/Parker-Hartley	Parker-Hartley	1989.03.02	2014.04.02	8.84	
120P/Mueller 1	Mueller 1	1987.10.18		8.39	3.0
121P/Shoemaker-Holt 2	Shoemaker-Holt 2	1989.03.09		9.96	3.24
122P/de Vico	de Vico	1846.02.20		74.35	
123P/West-Hartley	West-Hartley	1989.05.11		7.59	
124P/Mrkos	Mrkos	1991.03.16	2014.04.09	6.04	
125P/Spacewatch	Spacewatch	1991.09.08		5.53	1.6
126P/IRAS	IRAS	1983.06.28		13.42	
127P/Holt-Olmstead	Holt-Olmstead	1990.09.14		6.40	
128P/Shoemaker-Holt 1-A	Shoemaker-Holt 1-A	1987.10.18		9.51	
128P/Shoemaker-Holt 1-B	Shoemaker-Holt 1-B	1987.10.18		9.59	4.6
129P/Shoemaker-Levy 3	Shoemaker-Levy 3	1991.02.07	2014.02.11	8.96	
130P/McNaught-Hughes	McNaught-Hughes	1991.09.30		6.67	4.2

다음 쪽에 계속

131P/Mueller 2	Mueller 2	1990.09.15		7.06	
132P/Helin-Roman-Alu 2	Helin-Roman-Alu 2	1989.10.30	2014.05.21	8.28	
133P/7968 Elst-Pizarro	7968 Elst-Pizarro	1979.07.24		5.62	
134P/Kowal-Vavrova	Kowal-Vavrova	1983.05.08	2014.05.21	15.55	
135P/Shoemaker-Levy 8	Shoemaker-Levy 8		2014.11.01	7.50	3.8
136P/Mueller 3	Mueller 3	1990.09.17		8.59	
137P/Shoemaker-Levy 2	Shoemaker-Levy 2	1990.10.25		9.55	5.8
138P/Shoemaker-Levy 7	Shoemaker-Levy 7	1991.11.13		6.89	
139P/Vaisala-Oterma	Vaisala-Oterma	1939.10.07		9.61	
140P/Bowell-Skiff	Bowell-Skiff			16.18	
141P/Machholz 2-A	Machholz 2-A	1994.10.02		5.23	
141P/Machholz 2-D	Machholz 2-D	1994.08.30		5.22	
142P/Ge-Wang	Ge-Wang	1988.10.11		11.05	
143P/Kowal-Mrkos	Kowal-Mrkos	1984.04.23		8.93	
144P/Kushida	Kushida	1994.01.07		7.60	
145P/Shoemaker-Levy 5	Shoemaker-Levy 5	1991.09.12		8.43	
146P/Shoemaker-LINEAR	Shoemaker-LINEAR	1984.11.21		8.08	
147P/Kushida-Muramatsu	Kushida-Muramatsu	1993.12.08		7.43	0.42
148P/Anderson-LINEAR	Anderson-LINEAR	1963.11.22		7.07	
149P/Mueller 4	Mueller 4	1992.04.12		9.02	
150P/LONEOS	LONEOS	1978.03.06		7.67	
151P/Helin	Helin	1987.09.17		14.10	8.4
152P/Helin-Lawrence	Helin-Lawrence	1993.05.17		9.54	
153P/Ikeya-Zhang	Ikeya-Zhang	1661.02.03		366.51	
154P/Brewington	Brewington	1992.08.28		10.78	
155P/Shoemaker 3	Shoemaker 3	1986.01.10		17.09	
156P/Russell-LINEAR	Russell-LINEAR	1986.09.03	2014.04.16	6.82	
157P/Tritton	Tritton	2003.10.06		6.31	
158P/Kowal-LINEAR	Kowal-LINEAR	1979.07.24		10.26	
159P/LONEOS	LONEOS	1989.12.17		14.32	
160P/LINEAR	LINEAR	1991.09.30		7.92	
161P/Hartley-IRAS	Hartley-IRAS	1984.01.07		21.43	
162P/Siding Spring	Siding Spring	1990.03.23		5.32	

다음 쪽에 계속

163P/NEAT	NEAT	1990.10.24		7.30	
164P/Christensen	Christensen	2004.10.19		6.97	
165P/LINEAR	LINEAR	2000.01.02		76.69	
166P/NEAT	NEAT	2001.08.27		51.73	
167P/CINEOS	CINEOS	2002.06.12		64.85	
168P/Hergenrother	Hergenrother 1	1998.11.21		6.90	
169P/NEAT	NEAT	1989.03.07	2014.02.15	4.20	
170P/Christensen	Christensen	2005.06.17	2014.09.18	8.63	
171P/Spahr	Spahr	1998.11.13		6.69	
172P/Yeung	Yeung	1993.10.20		6.58	
173P/Mueller 5	Mueller 5	1992.09.25		13.63	
174P/60558 Echeclus	60558 Echeclus (2000 EC98)	2000.03.03		34.96	
175P/Hergenrother	Hergenrother 2	2000.01.04		6.51	
176P/118401 LINEAR (1999 RE70)	118401 LINEAR (1999 RE70)	1999.09.07		5.71	
177P/Barnard	Barnard	1889.06.24		119.67	
178P/Hug-Bell	Hug-Bell	1999.10.10		7.03	
179P/Jedicke	Jedicke	1995.01.08		14.31	
180P/NEAT	NEAT	1955.05.14		7.45	
181P/Shoemaker-Levy 6	Shoemaker-Levy 6	1991.11.06	2014.06.10	7.53	
182P/LONEOS	LONEOS	2001.10.26		5.02	
183P/Korlevic-Juric	Korlevic-Juric	1954.02.26		9.58	
184P/Lovas 2	Lovas 2	1986.12.02		6.62	6.2
185P/Petriew	Petriew	2001.06.12		5.46	
186P/Garradd	Garradd	1975.05.31		10.62	
187P/NEAT	LINEAR	1999.05.12		9.68	
188P/LINEAR-Mueller	LINEAR-Mueller	1998.09.17		9.13	
189P/NEAT	NEAT	2002.07.30		4.99	
190P/Mueller	Mueller	1998.09.14		8.73	
191P/McNaught	McNaught	2000.08.05	2014.05.06	6.64	
192P/Shoemaker-Levy 1	Shoemaker-Levy 1	1990.10.24		17.29	
193P/LINEAR-NEAT	LINEAR-NEAT	2001.08.17	2014.11.24	6.56	
194P/LINEAR	LINEAR	2000.01.27		8.03	

다음 쪽에 계속

195P/Hill	Hill	1993.02.26		16.49
196P/Tichy	Tichy	2000.09.24		7.36
197P/LINEAR	LINEAR	2003.05.23		4.85
198P/ODAS	ODAS	1998.12.15		6.78
199P/Shoemaker 4	Shoemaker 4	1994.05.14		14.53
200P/Larsen	Larsen	1997.11.03		10.92
201P/LONEOS	LONEOS	2001.08.09	2015.01.14	6.47
206P/Barnard-Boattini	Barnard-Boattini	1892.10.16	2014.08.27	5.81
209P/LINEAR	LINEAR	2004.02.03	2014.05.06	5.09
210P/Christensen	Christensen	2003.05.26	2014.08.17	5.71
222P/LINEAR	LINEAR	2004.12.07	2014.07.04	4.83
269P/Jedicke	Jedicke	1993.10.12	2014.11.14	19.25
280P/Larsen	Larsen	2004.04.19	2013.12.11	9.58
284P/McNaught	McNaught	2006.04.25	2014.09.02	7.07
286P/Christensen	Christensen	2005.06.03	2014.01.06	8.35
289P/Blanpain	Blanpain	2003.10.25	2014.08.28	5.32
290P/Jager	Jager	1998.10.24	2014.03.12	15.03
291P/NEAT	NEAT	2003.07.29		9.74
292P/Li	Li	1998.09.03		15.18
293P/Spacewatch	Spacewatch	2006.11.15	2014.01.10	6.92
294P/LINEAR	LINEAR	2008.01.13		5.71
P/2007 R2	Gibbs (2007 R2)	2007.09.10	2014.01.15	
P/2013 N3	PanSTARRS (2013 N3)	2013.07.06	2014.02.12	
P/2007 H3	Garradd (2007 H3)	2007.03.28	2014.03.01	
P/2013 P5	PanSTARRS (2013 P5)	2013.08.15	2014.04.15	
P/2001 Q11	NEAT (2001 Q11)	2001.08.18	2014.04.23	
P/2002 AR2	LINEAR (2002 AR2)	2002.01.06	2014.05.15	
P/2005 JQ5	Catalina (2005 JQ5)	2005.05.06	2014.05.30	
P/2003 O3	LINEAR (2003 O3)	2003.07.30	2014.07.24	
P/2011 S1	Gibbs (2011 S1)	2010.09.29	2014.08.26	
P/2008 J2	Beshore (2008 J2)	2008.05.06	2014.08.30	
P/2001 BB50	LINEAR-NEAT (2001 BB50)	2001.01.21	2014.09.03	

다음 쪽에 계속

P/2003 U3	NEAT (2003 U3)	2003.10.17	2014.10.15	
P/2008 Q2	Ory (2008 Q2)	2008.08.27	2014.08.24	
P/2004 V1	P/Skiff (2004 V1)	2004.10.07	2014.11.20	
P/2005 Q4	LINEAR (2005 Q4)	2005.08.31	2015.02.16	
P/2008 WZ96	LINEAR (2008 WZ96)	2008.11.30	2015.03.25	
P/2006 S6	Hill (2006 S6)	2006.08.29	2015.04.18	
P/1997 T3	Lagerkvist-Carsenty (1997 T3)	1997.10.05	2015.05.08	
P/2007 S1	Zhao (2007 S1)	2007.09.08	2015.05.09	
P/2008 QP20	LINEAR-Hill (2008 QP20)	2008.08.25	2015.05.17	
P/2009 Q4	Boattini (2009 Q4)	2009.08.26	2015.06.13	
P/2010 B2	WISE (2010 B2)	2010.01.22	2015.06.13	
P/2012 F5	Gibbs (2012 F5)	2009.09.17	2015.06.13	
P/2009 WX51	Catalina (2009 WX51)	2009.11.22	2015.06.25	
P/2008 S1	Catalina-McNaught (2008 S1)	2008.05.02	2015.07.01	
P/2004 FY140	LINEAR (2004 FY140)	2004.03.27	2015.07.24	
P/2004 R1	McNaught (2004 R1)	2004.09.02	2015.08.12	
P/2010 K2	WISE (2010 K2)	2010.05.27	2015.08.13	
P/2009 L2	Yang-Gao (2009 L2)	2009.06.15	2015.08.15	
P/1999 R1	SOHO (1999 R1)	1991.09.04	2015.09.04	
P/1999 J6	SOHO (1999 J6)	1999.05.10	2015.09.26	
P/2001 H5	NEAT (2001 H5)	2001.03.20	2015.10.21	
P/2007 V2	Hill (2007 V2)	2007.10.14	2015.10.23	
P/1994 N2	McNaught-Hartley (1994 N2)	1994.07.05	2015.10.24	
P/2005 RV25	LONEOS-Christensen (2005 RV25)	2005.09.11	2015.10.28	
P/2008 Y2	Gibbs (2008 Y2)	2008.12.01	2015.11.06	
P/2010 R2	La Sagra (2010 R2)	2010.08.12	2015.11.30	
P/2003 WC7	LINEAR-Catalina (2003 WC7)	2003.11.18	2015.12.04	
P/2002 Q1	Van Ness (2002 Q1)	2002.08.17	2015.12.10	
P/1998 QP54	LONEOS-Tucker (1998 QP54)	1998.08.02	2015.12.26	
D/1766 G1	Helfenzrieder	1766.04.09		4.35

다음 쪽에 계속

D/1770 L1	Lexell	1770.06.15		5.60
D/1884 O1	Barnard	1884.07.24	2015.03.13	5.38
D/1886 K1	Brooks	1886.05.25	2015.01.21	5.44
D/1894 F1	Denning	1894.03.27		7.40
D/1895 Q1	Swift	1895.08.24		7.20
D/1918 W1	Schorr	1918.11.23		6.67
D/1921 H1	Dubiago	1921.05.23		22.00
D/1952 B1	Harrington-Wilson	1952.01.30		6.35
D/1977 C1	Skiff-Kosai	1977.02.13		7.54
D/1978 R1	Haneda-Campos	1978.07.30		5.97
D/1993 F2	Shoemaker-Levy 9	1993.03.24		17.99

1 하늘의 구역들을 우리나라 지방에 대응시킨 우리나라의 분야설은 화담 서경덕이 창안했다는 설도 있고, 토정 이지함, 충무공 이순신, 격암 남사고 등이 창안했다는 설도 있다. 사실상 누가 지었는지 모르며, 후대에서 기가 충만한 선조의 이름을 도용했을 수도 있다.

2 시부카와 하루미(澁川春海, 1639~1715년): 일본 에도시대의 천문학자, 역법 전문가. 교토 출생. 시부카와 하루미의 스승은 오카노이겐테이(?~?)이다. 1643년에 조선통신사의 일원으로 일본에 갔던 박안기(朴安期, 1608년~?)에게 천문과 역법에 대해 가르침을 받았다고 한다. 임진왜란을 거치면서 일본에는 조선의 천문도가 들어왔는데, 그것을 바탕으로 시부카와 하루미는 천상열차지도(1670년)와 천문분야지도(1667년)를 제작했다. 또한 800년 동안 일본이 사용하던 선명력(宣明曆)을 대신해 정향력(貞享曆)을 정립시켰다(1681년). 1690년에 혼천의를 만들어 천체를 관측하고, 천구의와 지구의를 만들었다.

3 천선(天船): 페르세우스자리

4 왕량(王良)과 각도(閣道): 카시오페이아자리

5 보르지긴 토곤 티무르: 명나라는 그를 순제(順帝)라는 시호로 호칭했으나, 정식 시호는 선인보효황제(宣仁普孝皇帝)이고 중국식 묘호는 혜종(惠宗)이다. 고려 출신 공녀인 기

씨를 제2황후로 책봉했다.

6 하세가와 이치로, 1995, 일본천문학회지, 47호, 699~710쪽

7 거인(距闉): 병사들이 의지해 성을 오르는 도구

8 『서양통령공사효충기(西洋統領公沙效忠紀)』: 통령은 사령관이라는 뜻, 공사(公沙)는 그의 이름인 곤살베스 테이세이라(Goncalves Teixeira)의 중국식 이름인 꽁샤띠시라오(公沙的西勞)이다. 종합하면, 이 책은 '서양의 사령관인 테이세이라가 충성을 보여 준 기록'이라는 뜻의 보고서이다.

9 Ia형 초신성: '원 에이 형 초신성'이라고 읽는다. 이러한 부류의 초신성들은 최대 밝기가 모두 거의 일정하다는 특징을 갖고 있어서 현대 우주론에서 우주의 크기와 나이를 측정하는 표준 촛불로 이용되고 있다.

10 나는 이 『흠정의상고성』의 별 목록을 분석해 2012년 초에 영국 왕실 천문학회 학회지에 논문을 출간했다. 이 논문에서 필자는, 쾨글러는 영국의 제1대 왕실 천문학자인 플램스티드가 만든 별 목록을 바탕으로 하고, 에드먼드 핼리가 작성한 남반구 별 목록과 성운 성단 목록을 참고한 것임을 밝혔다.

11 칠정(七政): 해와 달과 맨눈으로 볼 수 있는 5개의 행성들을 일컫는다. 칠요(七曜)라고도 한다.

12 『*Historia Coelestis Britanica*』: 'Historia(히스토리아)'는 '역사'라는 뜻이고, 'Coelestis(첼레스티스)'는 '하늘의'라는 뜻이며, 'Britanica(브리타니카)'는 '영국의'라는 뜻이다. 즉 직역하면, '영국 하늘의 역사' 정도의 제목이 되겠다.

13 주서(注書): 조선 시대 승정원의 정7품 벼슬. 사초(史草)를 쓰는 일을 맡아보았음.

14 『화랑세기(花郎世記)』: 실전된 것으로 알려졌으나, 1989년과 1995년에 홀연히 세상에 등장했다. 일제 시대에 이 책을 필사한 박창화는 일본 왕실 궁내청 도서료에 촉탁으로 있으며 그 도서관에서 『화랑세기』를 필사했다고 알려져 있다. 그가 전한 『화랑세기』는 두 가지가 있는데, 하나는 1989년에 공개된 이른바 '발췌본'이고, 다른 하나는 1995년 4월에 공개된 이른바 '필사본 『화랑세기』'이다. 이 문헌에 대해 학계에서는 진위 논쟁이 크게 일었고, 아직도 문제로 남아 있다. 책의 내용을 금석문과 『삼국사기』나 『삼국유사』와 비교해 보면, 위서는 아닌 것으로 생각되지만 '의심할 수 없이 확고한 물증', 즉 필사본 『화랑세기』의 모본 자체가 세상에 드러나지 않는 이상 논쟁은 그치지 않을 것이다.

15 장례를 치르기 전까지 돌아가신 분의 시신을 놓아 두는 곳.

16 진성(軫星): 현대 별자리의 까마귀자리를 이루는 γ Crv, ε Crv, β Crv, η Crv 등의 네 별

들로 이루어진 중국 별자리. 이십팔수의 맨 마지막 수(宿)로서 남방주작에 속한다.

17 『강목(綱目)』: 『자치통감강목(資治通鑑綱目)』

18 『강감(綱鑑)』: 명나라의 왕세정(王世貞, 1526~1590년)이 남송의 주희가 지은 『자치통감강목』을 재편집한 책. 『봉주강감(鳳洲綱鑑)』이라고도 한다.

19 『역대명신주의(歷代名臣奏議)』: 중국 상(商)나라부터 원(元)나라에 이르기까지의 상소문을 모아 놓은 책. 명(明)나라 때인 1416년에 양사기(楊士奇), 황유(黃維) 등이 황제의 조서를 받들어 찬수함. 총 350권.

20 『황명기요(皇明紀要)』: 명나라의 진건(陳建, 1497~1567년)이 사마광(司馬光)의 『자치통감』을 모방해 명나라의 역사를 요약한 책. 원래 제목은 『황명자치통기(皇明資治通紀)』이다.

21 측천무후를 말함.

22 성수(星宿): 현대 별자리의 바다뱀자리의 으뜸별인 알파르드(Alphard)와 그 근처의 별들, 즉 α Hya, 27 Hya, 26 Hya, HD 81809, τ^1 Hya, τ^2 Hya 등의 별들로 이루어진 중국 별자리. 이십팔수의 하나이며, 남방 주작에 속한다.

23 외주성(外廚星): 중국 별자리의 하나로서 류수(柳宿)의 남쪽에 있는 희미한 별자리

24 거극도: 천구의 북극으로부터 떨어진 각거리

25 사진에는 이름이 기재되어 있지 않으나 최근 공개된 복사본 『천변등록』에 문관 출신 관측자들 목록이 있으므로 추가한다.

26 『승정원일기』에는 음력 1월 6일 병진일에 "밤 5경에 객성의 기운이 허수와 위수의 사이에 나타났다(夜五更, 客星之氣, 見於虛危之間.)"라는 기록으로 비롯하여, 음력 1월 10일부터는 꼬리가 보이므로 혜성으로 분류되기 시작했다. 1월 11일에도 관측되었다.

27 하고성(河鼓星): 현대 별자리의 독수리자리 으뜸별 알타이르와 그 곁에 있는 두 별로 이루어진 중국 별자리

28 『승정원일기』는 이해의 권 자체가 빠져 있다.

29 『승정원일기』에는 2월 3일 을묘에 처음 백기(白氣)를 관측했고 2월 5일에도 기록이 하나 더 있다.

30 현대 별자리의 물병자리의 ε Aqr, μ Aqr, 5 Aqr, 3 Aqr의 네 별로 이루어진 중국 별자리. 이십팔수 가운데 하나이며, 북방 현무에 속한다.

31 벽수(壁宿): 현대 별자리의 페가수스자리를 이루는 γ Peg와 α And의 두 별로 이루어진 중국 별자리. 이십팔수의 하나이며, 북방 현무에 속한다.

32『승정원일기』에 따르면 3월 5일은 을유(乙酉)이다.

33 위수(危宿): 현대 별자리의 물병자리와 페가수스자리를 이루는 α Aqr, θ Peg, ε Peg 등의 별들로 이루어진 중국 별자리. 이십팔수의 하나이며, 북방현무에 속한다.

34 헌원(軒轅): 현대 별자리의 사자자리에서 사자의 꼬리를 이루는 별들과 그 주변의 별들로 이루어진 별자리

35 항수(亢宿): 현대별자리의 처녀자리를 이루는 κ Vir, λ Vir, ι Vir, φ Vir로 이루어진 중국 별자리. 이십팔수의 첫 번째 수(宿)이며, 동방 청룡을 이루는 별자리

36『승정원일기』에는 7월 25일 신축(辛丑)에 혜성 기록이 맨 처음 나온다.

37 山村淸, 1932,『日本天文學會要報』, 307~314쪽,「조선에 의한 康熙甲辰年(1664年) 혜성기록에 대하여」

38 박성환, 1982,『東方學志』,「조선현종시대의 혜성관측」; 朴成桓, 1982,『한국과학사학회지』, 제4권 제1호, 52-64쪽,「조선 현종 5년(1664) 대혜성의 궤도」

39 나일성, 1978,『東方學志』, 20, pp.209~232「관상감과 현대천문학 I. 성변측후단자」; 나일성, 1982,『東方學志』, 34, 207~247쪽「연세대학교 소장 성변 및 객성등록」

40 소대(召對): 조선 시대 임금이 경연참찬관 이하를 불러서 임금이 몸소 글을 강론함.

41 1957년 음력 4월 29일은 양력으로 환산해 보면 5월 28일이다. 역사학자 이병도 선생의 제안에 따라, 이 날을 기념해 발명의 날로 정했다.

42《동아일보》1971년 2월 24일자 기사

43 석수민(石受珉 : 1077~1160년): 본관은 충원부(忠原府 : 지금의 충청북도 충주시)이나, 개성의 남부(南部) 안신방(安申坊) 제1리에 살았다. 아버지 신(信)은 벼슬이 검교대장군(檢校大將軍)이었다. 1105년(숙종 10년) 판강신호위(判羌神虎衛) 제일대정(第一隊正)이 되었고, 1145년(인종 23년)에는 예빈랑 응양군대장군(禮賓郎 鷹揚軍大將軍)으로 태자좌감문솔부솔(太子左監門率府率)을 겸했으며, 3년 뒤에 치사(致仕)했다. 1160년(의종 14년)에 84세로 졸했으며, 슬하에 2남 3녀가 있었으나 부인이나 어머니의 성씨는 밝히지 않았다.

44 칼 루퍼스, 1918,「일제의 한국인 교육 정책」,《한국잡지》, 제2호, 548쪽, Carl Rufus, 1918,「The Japanese Educational System for Koreans」,《*Korean Magazine*》, II, 548

45 허주(虛舟) 김만기(金萬基, 1633~1687년) 선생은 한국천문연구원에서 매우 가까운 대전시 유성구 전민동에 있는 광산 김씨(光山金氏) 선산에 모셔져 있다. 나의 처가는 허주공파(虛舟公派)이니 바로 허주 선생이 중시조시다.『천변등록』을 연구하다가 이

분이 1661년과 1664년 두 차례에 걸쳐 혜성 관측관으로 선발되어 혜성을 관찰했음을 보게 되었는데, 감회가 새로웠다.

46 최석정(崔錫鼎, 1646~1715년): 조선 후기 숙종 대의 문신, 학자. 본관은 전주, 자(字)는 여시(汝時)·여화(汝和), 호는 존와(存窩)·명곡(明谷). 조부는 지천(遲川) 최명길(崔鳴吉). 1697년 우의정에, 1699년 좌의정과 홍문관 대제학을 겸했다. 『국조보감』 속편과 『여지승람』의 증보 편찬을 이끌었다. 1701년 영의정으로서 희빈 장씨의 처형을 반대하다 유배되었으나 곧 풀려났다. 소론(少論)의 영수로서 부침을 거듭했으나 모두 여덟 번이나 영의정을 역임했다. 글씨와 문장에도 뛰어 났으며, 저서에 『경세정운도설(經世正韻圖說)』과 『명곡집(明谷集)』이 있다.

47 플램스티드는 매우 신중한 성격이어서 40년에 걸친 관측 작업의 결과를 발표하지 않고 봉인을 해서 그리니치 천문대에 보관하고 있었다. 당시 왕립 학회 회장이었던 뉴턴과 후계자인 핼리가 그 성표를 입수해 1712년에 몰래 출판했다. 플램스티드는 인쇄되어 나온 400부 중에서 300부를 모아서 불태웠다. 1725년에 플램스티드는 드디어 성표를 출판했는데, 편집은 그의 아내가 맡았다. 이 성표에는 2935개의 별들의 좌표가 몇 분의 오차로 측정되어 수록되었다. 플램스티드의 성표는 그 이전의 성표인 튀코 브라헤와 케플러의 『루돌프 성표』에 비해서 별들의 위치가 10배 이상 정밀하게 측정된 것이었다. 정밀도가 높아진 결정적인 요인은 관측에 망원경을 사용했기 때문이었다. 나중에 플램스티드의 성표는 청나라의 왕실 천문대인 흠천감의 서양인 대장이었던 이그나티우스 쾨글러 신부에 의해 채택되어 1744년 기준으로 좌표가 변환되어 1754년에 3083개의 별을 수록한 『흠정의상고성』으로 출간되었다.

48 핼리는 1703년 옥스퍼드 대학교 교수가 되었고, 1710년 명예 법학 박사 학위를 받았다.

49 『중성신법(中星新法)』: 중성을 계산하는 새로운 방법을 적은 책. 중성은 남중하는 별이라는 뜻이다.

50 수거성(宿距星): 이십팔수 별자리 각각의 기준이 되는 별들

51 박재소(朴載素, 1713년~?): 조선 후기 관상감의 천문학자. 본관은 함양(咸陽), 자(字)는 회중(繪仲). 무오년(1738년)에 관상감 취재 시험에 합격했고, 신유년(1741년)에 관상감정을 역임했다. 관상감 훈도, 교수, 겸교수를 거쳐, 활인서(活人署) 별제(別提)와 강화목사 등을 역임했다.

52 김태서(金兌瑞, 1714년~?): 조선 후기 관상감의 천문학자. 본관은 선산(善山), 자(字)는 여진(汝珍). 을묘년(1735년)에 관상감 취재 시험에 합격했고, 신유년(1741년)에 관상

감정이 되었다. 청성(淸城) 첨사(僉使), 동지중추부사, 자인(慈仁) 현감 등을 역임했고, 자헌대부(資憲大夫)에 이르렀다.

53 파루(罷漏): 밤새 물시계로 시간을 재다가 해가 뜰 무렵이 되어 해시계로 시간을 재기 시작하라는 뜻으로 울리는 소리 신호를 말한다.

54 위수(危宿): 물병자리와 페가수스 자리를 이루는 일부 별들로 이루어진 28수 별자리

55 삼력(三曆)이란 수시력, 회회력, 시헌력을 말하며, 이 세 역법에 두루 능통한 유능한 천문학자가 삼력관이 되었다. 이 가운데 수시력과 회회력은 세종 때 만든 칠정산의 내편과 외편이며, 시헌력은 효종 때 청나라에서 들어온 서양식 역법을 말한다.

56 지리학은 오늘날과 달리 풍수지리학, 즉 집터나 무덤터를 잡는 일을 말한다.

57 명과학은 왕실의 여러 행사에 길한 날짜를 잡는 일을 했다.

58 조선 시대 대부분의 기간 동안 관상감의 천문 관측대를 침성대라는 별명으로 불린 사실은 『승정원일기』와 『천변등록』에 기록되어 있다. 그런데 1818년 출간된 『서운관지』에는 관천대라 했고 일명 첨성대라고도 한다고 적혀 있다. 여기서는 동료 학자인 민병희 씨와의 논의를 거쳐 관상감 천문학자들의 관측대를 원래의 이름으로 불러야 한다고 생각되어 첨성대라고 했다. 경주에 남아 있는 신라 시대 첨성대는 첨성대라는 이름이 『삼국유사』에 등장한다. 두 첨성대를 혼동하지 말아야 하므로, 조선 시대의 첨성대를 관상감 첨성대라고 부르고, 경주에 있는 것은 신라 첨성대로 부르는 것도 좋을 듯하다.

59 http://ssd.jpl.nasa.gov/horizons.cgi

60 안중태(安重泰, 1678년~?): 조선 후기 관상감의 천문학자. 천문학자 안국빈(安國賓)의 아버지. 본관은 순흥(順興), 자(字)는 내백(來伯). 경진년(1700년)에 관상감정(觀象監正)을 역임했고, 갑신년(1704년)에 훈도(訓導)에 뽑혔고, 관상감 교수(敎授)와 구임(久任)을 거쳤다. 1704년에 혼천의(渾天儀) 제작에 참여했으며, 중국을 왕래하며 시헌력법을 도입하는 데 많은 노력을 기울였다. 품계는 종2품 가의대부(嘉義大夫)에 이르렀고, 벼슬은 영부사과(永付司果)에 이르렀다. —『삼력청선생안(三曆廳先生案)』

61 충익장(忠翊將): 조선 시대 궁궐의 수비를 맡은 정3품의 무관

62 이덕성(李德星, 1720년~?): 조선 후기 관상감의 천문학자. 본관은 전주(全州), 자(字)는 사취(士聚), 을묘년(1735년)에 관상감 취재 시험에 합격, 무오년(1738년)에 관상감정을 역임. 관상감 교수, 구임, 관상감 겸교수, 사포서(司圃署) 별제(別提)를 거쳐, 종2품 동지중추부사, 정2품 지중추부사를 역임하고, 종1품 숭록대부에 올랐다. 수당(首堂)이 되었다. 혼천의 제작을 감독했다.

63 『승정원일기』 영조 35년 (1759년) 3월 18일(무술) 기록에 문답이 나온다. 재자관이란 조선 시대에 청나라 예부에 자문(咨文)을 가지고 가던 사신을 일컫는다. 자문이란 조선 시대 중국과의 사이에 외교적인 교섭이나 통보 또는 조회할 일이 있을 때에 주고받던 공식적인 외교 문서이다.

64 성의백(誠意伯): 명나라 유기(劉基)의 봉군호. 유기(劉基, 1311~1375년)는 중국 명나라의 군사(참모), 정치가, 시인이다. 자는 백온(伯溫). 시호는 문성(文成). 저장성(浙江省) 온주(溫州) 문성현(文成縣) 남전(南田) 출신이다. 그의 출신지 문성이 후에 청전(青田)이라 이름이 바뀌니, 유청전(劉青田)으로 칭해진다. 주원장의 부하가 되어 명나라를 건국 할 즈음해 큰 공적을 올려 그 후의 명나라를 안정시키는 일을 했다.

65 천주사(天柱寺): 북경의 천주당(天主堂)을 사관이 잘못 기록한 것으로 보임. 조선 시대에 관상감 천문학자들이 사신단을 따라 북경의 천주당을 방문해 유럽의 예수회 선교사들에게 천문학에 대한 여러 가지 정보를 얻어오는 일이 일반적이었다.

66 자내(自內): 원래는 궁궐 내의 임금이 사는 공간을 일컫다가, 나중에는 임금이 친히 행하는 왕실의 내부 행사 등을 뜻하게 됨.

67 천진(天津): 현대 별자리의 백조자리에서 백조의 날개 부분을 이루는 별들로 이루어진 중국 별자리

68 Joel Dorman Steele, 1899, 『*Popular Astronomy: Being the New Descriptive Astronomy*』, *American Book Company fourteen weeks in Descriptive Astronomy*』(1874년)의 개정판)

69 미국 항공 우주국 제트 추진 연구소: 천문학자들은 대개 "제이피엘"이라고 부른다. 일식과 월식 안내 사이트는 http://eclipse.gsfc.nasa.gov/eclipse.html 이다.

70 용자리 별똥비: 주기 혜성인 21P/Giacobini-Zinner, 즉 자코비니-지너 혜성에 의해 발생하는 별똥비. 매년 10월 9일경에 나타난다. 가끔씩 시간당 1000개 이상의 화려한 별똥소나기가 내리기로 유명한 별똥비이다.

71 이대암(李大岩): 1955년 한국 출생. 건설 회사 사원으로 싱가포르와 중동에서 일했고, 오스트레일리아 시드니 대학교에서 건축 설계학 박사 학위를 받고 미국의 하버드 대학교에서 연구원으로 일한 후, 귀국해 민간 회사에서 일하다가, 세경 대학교 건축 설계학 교수와 부학장을 역임했다. 시민 천문대인 영월 별마로 천문대를 설계하고 명예 대장에 위촉되었다. 손수 채집한 곤충 표본을 가지고 영월곤충박물관을 세워서 운영하고 있다. 2008년 8월에는 신종 나비를 발견했다. 한반도에서 나비의 신종이 발견된 것은 1949년 이해 처음이다.

찾아보기

가

나

다

라

마

바

사

아

자

차

카

타

파

하

우리 혜성 이야기

1판 1쇄 펴냄 2013년 12월 30일
1판 3쇄 펴냄 2015년 10월 16일

지은이 안상현
펴낸이 박상준
펴낸곳 (주)사이언스북스

출판등록 1997. 3. 24.(제16-1444호)
(우)06027 서울시 강남구 신사동 506 강남출판문화센터
대표전화 515-2000, 팩시밀리 515-2007
편집부 517-4263, 팩시밀리 514-2329
www.sciencebooks.co.kr

ISBN 978-89-8371-638-5 93440